OBERSCHULE

Abschluss-Prüfungs-
aufgaben mit Lösungen **2015**

Mathematik

Realschulabschluss
Sachsen

2008–2014

STARK

ISBN 978-3-8490-0975-5

20. ergänzte Auflage
www.stark-verlag.de

Inhalt

Abschlussprüfung 2011

Abschlussprüfung 2012

Abschlussprüfung 2013

Abschlussprüfung 2014

Jeweils im Herbst erscheinen die neuen Ausgaben der Abschlussprüfungsaufgaben mit Lösungen.

Autor:

Olaf Klärner

Vorwort

Liebe Schülerin, lieber Schüler,

am Ende der 10. Klasse wirst du in der Realschulabschlussprüfung unter anderem dein erworbenes Wissen und Können in Mathematik beweisen müssen. Dieses Buch hilft dir, dich auf diese Prüfung vorzubereiten.

Hinweise zur Prüfung
Die Prüfung besteht aus zwei Teilen:

Teil A:
- Dauer: 30 Minuten für ungefähr 10 kleine Aufgaben
- Hilfsmittel: nur Zeichengeräte (kein Taschenrechner, keine Formelsammlung)
- Schwerpunkt: Basiswissen, einfache Rechenaufgaben (auch einfache Brüche)

Teil B:
- Dauer: 210 Minuten
- Umfang: 5 Pflichtaufgaben und 3 Wahlaufgaben
- Von den Wahlaufgaben muss nur eine gelöst werden.
- Hilfsmittel: Zeichengeräte, Taschenrechner, Formelsammlung
- Schwerpunkt: komplexe Aufgaben

Trainieren für den Teil A
1. Überschreite (auch beim Üben) nicht die 30 Minuten, sonst kannst du deinen Leistungsstand nicht einschätzen.
2. Solltest du eine Aufgabe nicht ohne Hilfsmittel lösen können, dann widerstehe der Versuchung. Verwende in den 30 Minuten *keine anderen Hilfsmittel.*
3. Hole dir *erst nach Ablauf der 30 Minuten* Hilfe (Formelsammlung, Hefter, Lösungen).
4. Wenn du die Lösung verstanden hast, dann *suche dir ähnliche Aufgaben.*
   Beispiel: Du hast nicht ohne Hilfe erkannt, wie Körpernetze von Pyramiden aussehen. Dann sieh dir zur Ergänzung auch die Netze anderer Körper an.
5. Löse nach einigen Tagen (nicht eher) den selben Prüfungsteil *noch einmal.*
6. Suche *im Alltag mathematische Aufgaben* (beim Kinobesuch, beim Fahrscheinkauf, beim Eingießen in ein Glas, beim Blumengießen, beim Verteilen von Schokolade, beim Verpacken von Päckchen, beim Abmessen von Zutaten, bei Kreditangeboten, …)

Trainieren für den Teil B
1. Verschaffe dir mit dem Abschnitt **Hinweise und Tipps** einen Überblick über die „Werkzeuge", die du hast, um komplexe Aufgaben zu lösen. Sie sind dort übersichtlich zusammengestellt und ausführlich erläutert.
2. Löse nach und nach die 5 Aufgabengruppen, die jeweils eine komplette Prüfung darstellen. Am Ende jeder Aufgabengruppe findest du zur Kontrolle die vollständigen und ausführlichen Lösungen. Teilweise sind mehrere Lösungswege angegeben.
3. Falls dir für eine Aufgabe mal die Idee fehlt, dann nutze die grau markierten **Hinweise und Tipps** zu Beginn der Lösung. Mit ihrer Hilfe kannst du die Aufgabe vielleicht doch noch selbstständig lösen.
4. *Wichtig:* Wenn du die Lösung oder deinen Hefter zum Nachschlagen genutzt hast, dann finde heraus, wo diese Informationen in deiner Formelsammlung zu finden sind, damit du beim nächsten Mal auch allein zurecht kommst. Löse die Aufgabe nach ein paar Tagen nur mithilfe deiner Formelsammlung.

5. Nutze auch den Abschnitt **Abschlussprüfungsaufgaben** mit den Aufgaben aus den letzten Jahren. Hier kannst du anhand echter Prüfungen üben.
6. Bemühe dich stets, deinen Lösungsweg deutlich darzustellen, denn bei der Prüfung gibt es manchmal auch auf den erkennbaren Lösungsweg Punkte.

Also – trainiere deine Fähigkeiten!

Sollten nach Erscheinen dieses Bandes noch wichtige Änderungen in der Abschluss-Prüfung 2015 vom Kultusministerium bekannt gegeben werden, findest du aktuelle Informationen dazu im Internet unter: **www.stark-verlag.de/pruefung-aktuell**

Für die Abschlussprüfung wünschen der Verlag und der Autor viel Erfolg.

Olaf Klärner

Hinweise und Tipps

Manche Aufgaben lassen sich leicht lösen, weil du dich an ähnliche Aufgaben erinnern kannst, die du schon gelöst hast (z. B. Zinsaufgaben, Konstruktion eines Dreiecks). Aber was tun, wenn du keinen Ansatz findest?
Wie Robinson auf seiner Insel, der ohne Feuerzeug Feuer machen musste, musst du dich besinnen, welche „Werkzeuge" (besser: „mathematische Methoden") du besitzt:

Variablen und Terme festlegen	Formeln/ Gleichungen nutzen	skizzieren/ zeichnen	zerlegen/ Bekanntes suchen	Fälle unterscheiden	Tabelle aufstellen	funktional denken

Ein Pessimist würde sagen: Das ist nicht viel.
Ein Optimist wird sagen: Das ist übersichtlich. Wenn ich nicht weiter weiß, probiere ich alle Methoden einmal aus und schlimmstenfalls beim siebenten Mal habe ich die richtige.

Die folgenden Beispiele sollen dir in Erinnerung rufen, wie vielfältig du diese „Werkzeuge" einsetzen kannst.

1. Ein Bauer hat Schafe und Hühner. Diese Tiere haben zusammen 9 Köpfe und 22 Beine. Wie viele Schafe und wie viele Hühner hat er?

2. Ermitteln Sie eine allgemeine Formel für das Volumen einer quadratischen Pyramide, deren Höhe das Sechsfache der Grundseite beträgt.

3. Berechnen Sie die Körperhöhe einer quadratischen Pyramide, deren Grundseiten je 6,0 cm und deren Seitenhöhen je 5,0 cm lang sind.

4. Während einer Rabattaktion wird der Preis einer Jacke, die ursprünglich 110,00 € kostete, im Geschäft A um 15 % und bei der Konkurrenz (Geschäft B) um 15,00 € gesenkt. In welchem Geschäft würden Sie die Jacke kaufen?

5. Ein Kreiskegel wurde stehend in eine würfelförmige Kiste eingepackt. Wie viel Prozent des Würfelvolumens nimmt der Kegel höchstens ein?

6. Auf dem Umfang eines Kreises mit 4,0 cm Radius liegen die Ecken eines gleichseitigen Fünfecks. Berechnen Sie den Flächeninhalt dieses Fünfecks.

7. Ein rechtwinkliges Dreieck soll an einer seiner Seiten gespiegelt werden. Das Dreieck und sein Spiegelbild bilden eine neue Figur. Beschreiben Sie die entstehende Figur.

8. Lösen Sie die Gleichung $(x+7)\cdot(2x-3)=0$.

9. Aus einem Säckchen mit 2 weißen und 4 schwarzen Murmeln wird eine Murmel entnommen. Ohne die erste zurückzulegen, wird noch eine zweite Murmel entnommen. Berechnen Sie die Wahrscheinlichkeit, dass beide Murmeln die gleiche Farbe haben.

10. Lösen Sie die Gleichung $3^n=243$ $(n \in \mathbb{N})$.

11. Welche Augensumme kommt beim gleichzeitigen Werfen zweier Würfel am häufigsten vor?

12. In eine Glasvase mit einem dicken Fußteil und einem dünnen Hals wird gleichmäßig Wasser eingefüllt. Stellen Sie in einem Koordinatensystem dar, wie sich die Füllhöhe im Lauf der Zeit ändert.

13. Geben Sie die Nullstellen der Funktion $y=f(x)=\sin(2x)$ an.

14. Die Gärtnerei „Rosenstolz" muss im Frühjahr ihre Beete umgraben. Erfahrungsgemäß benötigen 4 Arbeiter dazu 3 Tage. Wie lange dauert es, wenn einer der Arbeiter ausfällt?

Variablen und Terme festlegen

Wenn über eine unbekannte Größe eine bestimmte Aussage gegeben ist, legt man eine Variablenbezeichnung für diese Größe fest und formuliert die Aussage mithilfe eines Terms.
Terme lassen sich zu Gleichungen verbinden oder in Gleichungen einsetzen. Die Gleichungen oder Gleichungssysteme müssen natürlich noch gelöst werden.

1. Ein Bauer hat Schafe und Hühner. Diese Tiere haben zusammen 9 Köpfe und 22 Beine. Wie viele Schafe und wie viele Hühner hat er?

Lege für die unbekannten Größen Variablen fest.
Stelle Terme und Gleichungen auf.

Anzahl der Schafe: x
Anzahl der Hühner: y

Anzahl der Beine der Schafe:	$4\cdot x$	
Anzahl der Beine der Hühner:	$2\cdot y$	
Es sind insgesamt 22 Beine:	$4\cdot x+2\cdot y=22$	(Gleichung **I**)
Es sind insgesamt 9 Tiere:	$x+y=9$	(Gleichung **II**)

Zum Lösen des Gleichungssystems bietet sich hier das Einsetzungsverfahren an.

Die Gleichung **II** lässt sich leicht nach y umstellen.

$x + y = 9 \quad | -x$

$\underline{\underline{y = 9 - x}}$

Der für y erhaltene Term kann in die Gleichung **I** eingesetzt werden.

$$4x + 2y = 22$$
$$4x + 2 \cdot (9 - x) = 22$$
$$4x + 18 - 2x = 22$$
$$2x + 18 = 22 \quad | -18$$
$$2x = 4 \quad | :2$$
$$\underline{\underline{x = 2}}$$

Bei 2 Schafen müssen es 7 Hühner sein.

Mache die Probe mit der Anzahl der Beine:
$4 \cdot 2 + 2 \cdot 7 = 8 + 14 = 22$ (stimmt)
Es sind also 2 Schafe und 7 Hühner.

2. Ermitteln Sie eine allgemeine Formel für das Volumen einer quadratischen Pyramide, deren Höhe das Sechsfache der Grundseite beträgt.

Lege für die unbekannten Größen der Pyramide Variablen fest.
Stelle Gleichungen auf.

Grundseite der Pyramide: a
Höhe der Pyramide: h

Die Höhe ist das Sechsfache der Grundseite: $h = 6 \cdot a$

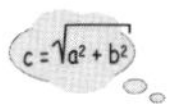

Passe die Formel für das Volumen der quadratischen Pyramide an deine Aufgabe an.

$$V = \frac{1}{3}a^2 \cdot h \quad | \; h = 6a \text{ einsetzen}$$

$$V = \frac{1}{3}a^2 \cdot 6a$$

$$V = \frac{6}{3}a^2 \cdot a \quad | \text{ kürzen, zusammenfassen}$$

$$\underline{\underline{V = 2a^3}}$$

Das Volumen kann mit der Formel $V = 2a^3$ berechnet werden, wobei a die Länge der Grundseite der Pyramide ist.

Formeln/Gleichungen nutzen

Das Lösen von Aufgaben mithilfe von Formeln vollzieht sich im Wesentlichen in drei Schritten:

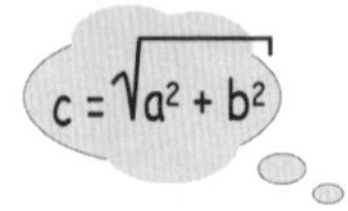

Schritt 1 – Feststellen des Themenbereiches
Schritt 2 – Finden einer geeigneten Formel
Schritt 3 – Anpassen der Formel an die gestellte Aufgabe

3. Berechnen Sie die Körperhöhe einer quadratischen Pyramide, deren Grundseiten je 6,0 cm und deren Seitenhöhen je 5,0 cm lang sind.

   Schritt 1 – Feststellen des Themenbereiches

   Auf den ersten Blick scheint es sich um den Themenbereich Körper → Pyramide → quadratische Pyramide zu handeln. Dort findest du allerdings keinen Zusammenhang zwischen a, h_s und h. Beim farbigen Einzeichnen der gegebenen und gesuchten Stücke stellst du fest, dass die Strecken h, h_s und $\frac{a}{2}$ ein rechtwinkliges Dreieck bilden. Du musst also im Themenbereich Flächen → Dreieck → rechtwinkliges Dreieck suchen.

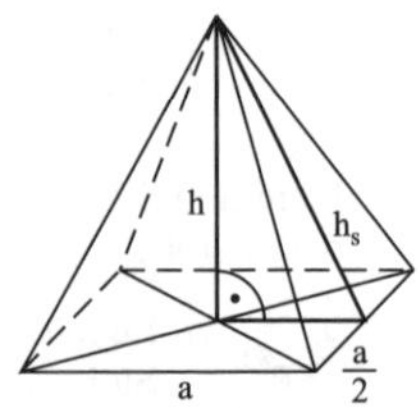

   Schritt 2 – Finden einer geeigneten Formel

   In jedem rechtwinkligen Dreieck gilt für die drei Seiten der „Satz des Pythagoras“: $a^2 + b^2 = c^2$

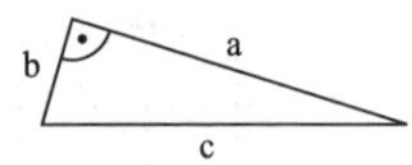

   Schritt 3 – Anpassen der Formel an die gestellte Aufgabe

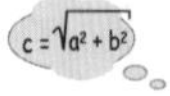

   Die Bezeichnungen in der Formel stimmen nicht mit denen in der Aufgabe überein. Die Formel muss also angepasst werden. Hier heißt die Hypotenuse nicht c sondern h_s. Die Katheten heißen h und $\frac{a}{2}$.

   Die Formel lautet also:

$$h^2 + \left(\frac{a}{2}\right)^2 = h_s^2$$

   Außerdem musst du die Formel nach h umstellen:

$$h^2 + \left(\frac{a}{2}\right)^2 = h_s^2 \qquad \left| -\left(\frac{a}{2}\right)^2 \right.$$

$$h^2 = h_s^2 - \left(\frac{a}{2}\right)^2 \qquad \left| \sqrt{} \right.$$

$$h = \sqrt{h_s^2 - \left(\frac{a}{2}\right)^2} \qquad |\ \text{Setze jetzt die gegebenen Zahlenwerte ein.}$$

$$h = \sqrt{(5{,}0\,\text{cm})^2 - \left(\frac{6{,}0\,\text{cm}}{2}\right)^2}$$

$$\underline{\underline{h = 4{,}0\,\text{cm}}}$$

   Die Pyramide hat eine Körperhöhe von 4,0 cm.

4. Während einer Rabattaktion wird eine Jacke, die ursprünglich 110,00 € kostete, im Geschäft A um 15 % und bei der Konkurrenz (Geschäft B) um 15,00 € gesenkt. In welchem Geschäft würden Sie die Jacke kaufen?

Lösungsweg 1 (mit Formel):

Um die Formeln der Prozentrechnung nutzen zu können, muss dir klar sein, was hier Grundwert, Prozentsatz und Prozentwert sind.

$$W = \frac{p \cdot G}{100}$$

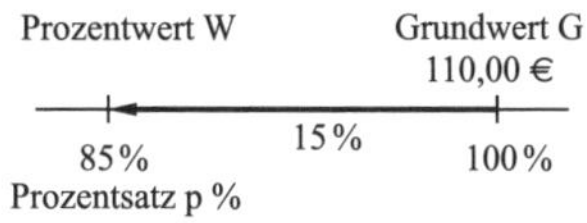

$$W = \frac{85 \cdot 110{,}00\ €}{100}$$

$$\underline{W = 93{,}50\ €}$$

Lösungsweg 2 (mit funktionalem Denken und Dreisatz):

In welchem Zusammenhang stehen die Prozentangaben mit dem Preis? Richtig: 1 % ist ein Hundertstel des Preises und wenn der Preis auf 85 % fällt, ist das 85-mal so viel wie 1 %.

$$:100 \left(\begin{array}{l} 100\,\% \mathrel{\hat=} 110{,}00\ € \\ 1\,\% \mathrel{\hat=} \dfrac{110{,}00\ €}{100} \end{array} \right) :100$$

$$\cdot 85 \left(\begin{array}{l} 1\,\% \mathrel{\hat=} \dfrac{110{,}00\ €}{100} \\ 85\,\% \mathrel{\hat=} \dfrac{85 \cdot 110{,}00\ €}{100} \end{array} \right) \cdot 85$$

$$\underline{85\,\% \mathrel{\hat=} 93{,}50\ €}$$

Im Geschäft B kostet die Jacke $110{,}00\ € - 15{,}00\ € = \underline{95{,}00\ €}$.

Man sollte die Jacke im Geschäft A kaufen.

Skizzieren/zeichnen

Besonders wenn du „nicht durchblickst“ kann dir eine Skizze/ Zeichnung des Sachverhaltes helfen.
Manchmal ist auch der Wechsel in eine andere Darstellungsform (Körpernetz ↔ Schrägbild ↔ Zweitafelbild) hilfreich.

5. Ein Kreiskegel wurde stehend in eine würfelförmige Kiste eingepackt. Wie viel Prozent des Würfelvolumens nimmt der Kegel höchstens ein?

Bei der Darstellung von runden Körpern (Kugel, Kegel, Zylinder) ist ein Schrägbild mit 45° Verzerrungswinkel schwierig zu zeichnen.
Leichter sind eine senkrechte Projektion (Aufriss und Grundriss) oder ein Schrägbild mit Verzerrungswinkel 90°.

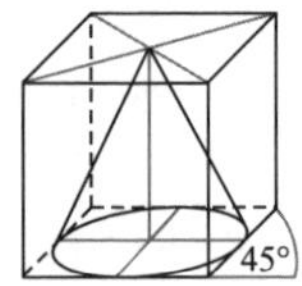

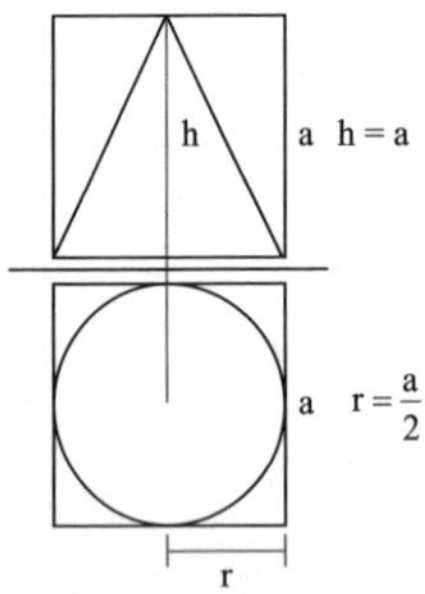

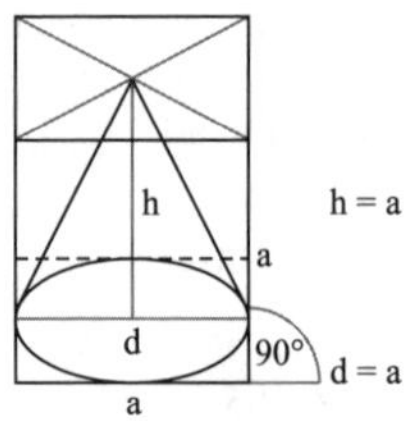

In der Zeichnung erkennst du gut: Damit der Kegel so viel Volumen wie möglich einnimmt, müssen der Durchmesser des Grundkreises und die Höhe des Kegels mit der Kantenlänge des Würfels übereinstimmen.

Weil die Größe des Würfels nicht bekannt ist, musst du für seine Kantenlänge eine Variable festlegen, zum Beispiel a.
Nutze die Formeln für Würfel und Kreiskegel.

Volumen des Würfels:

$$\underline{V_{Würfel} = a^3}$$

Volumen des Kreiskegels:

$$V_{Kegel} = \frac{\pi}{12} d^2 \cdot h \qquad | d = a,\ h = a$$

$$V_{Kegel} = \frac{\pi}{12} a^2 \cdot a$$

$$\underline{V_{Kegel} = \frac{\pi}{12} a^3}$$

Anteil des Kegels am Volumen des Würfels:

$$\frac{V_{Kegel}}{V_{Würfel}} = \frac{\frac{\pi}{12} a^3}{a^3} = \frac{\pi}{12} \approx 0{,}2618 = \underline{\underline{26{,}18\ \%}}$$

Der Kegel nimmt höchstens 26,18 % des Volumens des Würfels ein.

Zerlegen/Bekanntes suchen

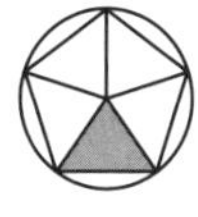

Oft sind Aufgaben unübersichtlich und verschachtelt oder für die gegebenen Figuren/Körper gibt es scheinbar keine Formeln. Beim Zerlegen von Flächen kannst du oft Rechtecke, Trapeze und gleichschenklige oder rechtwinklige Dreiecke finden. In vielen Körpern kannst du Würfel, Quader, Zylinder usw. entdecken.

6. Auf dem Umfang eines Kreises mit 4,0 cm Radius liegen die Ecken eines gleichseitigen Fünfecks. Berechnen Sie den Flächeninhalt dieses Fünfecks.

Skizziere die Figur (frei Hand) oder zeichne sie (mit Zirkel und Lineal).

Zerlege die Figur in bekannte (einfacher zu berechnende) Figuren. Nutze die Symmetrie des Fünfecks.

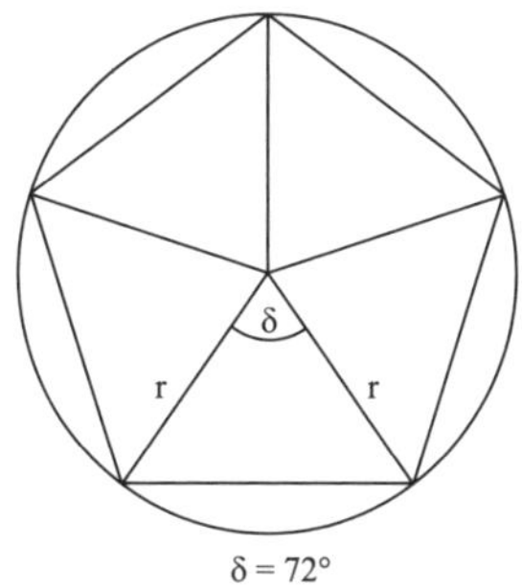

Das Fünfeck ist fünffach drehsymmetrisch. Deshalb lässt es sich in fünf (zueinander kongruente) gleichschenklige Dreiecke zerlegen. Dabei beträgt der Winkel δ an der Spitze 72° (360° : 5 = 72°).

In einem allgemeinen Dreieck gilt für den Flächeninhalt:

$$A = \frac{1}{2} a \cdot b \cdot \sin\gamma$$

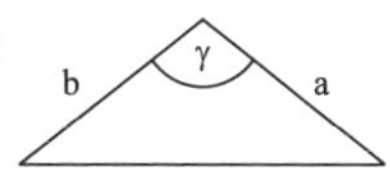

Für unser Dreieck lautet die angepasste Formel:

$$A = \frac{1}{2} r \cdot r \cdot \sin\delta$$

$$A = \frac{1}{2} \cdot 4{,}0\,\text{cm} \cdot 4{,}0\,\text{cm} \cdot \sin 72°$$

$$\underline{A \approx 7{,}6\,\text{cm}^2}$$

Der Flächeninhalt des Fünfecks ist fünfmal so groß wie der des Dreiecks.

$$A_{\text{Fünfeck}} = 5 \cdot 7{,}6\,\text{cm}^2 = \underline{\underline{38{,}0\,\text{cm}^2}}$$

Fälle unterscheiden

Eine Fallunterscheidung kann nötig werden, um alle möglichen Teillösungen zu finden. Sie kann auch beim Lösen von Gleichungen und beim Analysieren von Zufallsversuchen helfen.

7. Ein rechtwinkliges Dreieck soll an einer seiner Seiten gespiegelt werden. Das Dreieck und sein Spiegelbild bilden eine neue Figur. Beschreiben Sie die entstehende Figur.

Spätestens beim Zeichnen stellst du fest, dass in der Aufgabe nicht steht, an welcher der drei Seiten das Dreieck gespiegelt werden soll. Du musst also alle möglichen Fälle untersuchen.
Zeichne für jeden Fall das Spiegelbild.

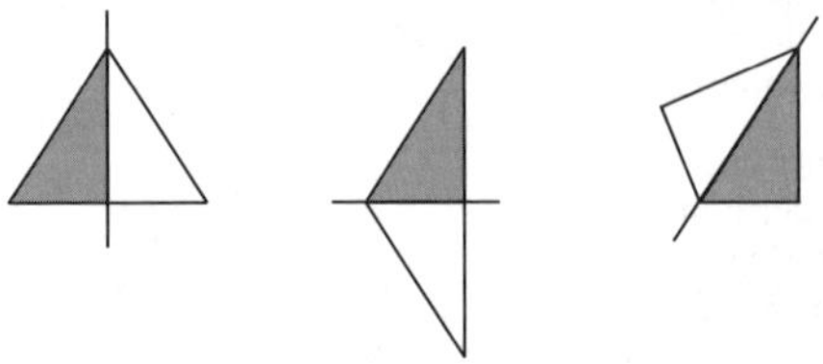

Bei Spiegelung an einer der beiden Katheten entsteht ein gleichschenkliges Dreieck, bei Spiegelung an der Hypotenuse entsteht ein Drachenviereck.

8. Lösen Sie die Gleichung $(x+7)\cdot(2x-3)=0$.

Auf der linken Seite der Gleichung steht ein Produkt, das null ergeben soll. Ein Produkt ist genau dann null, wenn (mindestens) einer der Faktoren null ist. Untersuche für jeden Faktor, wann er null ist.

1. Fall:

$$(x+7)=0 \quad |-7$$
$$\underline{\underline{x=-7}}$$

Probe:

$$(-7+7)\cdot(2\cdot(-7)-3)=0 \quad ?$$
$$0\cdot(-17)=0 \quad ?$$
$$0=0 \quad \text{wahr}$$

2. Fall:

$$(2x-3)=0 \quad |+3$$
$$2x=3 \quad |:2$$
$$\underline{\underline{x=1{,}5}}$$

Probe:

$$(1{,}5+7)\cdot(2\cdot 1{,}5-3)=0 \quad ?$$
$$8{,}5\cdot 0=0 \quad ?$$
$$0=0 \quad \text{wahr}$$

x kann –7 oder 1,5 sein.
Lösungsmenge: $L=\{-7;\ 1{,}5\}$

9. Aus einem Säckchen mit 2 weißen und 4 schwarzen Murmeln wird eine Murmel entnommen. Ohne die erste zurückzulegen, wird noch eine zweite Murmel entnommen. Berechnen Sie die Wahrscheinlichkeit, dass beide Murmeln die gleiche Farbe haben.

Zeichne die 6 Murmeln bei der ersten Entnahme und gib die Wahrscheinlichkeit für jede Farbe an.
Zeichne die Murmeln bei der zweiten Entnahme. Unterscheide dabei, ob beim ersten Mal eine weiße oder eine schwarze Murmel gezogen wurde.

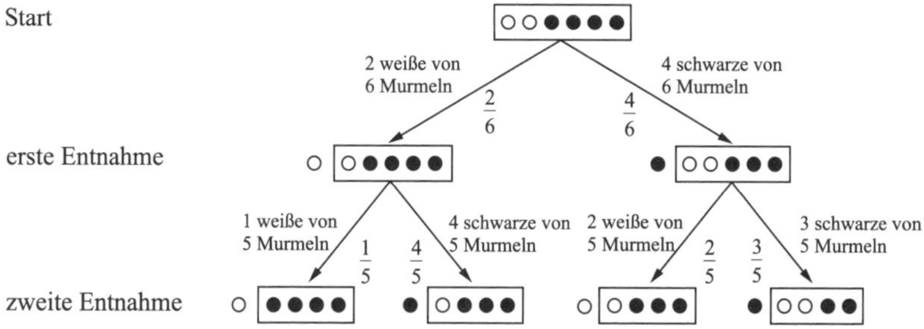

Das Baumdiagramm ist eine vereinfachte Darstellung. Während unsere Darstellung mit den Murmeln von oben nach unten zu lesen ist, verläuft das Baumdiagramm von links nach rechts.
Die Buchstaben w und s sollen bedeuten, dass eine weiße oder schwarze Murmel gezogen wurde.

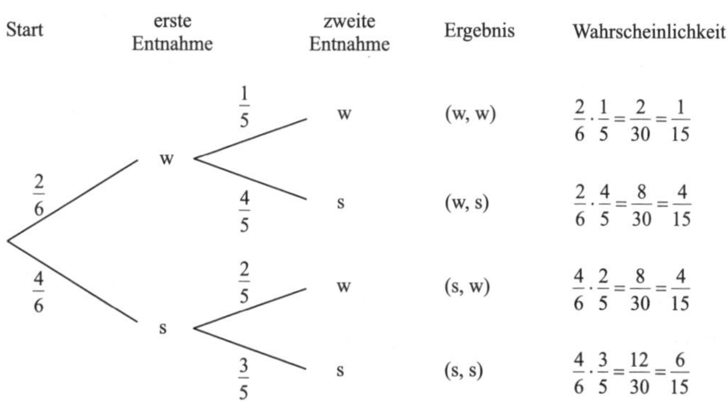

Das Ereignis „beide Murmeln haben die gleiche Farbe“ setzt sich aus den beiden Ergebnissen (w, w) und (s, s) zusammen. Die Wahrscheinlichkeiten der Ergebnisse müssen addiert werden.

$$\frac{1}{15}+\frac{6}{15}=\underline{\underline{\frac{7}{15}}}\approx\underline{\underline{0,467}}=\underline{\underline{46,7\ \%}}$$

Ob du die Wahrscheinlichkeit lieber als gemeinen Bruch $\left(\frac{7}{15}\right)$, als Dezimalbruch (0,467) oder in Prozent (46,7 %) angibst, bleibt dir überlassen.

Tabelle aufstellen

Tabellen helfen beim systematischen Probieren, beim Notieren der Wertepaare für Funktionen und beim Ermitteln aller möglichen Ergebnisse eines Zufallsversuches.

10. Lösen Sie die Gleichung $3^n = 243$ ($n \in \mathbb{N}$).

Hier hilft nur systematisches Probieren aller möglichen natürlichen Zahlen.

Beginne sinnvollerweise mit n = 0, damit du keine Möglichkeiten vergisst.

n	0	1	2	3	4	5	6
3^n	1	3	9	27	81	243	729

Die gesuchte Zahl ist 5.

11. Welche Augensumme kommt beim gleichzeitigen Werfen zweier Würfel am häufigsten vor?

Erstelle eine Tabelle mit allen möglichen Augenzahlen der Würfel und deren Summen.

		Würfel 2					
		1	2	3	4	5	6
Würfel 1	1	2	3	4	5	6	7
	2	3	4	5	6	7	8
	3	4	5	6	7	8	9
	4	5	6	7	8	9	10
	5	6	7	8	9	10	11
	6	7	8	9	10	11	12

Die Augensumme 7 wird am häufigsten auftreten.

Funktional denken

Eine mathematische Funktion beschreibt einen Zusammenhang zwischen zwei Größen. Wenn sich x verändert, dann hat das Auswirkungen auf y.

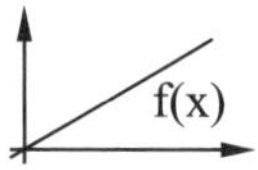

Solche Zusammenhänge treten an vielen Stellen im Alltag auf:
- Zeit und Füllstand in Gefäßen (bei gleichmäßigem Zulauf)
- Anzahl der Tage und Wasserverbrauch (bei gegebenem täglichem Verbrauch)
- Benzinverbrauch pro 100 km und Reichweite (bei gegebener Tankfüllung)
- Anlagedauer und Zinsen (bei gegebenem Startkapital und Zinssatz)

In den einfachsten Fällen ergeben sich direkt proportionale oder indirekt proportionale Zusammenhänge. In solchen Fällen können Verhältnisgleichungen oder der Dreisatz rechnerisch weiterhelfen. In anderen Fällen geht es nur um eine grafische Darstellung des Zusammenhangs oder um die Auswirkung von Veränderungen an der Funktionsgleichung auf den Graphen.

12. In eine Glasvase mit einem dicken Fußteil und einem dünnen Hals wird gleichmäßig Wasser eingefüllt. Stellen Sie in einem Koordinatensystem dar, wie sich die Füllhöhe im Lauf der Zeit ändert.

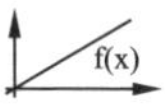

Die einfachsten Funktionen, die du kennst, sind lineare Funktionen. Im Koordinatensystem erscheinen sie als Geraden. Bei steil steigenden Geraden nimmt der y-Wert schnell zu, bei flachen langsamer. Bei fallenden Geraden nimmt der y-Wert ab.

Solange der dicke Fußteil gefüllt wird, kann das Wasser nur langsam ansteigen. Im Koordinatensystem muss der Graph also flach verlaufen. Wenn der Fußteil voll ist und nur noch der dünne Hals gefüllt werden muss, wird das Wasser schneller ansteigen. Der Graph muss dann steiler verlaufen.

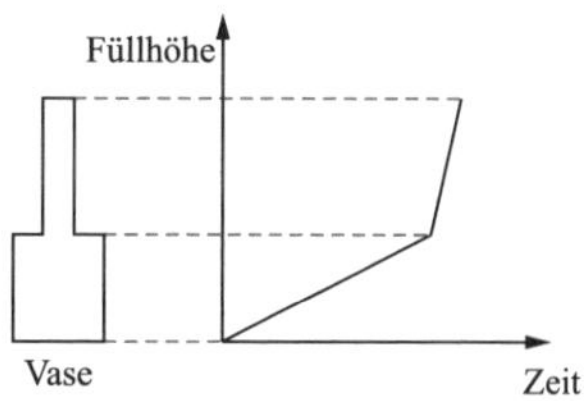

13. Geben Sie die Nullstellen der Funktion $y = f(x) = \sin(2x)$ an.

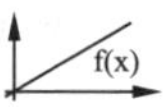

Lösungsweg 1: Ersetze 2x durch eine Hilfsvariable, zum Beispiel u. Bestimme die Nullstellen der Funktion $y = \sin u$. Bilde zu den u-Werten die zugehörigen x-Werte.

Lösungsweg 2: Bilde Beispiele für die Nullstellen der Sinusfunktion, ermittle die passenden x-Werte dazu und verallgemeinere das Ergebnis.

Lösungsweg 1 (Ersetzen durch eine Hilfsvariable):

Hilfsvariable u:
Es sei $u = 2x$.

Nullstellen der Funktion $y = \sin u$:
Alle ganzzahligen Vielfachen von π sind Nullstellen der Sinusfunktion.
$u_k = k\pi \quad (k \in \mathbb{Z})$

Zugehörige x-Werte:
Zu jedem u_k gehört ein x_k.

$u_k = k\pi$ | ersetze u_k durch $2x_k$

$2x_k = k\pi$ | : 2

$\underline{\underline{x_k = \frac{k\pi}{2}}}$ $(k \in \mathbb{Z})$

Alle ganzzahligen Vielfachen von $\frac{\pi}{2}$ sind Nullstellen der Funktion f.

Lösungsweg 2 (Beispiele verallgemeinern):

(einige) Nullstellen der Sinusfunktion	x-Wert, der durch Verdoppeln die Nullstelle der Sinusfunktion ergibt
-3π	$-1{,}5\pi$
-2π	$-\pi$
$-\pi$	$-0{,}5\pi$
0	0
π	$0{,}5\pi$
2π	π
3π	$1{,}5\pi$
Vielfache von π	Vielfache von $0{,}5\pi$
$k\pi$ $(k \in \mathbb{Z})$	$k \cdot 0{,}5\pi$ $(k \in \mathbb{Z})$

In der letzten Zeile der Tabelle steht jeweils die allgemeine Bildungsvorschrift.
Alle ganzzahligen Vielfachen von $0{,}5\pi$ sind Nullstellen der Funktion f.

14. Die Gärtnerei „Rosenstolz" muss im Frühjahr ihre Beete umgraben. Erfahrungsgemäß benötigen 4 Arbeiter dazu 3 Tage.
Wie lange dauert es, wenn einer der Arbeiter ausfällt?

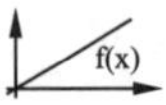

Welcher Zusammenhang besteht zwischen der Anzahl der Arbeiter und der Zeit, in der eine bestimmte Arbeit erledigt werden kann?

Je mehr Arbeiter tätig sind, um so schneller müsste es gehen. Weniger Arbeiter werden länger brauchen. Der Zusammenhang ist indirekt proportional.
Man könnte auch sagen: Insgesamt muss die gleiche Menge an Arbeit erledigt werden. Das Produkt 4 Arbeiter mal 3 Tage liefert die gesamte Menge an Arbeit: 12 Arbeitstage (für eine Person). Wenn sich die 3 Arbeiter die Arbeit teilen, brauchen sie 4 Tage.
Diese Gedankengänge können platzsparend in Form eines Dreisatzes notiert werden:

: 4 (4 Arbeiter ≙ 3 Tage) · 4
· 3 (1 Arbeiter ≙ 12 Tage) : 3 Gesamtgröße: 12 Tage
3 Arbeiter ≙ 4 Tage

Aufgaben im Stil der Abschlussprüfung
Aufgabengruppe 1

Teil A (30 Minuten, ohne Taschenrechner und Formelsammlung)

1. Susannes Schwester hat beim Mensch-ärgere-dich-nicht gerade eine Sechs gewürfelt und ist noch einmal dran. Mit welcher Wahrscheinlichkeit würfelt sie wieder eine Sechs?

☐ $\frac{1}{5}$ ☐ $\frac{1}{6}$ ☐ $\frac{2}{6}$ ☐ keine der Angaben stimmt

2. Unterstreichen Sie die kleinste Flächenangabe.

   3 200 mm^2 12 cm^2 0,8 dm^2

3. Wie viel Prozent sind 15 € von 60 €?

4. Berechnen Sie die Größe des Winkels β.

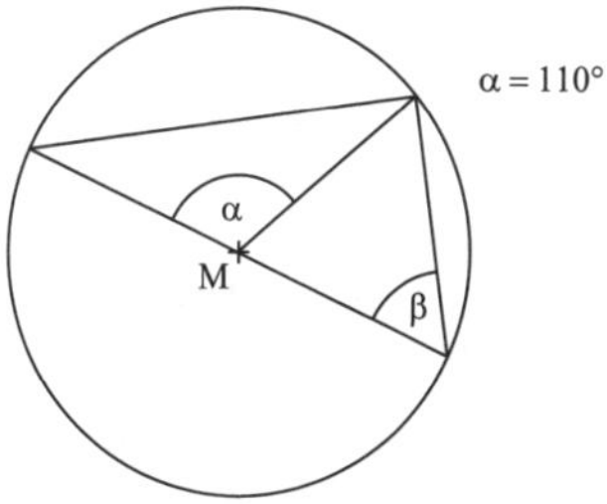

Skizze (nicht maßstäblich)

5. Stellen Sie die Gleichung nach a um.

$$A = \frac{a+c}{2} \cdot h$$

6. Melanie knetet ihren ersten Brötchenteig nach einem Rezept für 10 Brötchen zu je 60 Gramm. Melanie formt aus dem Teig 12 gleich große Brötchen.
   Wie schwer ist ein solches Brötchen?

7. Welche grafische Darstellung gehört zur Funktion $y = 3x$?
   Kreuzen Sie an.

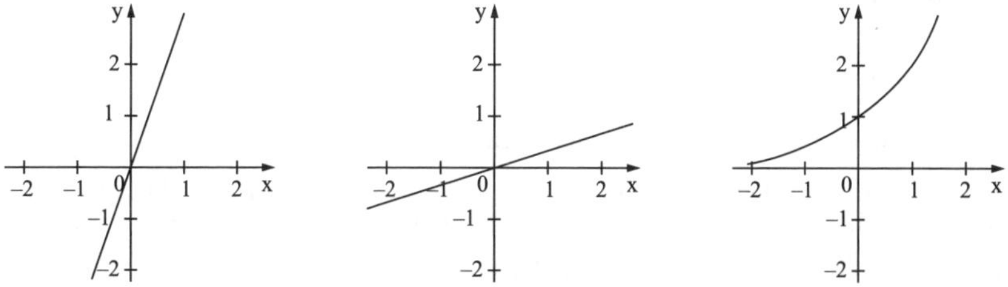

☐ ☐ ☐

8. Aus Würfeln mit 3 cm Kantenlänge wurde ein Körper zusammengesetzt.
Berechnen Sie sein Volumen.

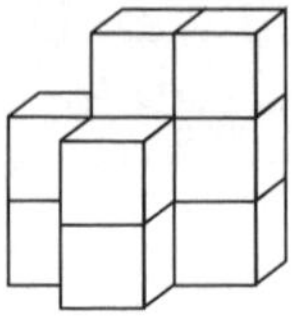

9. Teilen Sie das Zifferblatt der Uhr so durch eine Gerade, dass sich auf beiden Teilen die gleiche Summe ergibt.

Skizze (nicht maßstäblich)

10. Geben Sie alle natürlichen Zahlen kleiner 30 an, die durch 6 teilbar sind.

Teil B (210 Minuten)

Pflichtaufgabe 1

Die Schüler einer 10. Klasse haben bei einer Vergleichsarbeit die folgenden Punkte erreicht:

10 9 9 22 21 20 22 16 16 16 21 19 10 17 3 20 15 19 24 21

a) Ermitteln Sie aus den Daten die Spannweite, das arithmetische Mittel und den Zentralwert.

b) Für die Benotung der Vergleichsarbeit gilt die nebenstehende Bewertungstabelle.
Bestimmen Sie die prozentualen Anteile der jeweils erreichten Noten in der Klasse.
Veranschaulichen Sie diese Anteile grafisch.

Punkte	Note
23 und 24	1
20 bis 22	2
16 bis 19	3
12 bis 15	4
6 bis 11	5
0 bis 5	6

Pflichtaufgabe 2

Gegeben sind drei lineare Funktionen:

$y = f(x) = -x - 1 \qquad y = g(x) = \frac{1}{3}x - 1 \qquad y = h(x)$

Der Graph von $y = h(x)$ geht durch die Punkte B(3; 0) und C(–3; 2).

a) Stellen Sie die Graphen der drei Funktionen in ein und demselben Koordinatensystem mindestens im Intervall $-4 \leq x \leq 4$ dar (Längeneinheit im Koordinatensystem: 1 cm).

b) Geben Sie eine Gleichung für die Funktion h an.

c) Bezeichnen Sie den Schnittpunkt der Graphen der Funktionen f und g mit A.
Die Punkte A, B und C bilden ein Dreieck.
Berechnen Sie den Flächeninhalt dieses Dreiecks.

Pflichtaufgabe 3

Das etwa 10 000 Jahre alte Hochmoor bei Zinnwald-Georgenfeld hat annähernd die Form eines Parallelogramms. Es bedeckt eine Fläche von 12 ha.
Eine Seite ist 390 m lang und ein Winkel hat eine Größe von 110°.
Die Torfschicht, die im Hochmoor lagert, hat eine Dicke zwischen 4 m und 5 m.

a) Berechnen Sie, wie viel Kubikmeter Torf mindestens im Hochmoor lagern.

b) Berechnen Sie den Umfang des Hochmoores.

Pflichtaufgabe 4

Gegeben ist ein Dreieck ABC mit $\overline{AB} = c = 5{,}2$ cm; $\overline{BC} = a = 7{,}2$ cm und $\overline{AC} = b = 3{,}7$ cm.

a) Konstruieren Sie das Dreieck ABC.

b) Zeichnen Sie das Bild des Dreiecks ABC bei einer Verschiebung so, dass der Bildpunkt von A der Punkt B ist.
Bezeichnen Sie den Bildpunkt von B mit D und den Bildpunkt von C mit E.

c) Durch die Punkte B, E und C wird ein weiteres Dreieck bestimmt.
Begründen Sie, dass das Dreieck ABC kongruent zum Dreieck BEC ist.

Pflichtaufgabe 5

Gegeben ist ein Würfel mit einer Kantenlänge von 6,0 cm. Die Punkte E, H und G sind Mittelpunkte der jeweiligen Kanten.

Führt man einen ebenen Schnitt durch diese drei Mittelpunkte, wird ein Teilkörper abgetrennt und es entsteht der Restkörper ABCDEFGHIK.

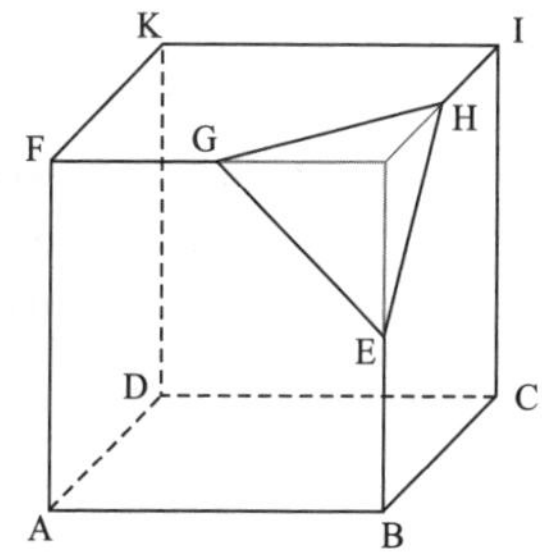

Skizze (nicht maßstäblich)

a) Wie viele Kanten und wie viele Flächen hat der Restkörper?

b) Stellen Sie den Restkörper im senkrechten Zweitafelbild dar.

c) Berechnen Sie den Oberflächeninhalt des Restkörpers.

Wahlaufgabe 1

Quaderförmige, oben offene Kästen werden aus rechteckigen Blechplatten mit 70 cm Länge und 40 cm Breite hergestellt.
Von diesen Platten werden an den Ecken quadratische Flächen mit der Seitenlänge x herausgeschnitten.
Die in der Skizze grau gekennzeichnete rechteckige Fläche wird zur Grundfläche des Kastens.

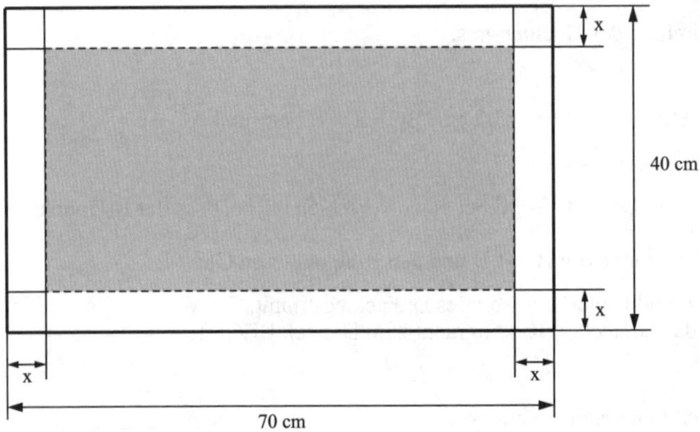

Skizze (nicht maßstäblich)

a) Berechnen Sie das Volumen eines Kastens, wenn x die Länge 5 cm hat.

b) Der Inhalt der Grundfläche eines anderen Kastens soll 1 456 cm^2 betragen.
Berechnen Sie für diesen Fall die Länge von x und führen Sie eine Probe durch.
Berechnen Sie das Volumen dieses Kastens.

Wahlaufgabe 2

Auf einer Gartenausstellung ist ein besonderes Blumenbeet zu sehen. Beim Betrachten erkennen die Besucher Flächen, welche die Form eines Quadrates, eines Kreises bzw. von Halbkreisen haben.
Auf den unterschiedlich gekennzeichneten Flächen sind verschiedenfarbig blühende Blumen angepflanzt (siehe Zeichnung mit Legende).

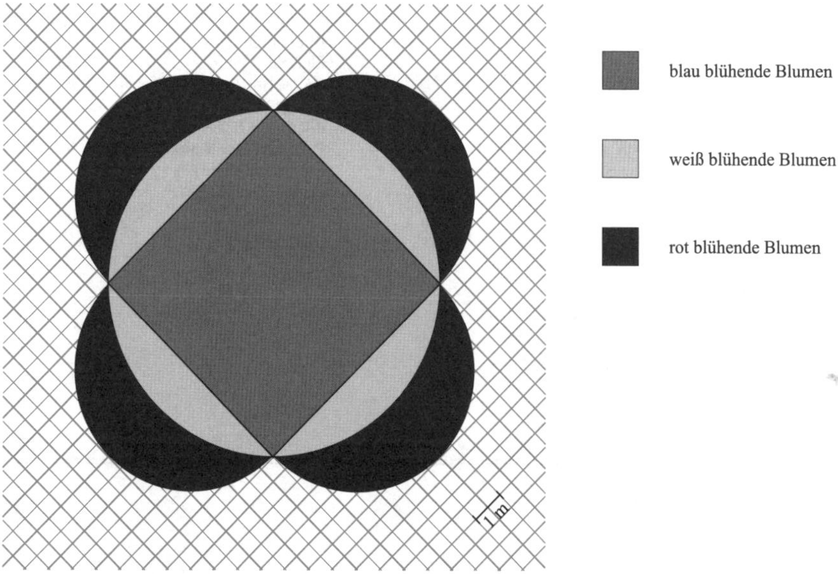

a) Berechnen Sie den Flächeninhalt vom quadratischen Teil des Beetes.

b) Berechnen Sie den Inhalt der Teilflächen des Beetes,
   - die mit weiß blühenden Blumen bepflanzt sind,
   - die mit rot blühenden Blumen bepflanzt sind.

c) Herr Richter möchte ein solches Beet im eigenen Garten anlegen. Für die Diagonale des quadratischen Teils wählt er eine Länge von 5,0 Metern.
   Berechnen Sie die Länge der größten Ausdehnung des gesamten Beetes.

Wahlaufgabe 3

Frau Heinrich führt ein Haushaltsbuch. Am 27. 10. 2006 bezahlte sie in der Kaufhalle einschließlich Mehrwertsteuer 91,26 €.

Auf dem Kassenbon ist für jeden Artikel ersichtlich, ob Mehrwertsteuer A (MWSTA) oder die Mehrwertsteuer B (MWSTB) im Preis enthalten ist.

a) Berechnen Sie den Nettopreis für den Staubsauger.

b) Berechnen Sie, wie viel Euro Mehrwertsteuer insgesamt in der Summe enthalten sind.

c) Mit Beginn des Jahres 2007 wurde die Mehrwertsteuer A von 16 % auf 19 % angehoben.
Welche Summe würde heute auf dem Kassenbon stehen, wenn nur die Anhebung dieser Mehrwertsteuer berücksichtigt wird?

KAUFHALLE

SB-WARENHAUS

STAUBSAUGER	69,99 A
ROTKOHL	0,79 B
DUSCHGEL	1,19 A
EIER KL;M 10ER	0,79 B
MARKENBUTTER 250GR	0,66 B
FILTERPAPIER	0,49 A
BROTAUFSTRICH	1,49 B
FLEISCH BEDIENUNG	6,22 B
FLEISCH BEDIENUNG	3,47 B
FLEISCH BEDIENUNG	6,17 B
SUMME	91,26

MWSTA 16,00 %
MWSTB 7,00 %

Teil B: aus Realschulabschluss Sachsen 2007

Lösungen

Teil A

1. Die Wahrscheinlichkeit, eine Sechs zu würfeln, hängt nicht davon ab, was zuvor gewürfelt wurde. Sie beträgt immer $\frac{1}{6}$.

2. Umrechnen in die gleiche Einheit (Quadratzentimeter):
   $3\,200\ \text{mm}^2 = 32\ \text{cm}^2 \qquad \underline{12\ \text{cm}^2} \qquad 0{,}8\ \text{dm}^2 = 80\ \text{cm}^2$
   Die kleinste Flächenangabe ist 12 cm².

3. Bequeme Prozentsätze nutzen:
   15 € sind ein Viertel von 60 €, dass heißt es sind 25 % von 60 €.

4. $\sphericalangle\,\text{BMC} = 180° - 110° = \underline{70°}$ (Nebenwinkel)
   $\sphericalangle\,\text{MCB} = \sphericalangle\,\text{CBM} = \beta$ ($\overline{\text{BM}} = \overline{\text{CM}}$ = Radius)
   $2 \cdot \beta + 70° = 180°$ (Summe der Innenwinkel im Dreieck BCM beträgt 180°)
   $2 \cdot \beta = 110°$
   $\underline{\underline{\beta = 55°}}$

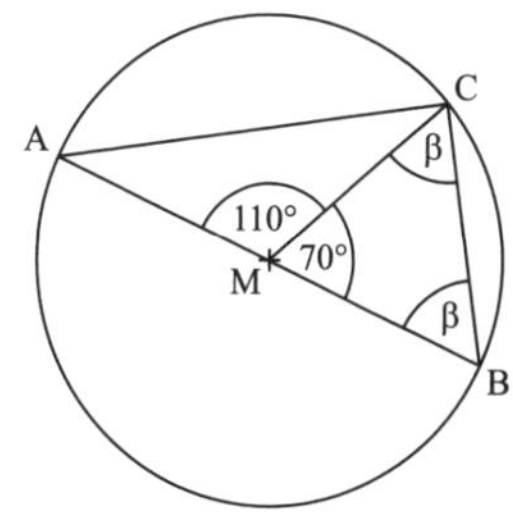

Skizze (nicht maßstäblich)

5. $A = \frac{a+c}{2} \cdot h \quad | \cdot 2$ Die Summe muss durch Klammern zusammengehalten werden.
   $2 \cdot A = (a+c) \cdot h \quad | : h$
   $\frac{2A}{h} = a + c \quad | - c$
   $\frac{2A}{h} - c = a \quad |$ Seiten vertauschen
   $\underline{\underline{a = \frac{2A}{h} - c}}$

6. Es gilt: doppelte Anzahl Brötchen → halbes Gewicht eines Brötchens
   Es liegt eine indirekte (umgekehrte) Proportionalität vor.

Lösung mit Dreisatz:

$$:10 \left(\begin{array}{l} 10 \mathrel{\hat{=}} 60\ \text{g} \\ 1 \mathrel{\hat{=}} 10 \cdot 60\ \text{g} \end{array} \right) \cdot 10$$

$$\cdot 12 \left(\begin{array}{l} 1 \mathrel{\hat{=}} 10 \cdot 60\ \text{g} \\ 12 \mathrel{\hat{=}} \frac{\cancel{10}^{5} \cdot \cancel{60}^{10}}{\cancel{12}\ \cancel{6}_{1}}\ \text{g} \end{array} \right) : 12$$

$$12 \mathrel{\hat{=}} \underline{\underline{50\ \text{g}}}$$

Lösung mit Produktgleichung:

$$12 \cdot x = 10 \cdot 60\ \text{g} \quad | : 12$$

$$x = \frac{\cancel{10}^{5} \cdot \cancel{60}^{10}}{\cancel{12}\ \cancel{6}_{1}}\ \text{g}$$

$$\underline{\underline{x = 50\ \text{g}}}$$

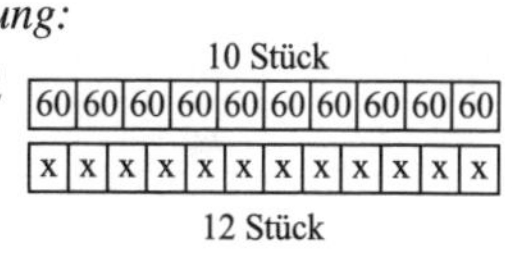

Rechteckfläche ≙ gesamter Teig

Lösung über die Gesamtgröße (Gesamtgewicht des Teigs):
10 Brötchen mal 60 Gramm = 600 Gramm Teig.
Aus dem Teig sollen 12 Brötchen werden.
Dann wiegt jedes Brötchen $600:12=\underline{\underline{50}}$ Gramm.

7. Die Funktion $y=3x$ ist eine lineare Funktion. Sie erscheint im Koordinatensystem als Gerade. Der dritte Graph kann es also nicht sein.

   Die Winkelhalbierende des ersten Quadranten hat die Gleichung $y=x$, also den Anstieg 1. Funktionen mit einen größeren Anstieg als 1 verlaufen steiler.

   Somit ist die erste Abbildung richtig.

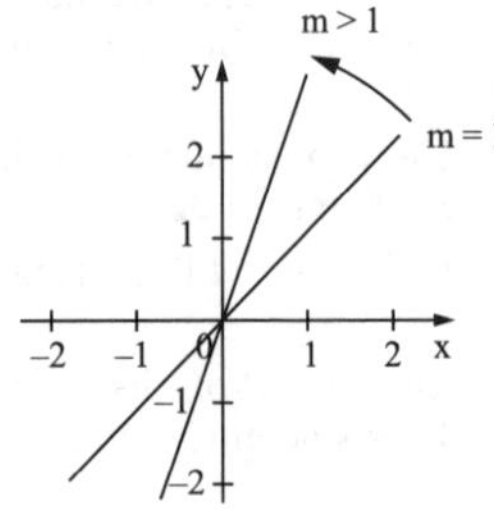

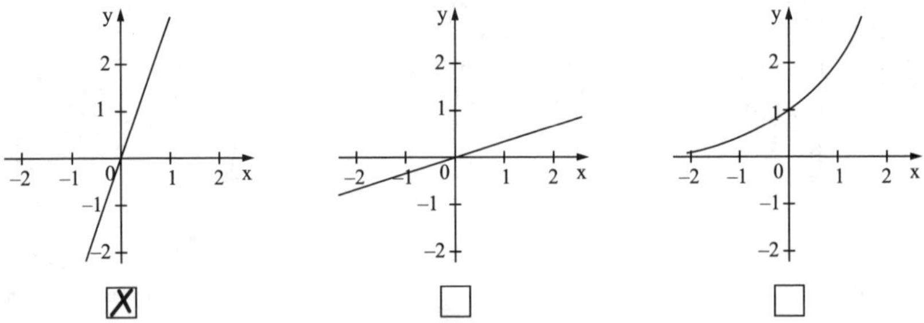

8. Ein Würfel mit 3 cm Kantenlänge hat ein Volumen von $3\text{ cm}\cdot 3\text{ cm}\cdot 3\text{ cm}=27\text{ cm}^3$.

   Da der Körper aus 10 solchen Würfeln besteht, hat er ein Volumen von $10\cdot 27\text{ cm}^3=270\text{ cm}^3$.

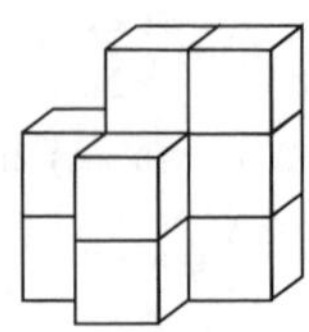

9. Das Zifferblatt der Uhr enthält sechs Zahlenpaare, die die gleiche Summe bilden:
   12 + 1, 11 + 2, 10 + 3, 9 + 4, 8 + 5 und 7 + 6

   Wenn das Zifferblatt so geteilt wird, dass auf jeder Seite genau drei dieser Paare enthalten sind, stimmen auch die Summen auf den beiden Teilen überein.

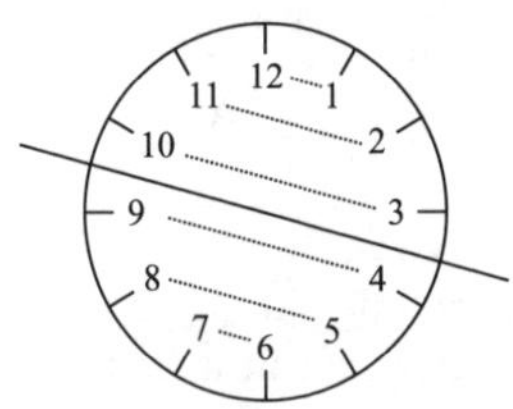

10. Alle natürlichen Zahlen kleiner 30, die durch 6 teilbar sind:
    0, 6, 12, 18 und 24.

Pflichtaufgabe 1

a) Suche in der Formelsammlung das Kapitel „Statistik".
Für die Ermittlung des Zentralwertes müssen die Daten der Größe nach geordnet werden.

Spannweite:
kleinster Wert: $x_{min} = 3$
größter Wert: $x_{max} = 24$
Spannweite: $x_{max} - x_{min} = 24 - 3 = \underline{\underline{21}}$
Die Spannweite beträgt 21 Punkte, das heißt das beste und das schlechteste Ergebnis liegen 21 Punkte auseinander.

arithmetisches Mittel:

$$\frac{\text{Summe aller Punkte}}{\text{Anzahl der Schüler}} = \frac{330}{20} = \underline{\underline{16{,}5}}$$

Das arithmetische Mittel beträgt 16,5 Punkte.

Zentralwert:
In geordneter Reihenfolge lauten die Daten:
3 9 9 10 10 15 16 16 16 <u>17 19</u> 19 20 20 21 21 21 22 22 24
↑
Von den beiden mittleren Zahlen muss noch das arithmetische Mittel gebildet werden:

$$\frac{17+19}{2} = \underline{\underline{18}}$$

Der Zentralwert beträgt 18 Punkte.

b) Erfasse die Noten in einer Strichliste.

prozentualer Anteil:

Punkte	Note	Strichliste	Anzahl	Anteil
23 und 24	1	|	1	$\frac{1}{20} = 0{,}05 = 5\ \%$
20 bis 22	2	𝍸 ||	7	$\frac{7}{20} = 0{,}35 = 35\ \%$
16 bis 19	3	𝍸 |	6	$\frac{6}{20} = 0{,}30 = 30\ \%$
12 bis 15	4	|	1	$\frac{1}{20} = 0{,}05 = 5\ \%$
6 bis 11	5	||||	4	$\frac{4}{20} = 0{,}20 = 20\ \%$
0 bis 5	6	|	1	$\frac{1}{20} = 0{,}05 = 5\ \%$

grafische Darstellung:

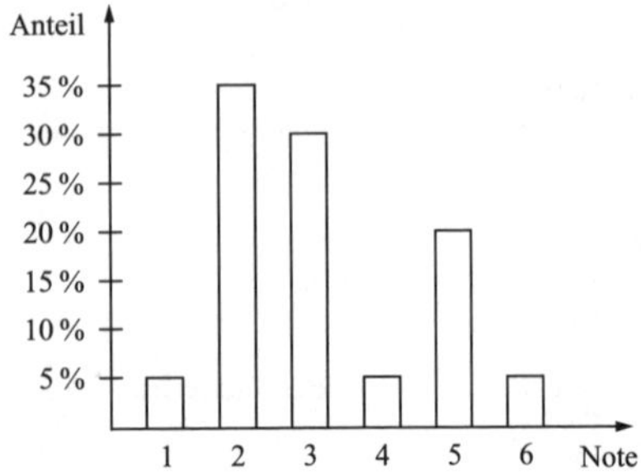

Wenn du die Anteile in einem Kreisdiagramm darstellen möchtest, dann musst du die zugehörigen Winkel berechnen.

Note	Anteil	Winkel
1	5 %	$\frac{5 \cdot 360°}{100} = 18°$
2	35 %	$\frac{35 \cdot 360°}{100} = 126°$
3	30 %	$\frac{30 \cdot 360°}{100} = 108°$
4	5 %	$\frac{5 \cdot 360°}{100} = 18°$
5	20 %	$\frac{20 \cdot 360°}{100} = 72°$
6	5 %	$\frac{5 \cdot 360°}{100} = 18°$

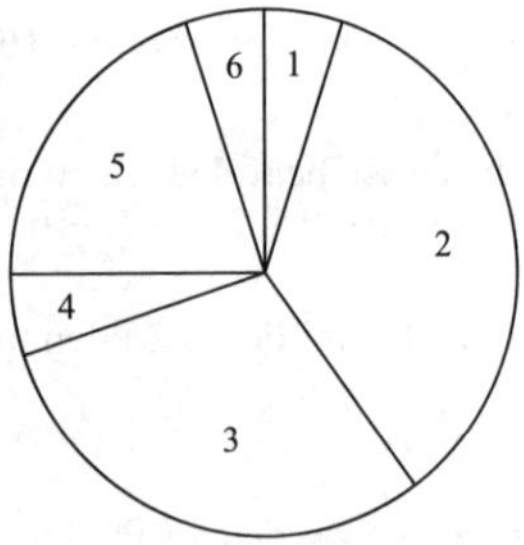

Pflichtaufgabe 2

a) Die linearen Funktionen f und g sind in der Form $y = mx + n$ angegeben.
Dabei ist n die Stelle, an der der Graph die y-Achse schneidet.
m ist der Anstieg, der das Anstiegsdreieck beschreibt.

Funktion $y = f(x) = -x - 1$: $n = -1,\ m = -1$

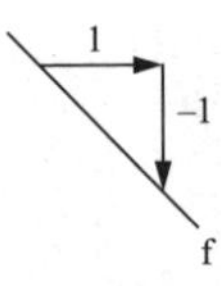

Funktion $y = g(x) = \frac{1}{3}x - 1$: $n = -1,\ m = \frac{1}{3}$

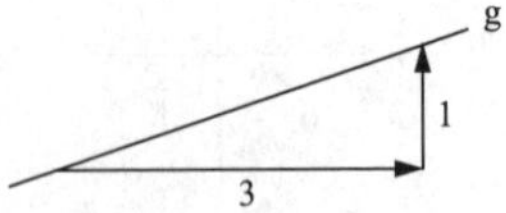

Anstiegsdreiecke

Graphen:

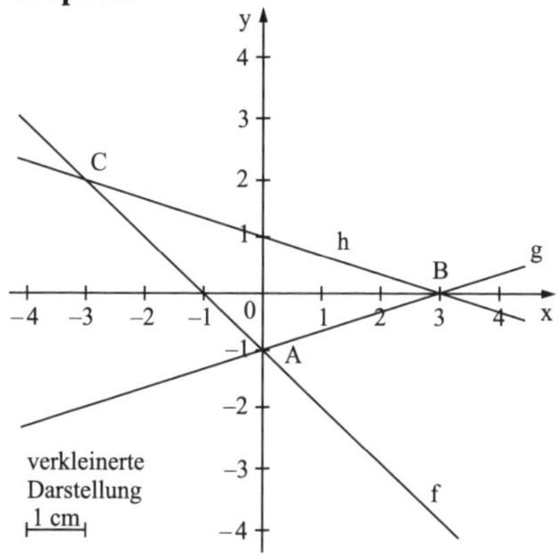

b) **Gleichung für die Funktion h:**
Die Punkte B und C legen ein Anstiegsdreieck fest.

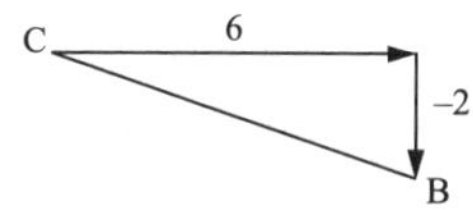

Skizze (nicht maßstäblich)

Der Anstieg beträgt $m = \frac{-2}{6} = -\frac{1}{3}$.

Der Schnittpunkt mit der y-Achse liefert das absolute Glied $n = 1$.
Die Funktion h hat die Funktionsgleichung

$$y = h(x) = -\frac{1}{3}x + 1.$$

c) Der Flächeninhalt eines Dreiecks wird aus einer Grundseite und der zugehörigen Höhe berechnet.
Zerlege das Dreieck ABC so in zwei Dreiecke, dass die Grundseiten und Höhen parallel zu den Koordinatenachsen verlaufen.

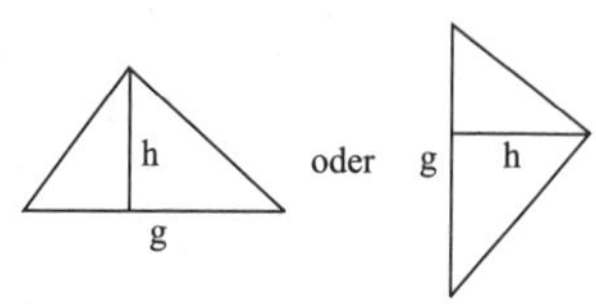

Skizzen (nicht maßstäblich)

Das Dreieck ABC wird durch die y-Achse in zwei Dreiecke zerlegt. Wenn der Punkt (0; 1) mit D bezeichnet wird, dann heißen die Dreiecke ABD und ADC.

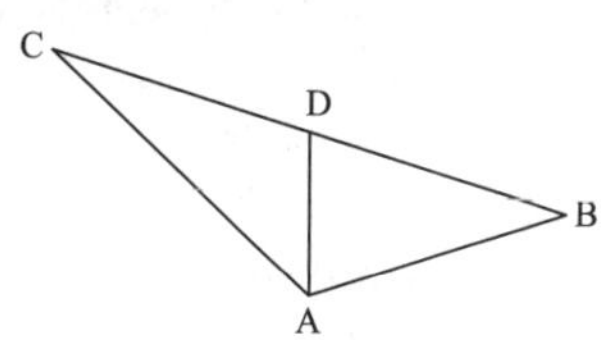

Skizze (nicht maßstäblich)

Flächeninhalt des Dreiecks ABD:

$$A_{ABD} = \frac{1}{2} g \cdot h = \frac{1}{2} \cdot 2\,\text{cm} \cdot 3\,\text{cm} = \underline{3\,\text{cm}^2}$$

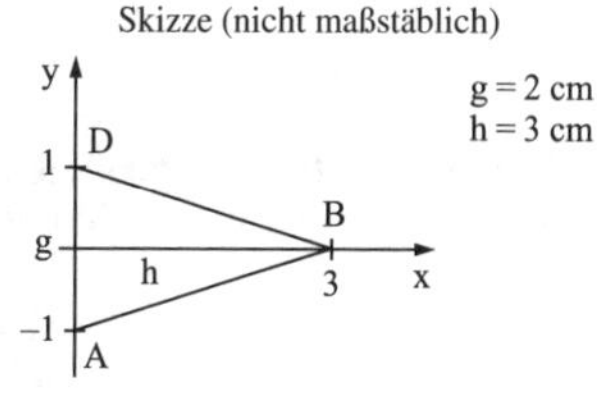

Skizze (nicht maßstäblich)

Flächeninhalt des Dreiecks ADC:

$A_{ADC} = \frac{1}{2} g \cdot h = \frac{1}{2} \cdot 2\,\text{cm} \cdot 3\,\text{cm} = \underline{3\,\text{cm}^2}$

Flächeninhalt des Dreiecks ABC:

$A_{ABD} + A_{ADC} = 3\,\text{cm}^2 + 3\,\text{cm}^2 = \underline{\underline{6\,\text{cm}^2}}$

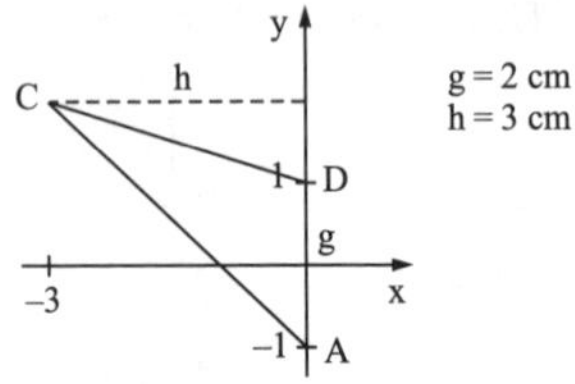

Skizze (nicht maßstäblich)

Hinweis:
Wenn das Dreieck ABC *nicht* in einem *Koordinatensystem* liegen würde, wäre nur der lange Rechenweg über Seitenlängen und Innenwinkel (mit Kosinussatz und Sinussatz) möglich.

Pflichtaufgabe 3

a) Berechne das Volumen einer 4 m hohen Torfschicht.
Diese Schicht bildet ein Prisma.
Rechne die Grundfläche in Quadratmeter um.

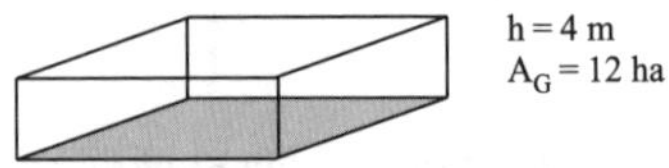

Skizze (nicht maßstäblich)

Grundfläche in Quadratmeter:
$A_G = 12\,\text{ha} = \underline{120\,000\,\text{m}^2}$

Volumen des Prismas:
$V = A_G \cdot h = 120\,000\,\text{m}^2 \cdot 4\,\text{m} = \underline{\underline{480\,000\,\text{m}^3}}$

Im Hochmoor lagern mindestens 480 000 m^3 Torf.

b) Für den Umfang benötigst du die Länge der zweiten Seite des Parallelogramms.
Skizziere die Grundfläche und trage alle gegebenen Maße ein.
Berechne zuerst aus dem Flächeninhalt des Parallelogramms die Höhe.
Berechne aus der Höhe und dem Innenwinkel α die zweite Seitenlänge.

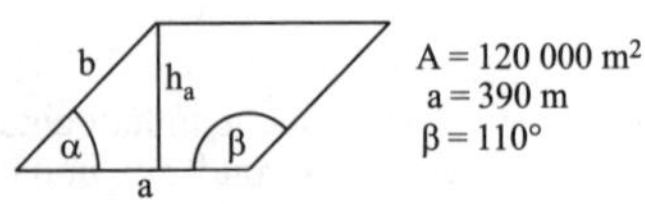

Skizze (nicht maßstäblich)

Höhe h_a des Parallelogramms:

$A = a \cdot h_a \quad |:a$ (Flächeninhalt eines Parallelogramms)

$\frac{A}{a} = h_a$

$h_a = \frac{120\,000\,\text{m}^2}{390\,\text{m}}$

$h_a = \underline{307{,}7\,\text{m}}$

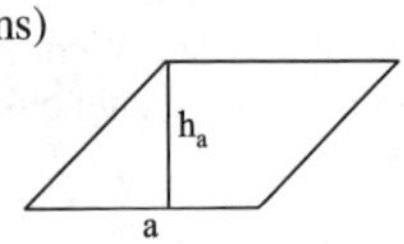

Skizze (nicht maßstäblich)

Innenwinkel α des Parallelogramms:
$\alpha = 180° - \beta = 180° - 110° = \underline{70°}$

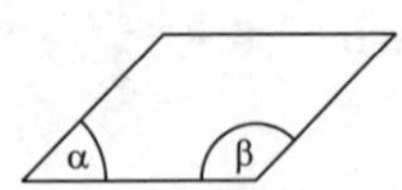

Skizze (nicht maßstäblich)

Seite b des Parallelogramms:

Nutze die Definition des Sinus im rechtwinkligen Dreieck.

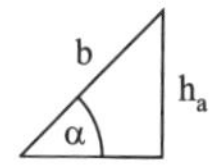

Skizze (nicht maßstäblich)

$$\sin\alpha = \frac{h_a}{b} \qquad \Big| \cdot b$$

$$b \cdot \sin\alpha = h_a \qquad \Big| : \sin\alpha$$

$$b = \frac{h_a}{\sin\alpha}$$

$$b = \frac{307{,}7\text{ m}}{\sin 70^\circ}$$

$$b = \underline{327{,}4\text{ m}}$$

Umfang des Parallelogramms:

$u = 2 \cdot (a + b) = 2 \cdot (390\text{ m} + 327{,}4\text{ m}) = 1\,434{,}8\text{ m} \approx \underline{\underline{1\,435\text{ m}}}$

Das Hochmoor hat einen Umfang von ungefähr 1 435 m.

Pflichtaufgabe 4

a) Konstruktionsschritte:
- Seite AB zeichnen (5,2 cm)
- Kreisbogen um B mit Radius a = 7,2 cm zeichnen
- Kreisbogen um A mit Radius b = 3,7 cm zeichnen
- Die Kreisbögen schneiden sich im Punkt C.

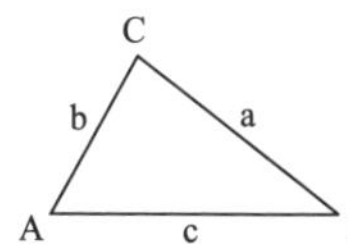

Skizze (nicht maßstäblich)

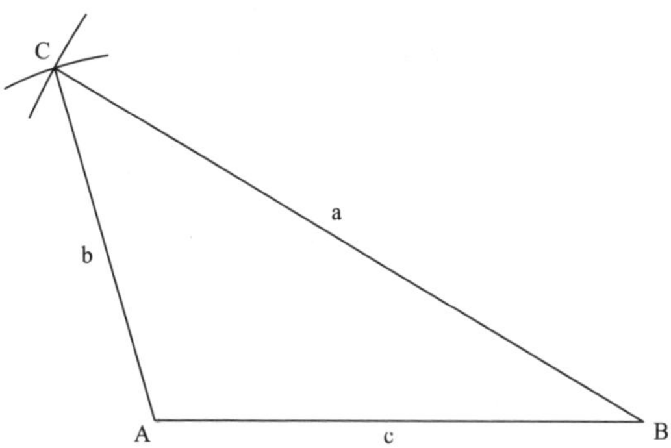

b) Ablauf der Verschiebung:
- Seite AB über B hinaus verlängern
- auf diesem Strahl vom Punkt B aus die Entfernung 5,2 cm abtragen, um den Punkt D zu erhalten
- durch den Punkt C eine Parallele zur Seite AB zeichnen
- auf dieser Geraden vom Punkt C aus die Entfernung 5,2 cm abtragen, um den Punkt E zu erhalten

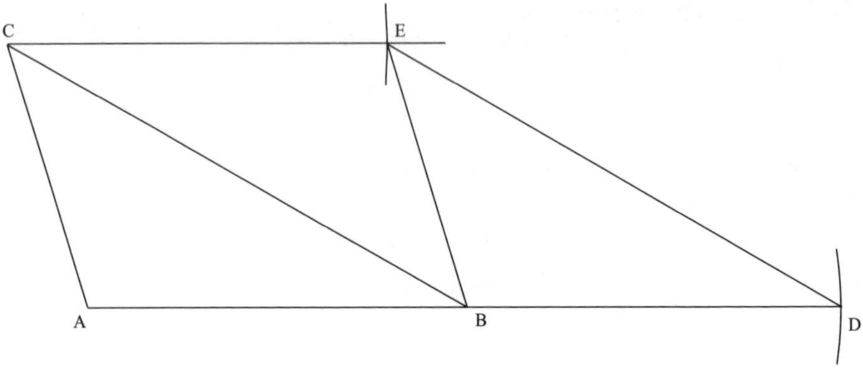

c) Zeige, dass die beiden Dreiecke in den drei Seiten übereinstimmen.

AC = BE (BE ist das Bild von AC bei der Verschiebung)

$\overline{AB} = \overline{CE}$ (Länge, um die verschoben wurde)

$\overline{BC} = \overline{BC}$ (gemeinsame Seite beider Dreiecke)

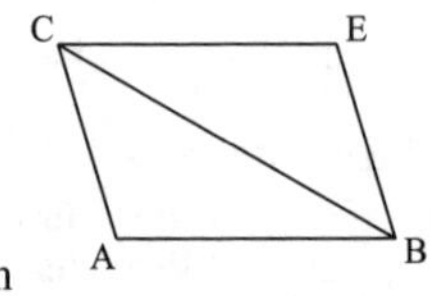

Skizze (nicht maßstäblich)

Nach dem Kongruenzsatz sss ist das Dreieck ABC kongruent zum Dreieck BEC.

Pflichtaufgabe 5

a) Der Restkörper hat 15 Kanten (alle 12 Kanten des Würfels sind noch da und drei neue Kanten sind hinzugekommen).
Der Restkörper hat 7 Flächen (alle 6 Flächen des Würfels sind noch da und eine neue Fläche ist hinzugekommen).

b) Das senkrechte Zweitafelbild zeigt den Aufriss (Sicht von vorn) und den Grundriss (Sicht von oben).

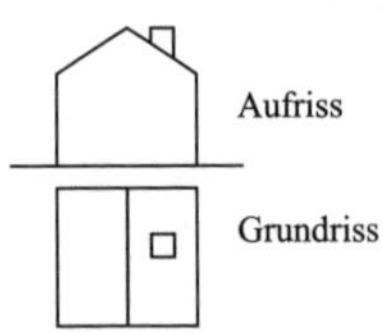

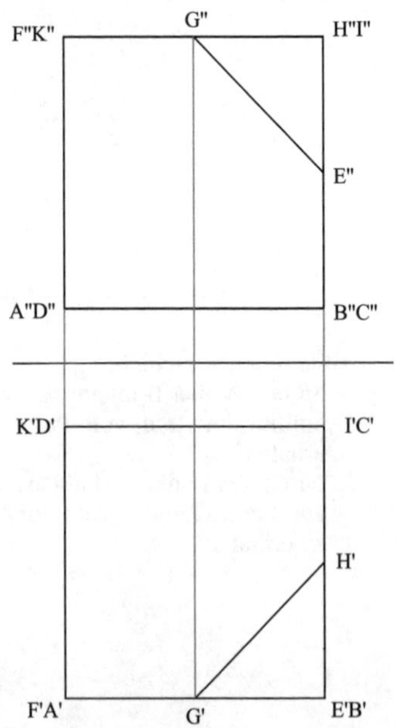

verkleinerte Darstellung

1 cm

c) 

Die Oberfläche besteht aus:
- 3 unversehrten Quadraten,
- 3 ehemaligen Quadraten, von denen jeweils ein rechtwinkliges Dreieck abgeschnitten wurde und
- einem gleichseitigen Dreieck

Flächeninhalt A_1 von einem Quadrat:

$A_1 = (6{,}0\,\text{cm})^2 = \underline{36\,\text{cm}^2}$

Flächeninhalt A_2 von einem abgeschnittenen Dreieck:

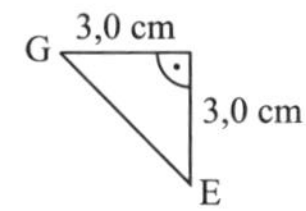

Skizze (nicht maßstäblich)

$A_2 = \frac{1}{2} \cdot 3{,}0\,\text{cm} \cdot 3{,}0\,\text{cm} = \underline{4{,}5\,\text{cm}^2}$

Flächeninhalt A_3 von einem ehemaligen Quadrat:

$A_3 = A_1 - A_2 = 36\,\text{cm}^2 - 4{,}5\,\text{cm}^2 = \underline{31{,}5\,\text{cm}^2}$

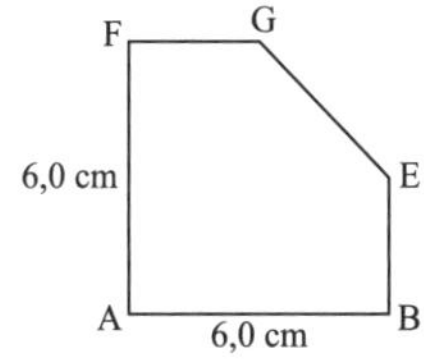

Skizze (nicht maßstäblich)

Seitenlänge $\overline{GE}$ des gleichseitigen Dreiecks:
Zur Berechnung dient das abgeschnittene Dreieck.
Nutze den Satz des Pythagoras.

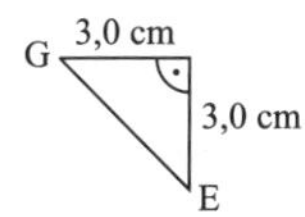

Skizze (nicht maßstäblich)

$\overline{GE}^2 = (3\,\text{cm})^2 + (3\,\text{cm})^2$

$\overline{GE}^2 = 18\,\text{cm}^2 \quad |\sqrt{\ }$

$\overline{GE} = \sqrt{18\,\text{cm}^2}$

$\overline{GE} = \underline{4{,}24\,\text{cm}}$

Flächeninhalt A_4 des gleichseitigen Dreiecks EHG:

$A_4 = \frac{a^2}{4} \cdot \sqrt{3} = \frac{(4{,}24\,\text{cm})^2}{4} \cdot \sqrt{3} = \underline{7{,}8\,\text{cm}^2}$

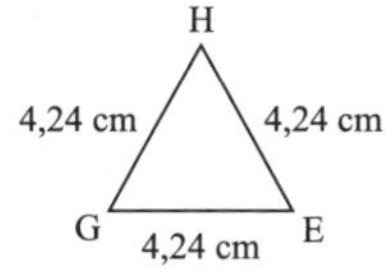

Skizze (nicht maßstäblich)

Oberflächeninhalt des Restkörpers:

$3 \cdot A_1 + 3 \cdot A_3 + A_4 = 3 \cdot 36\,\text{cm}^2 + 3 \cdot 31{,}5\,\text{cm}^2 + 7{,}8\,\text{cm}^2 = \underline{\underline{210{,}3\,\text{cm}^2}}$

Der Oberflächeninhalt des Restkörpers beträgt 210,3 cm^2.

Wahlaufgabe 1

a) Trage alle Maße in eine Skizze ein und bestimme zunächst die Kantenlänge des quaderförmigen Kastens.

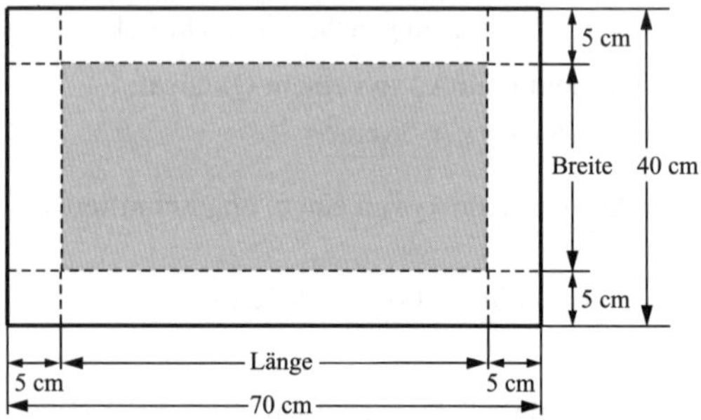

Skizze (nicht maßstäblich)

Kantenlängen des Kastens:

Länge: $70\text{ cm} - 2 \cdot 5\text{ cm} = \underline{60\text{ cm}}$

Breite: $40\text{ cm} - 2 \cdot 5\text{ cm} = \underline{30\text{ cm}}$

Höhe: $\underline{5\text{ cm}}$

Volumen des Kastens:

$60\text{ cm} \cdot 30\text{ cm} \cdot 5\text{ cm} = \underline{\underline{9\,000\text{ cm}^3}}$

Der Kasten hat ein Volumen von $9\,000\text{ cm}^3$.

b)  Arbeite mit der Variablen x für die Kantenlänge des Quadrates.
Bilde Terme für die Länge und Breite des Kastens.
Bilde für die Grundfläche des Kastens einen Term und eine Gleichung.

Kantenlänge des Quadrates (in cm):	x
Länge des Kastens (in cm):	$70 - 2 \cdot x$
Breite des Kastens (in cm):	$40 - 2 \cdot x$
Grundfläche des Kastens (in cm^2):	$(70 - 2x) \cdot (40 - 2x)$

Gleichung: Die Grundfläche des Kastens beträgt $1\,456\text{ cm}^2$.

$$(70 - 2x) \cdot (40 - 2x) = 1\,456$$

$$2\,800 - 140x - 80x + 4x^2 = 1\,456 \quad |-1\,456$$

$$4x^2 - 220x + 1\,344 = 0 \quad |:4$$

$$x^2 - 55x + 336 = 0$$

Es ist eine quadratische Gleichung der Form $x^2 + px + q = 0$ zu lösen.
Hier ist $p = -55$ und $q = 336$. Die Lösungsformel liefert:

$$x_{1,2} = -\frac{p}{2} \pm \sqrt{\frac{p^2}{4} - q}$$

$$x_{1,2} = -\frac{-55}{2} \pm \sqrt{\frac{(-55)^2}{4} - 336}$$

$$x_{1,2} = 27{,}5 \pm 20{,}5$$

$$x_1 = 48 \qquad \underline{x_2 = 7}$$

Der Wert x_1 entfällt als Lösung, da von einem 40 cm breiten Blech keine 48 cm breiten Quadrate abgeschnitten werden können. Die Quadrate sind also 7 cm breit.

Probe:

Länge des Kastens: $70\text{ cm} - 2 \cdot 7\text{ cm} = \underline{56\text{ cm}}$

Breite des Kastens: $40\text{ cm} - 2 \cdot 7\text{ cm} = \underline{26\text{ cm}}$

Grundfläche des Kastens: $56\text{ cm} \cdot 26\text{ cm} = \underline{1\,456\text{ cm}^2}$ stimmt

Volumen des Kastens:

$56\text{ cm} \cdot 26\text{ cm} \cdot 7\text{ cm} = \underline{\underline{10\,192\text{ cm}^3}}$

Der Kasten hat ein Volumen von 10 192 cm^3.

Wahlaufgabe 2

a) Zwei Kästchenlängen im Raster bedeuten 1 m.

Das Quadrat hat eine Seitenlänge von 7 m.

Flächeninhalt des Quadrates:

$A_{Quadrat} = (7\text{ m})^2 = \underline{\underline{49\text{ m}^2}}$

Der quadratische Teil hat einen Flächeninhalt von 49 m^2.

b) Die blauen und die weißen Blumen füllen zusammen einen großen Kreis.
Berechne den Flächeninhalt des Kreises und ziehe davon den Flächeninhalt des Quadrates ab.
Den Durchmesser des Kreises musst du mithilfe des Quadrates bestimmen.

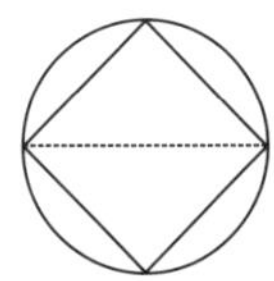

Skizze (nicht maßstäblich)

Durchmesser des Kreises:

Wenn a die Kantenlänge des Quadrates ist, dann ist der Durchmesser d des Kreises gleichzeitig Diagonale des Quadrates.

$d = a\sqrt{2} = 7\text{ m} \cdot \sqrt{2} = \underline{9{,}90\text{ m}}$

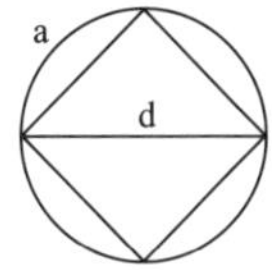

Hinweis: Es ist sinnvoll, auf ganze Zentimeter zu runden.

Flächeninhalt des Kreises:

$A_{Kreis} = \frac{\pi}{4}d^2 = \frac{\pi}{4}(9{,}90\text{ m})^2 = \underline{76{,}98\text{ m}^2}$

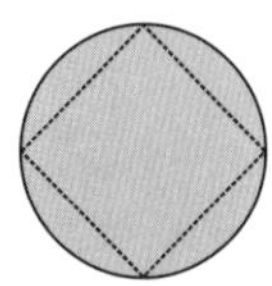

Hinweis:
Zwischenergebnisse sollte man aus Prinzip nicht zu stark runden.

Flächeninhalt für weiß blühende Blumen:

$A_{weiß} = A_{Kreis} - A_{Quadrat}$

$= 76{,}98\text{ m}^2 - 49\text{ m}^2 = 27{,}98\text{ m}^2 \approx \underline{\underline{28\text{ m}^2}}$

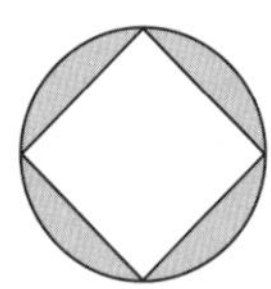

Hinweis:
Als Endergebnis sollte dieser Wert sinnvoll gerundet werden.
Ungefähr 28 m^2 sind mit weiß blühenden Blumen bepflanzt.

Die roten und die weißen Blumen füllen zusammen vier Halbkreise.
Berechne den Flächeninhalt der vier Halbkreise und ziehe davon den Flächeninhalt für weiße Blumen ab.

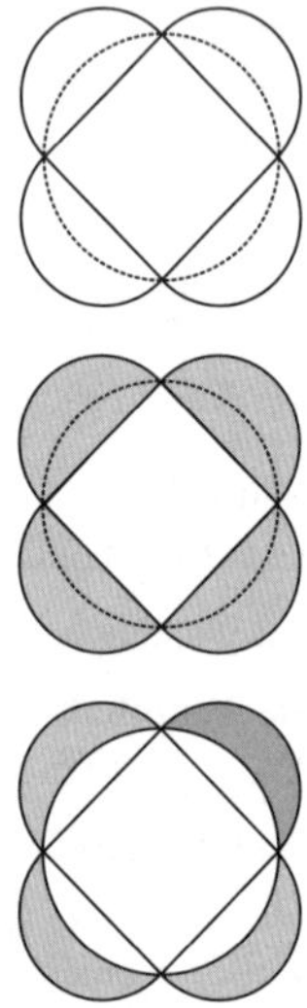

Skizzen (nicht maßstäblich)

Flächeninhalt der 4 Halbkreise:
Der Durchmesser eines Halbkreises entspricht der Seitenlänge des Quadrates (7 m).
Vier Halbkreise ergeben zusammen zwei ganze Kreise.

$$A_{4\,\text{Halbkreise}} = 2 \cdot \frac{\pi}{4} d^2 = 2 \cdot \frac{\pi}{4} \cdot (7\text{ m})^2 = \underline{76{,}97\text{ m}^2}$$

Flächeninhalt für rot blühende Blumen:

$$A_{\text{rot}} = A_{4\,\text{Halbkreise}} - A_{\text{weiß}}$$
$$= 76{,}97\text{ m}^2 - 27{,}98\text{ m}^2 = 48{,}99\text{ m}^2 \approx \underline{\underline{49\text{ m}^2}}$$

Hinweis:
Für $A_{\text{weiß}}$ wurde der ungerundete Wert eingesetzt.
Ungefähr 49 m^2 sind mit rot blühenden Blumen bepflanzt.

Noch ein Hinweis für Interessierte:
Wenn du die Aufgabe allgemein löst (Kantenlänge des Quadrates = a, Terme aufstellen usw.), zeigt sich, dass die Fläche der rot blühenden Blumen *genau* so groß ist, wie die Fläche des Quadrates. Außerdem ist der Flächeninhalt der 4 Halbkreise *genau* so groß wie der Flächeninhalt des großen Kreises.
Die scheinbaren Unterschiede entstehen durch das Multiplizieren mit den irrationalen Zahlen $\sqrt{2}$ und π und das anschließende Runden.

c) Bestimme das Verhältnis $\frac{\text{größte Ausdehnung x}}{\text{Länge der Diagonalen d}}$ am Originalbeet.
Bei Herrn Richter kann über dieses Verhältnis die größte Ausdehnung berechnet werden.
Um das Verhältnis zu berechnen gibt es verschiedene Wege:
- mit konkreten Zahlenwerten rechnen
- mit allgemeinen Längen (in Abhängigkeit von der Seitenlänge a des Quadrates) rechnen

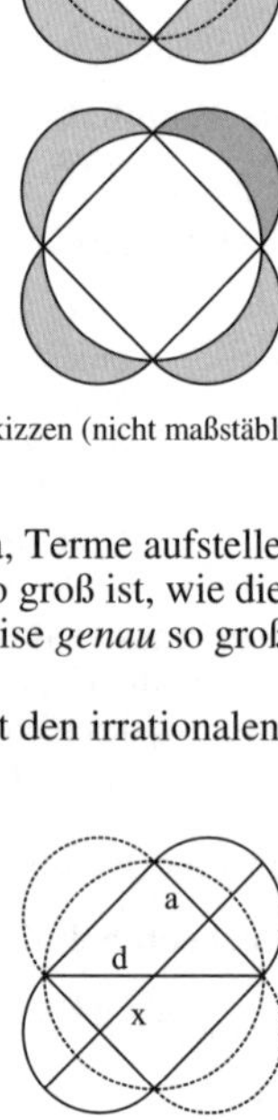

Skizze (nicht maßstäblich)

Bestimmung des Verhältnisses $\frac{x}{d}$:

Lösungsweg 1 (mit konkreten Zahlenwerten):

größte Ausdehnung (aus der Zeichnung):	x = 14 m
Diagonale des Quadrates (aus Aufgabenteil b):	d = 9,90 m
Verhältnis:	$\frac{x}{d} = \frac{14\text{ m}}{9{,}90\text{ m}} = \underline{1{,}414}$

Lösungsweg 2 (mit allgemeinen Längen):

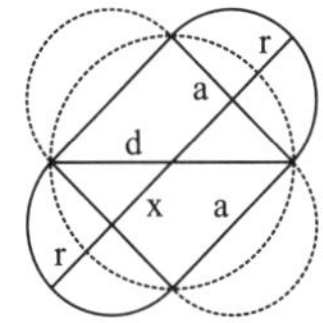

Skizze (nicht maßstäblich)

Seitenlänge des Quadrates: a

Radius eines Halbkreises (Hälfte von a): $r = \frac{1}{2}a$

größte Ausdehnung (a + 2 mal Radius): $x = a + 2 \cdot r = 2a$

Diagonale des Quadrates (aus Aufgabenteil b): $d = a\sqrt{2}$

Verhältnis: $\frac{x}{d} = \frac{2a}{a\sqrt{2}}$

$= \sqrt{2} = \underline{1{,}414}$

Maximale Ausdehnung des Beetes bei Herrn Richter:

Lösung mit Dreisatz:

$$\begin{aligned}
9{,}90\text{ m} &\mathrel{\hat{=}} 14\text{ m} && \text{:}\,9{,}90 \\
1\text{ m} &\mathrel{\hat{=}} \frac{14\text{ m}}{9{,}90} && \cdot 5{,}0 \\
5{,}0\text{ m} &\mathrel{\hat{=}} \frac{5{,}0 \cdot 14\text{ m}}{9{,}90} \\
5{,}0\text{ m} &\mathrel{\hat{=}} \underline{\underline{7{,}07\text{ m}}}
\end{aligned}$$

Lösung über das Verhältnis:

$$\begin{aligned}
\frac{x}{d} &= 1{,}414 \qquad |\cdot d \\
x &= 1{,}414 \cdot d \\
x &= 1{,}414 \cdot 5{,}0\text{ m} \\
\underline{\underline{x}} &\underline{\underline{= 7{,}07\text{ m}}}
\end{aligned}$$

Die größte Ausdehnung des Beetes bei Herrn Richter beträgt 7,07 m.

Wahlaufgabe 3

a) **Nettopreis für den Staubsauger:**

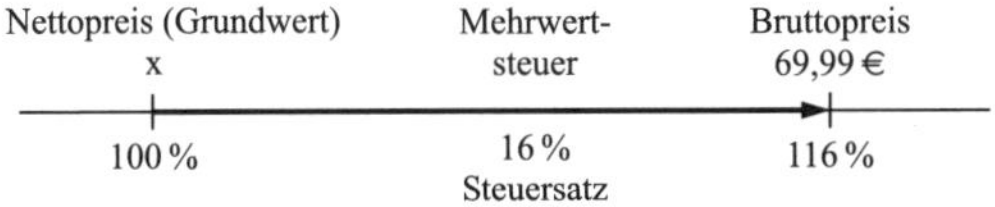

Lösung mit Dreisatz:

$$\begin{aligned}
116\,\% &\mathrel{\hat{=}} 69{,}99\text{ €} && \text{:}\,116 \\
1\,\% &\mathrel{\hat{=}} \frac{69{,}99\text{ €}}{116} && \cdot 100 \\
100\,\% &\mathrel{\hat{=}} \frac{100 \cdot 69{,}99\text{ €}}{116} \\
100\,\% &\mathrel{\hat{=}} \underline{\underline{60{,}34\text{ €}}}
\end{aligned}$$

Lösung mit Verhältnisgleichung:

$$\begin{aligned}
\frac{x}{100\,\%} &= \frac{69{,}99\text{ €}}{116\,\%} \qquad |\cdot 100\,\% \\
x &= \frac{100\,\% \cdot 69{,}99\text{ €}}{116\%} \\
\underline{\underline{x}} &\underline{\underline{= 60{,}34\text{ €}}}
\end{aligned}$$

Lösung mit Prozentformeln:

Prozentwert $W = 69{,}99\text{ €}$

Prozentsatz $p\,\% = 116\,\%$

Grundwert $G = \frac{100 \cdot W}{p}$

$= \frac{100 \cdot 69{,}99\text{ €}}{116}$

$= \underline{\underline{60{,}34\text{ €}}}$

Lösung über Dezimalbruch:

Bruttopreis $69{,}99\text{ €}$

Prozentsatz $p\,\% = 116\,\% = 1{,}16$

Nettopreis $69{,}99\text{ €} : 1{,}16 = \underline{\underline{60{,}34\text{ €}}}$

Der Nettopreis des Staubsaugers beträgt 60,34 €.

b)

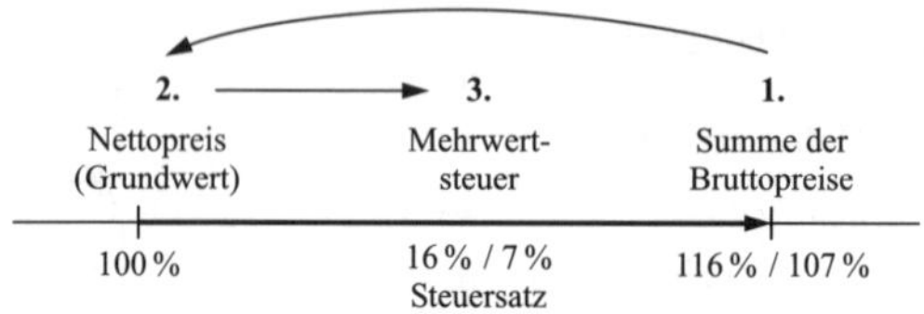

Bilde für jeden Mehrwertsteuersatz die Summe der Bruttopreise.
Berechne die zugehörigen Nettopreise wie im Aufgabenteil a.
Die Mehrwertsteuer ergibt sich als Differenz von Brutto- und Nettopreis.

mit MWSTA (16 %):
Summe der Bruttopreise:
$69{,}99\,€ + 1{,}19\,€ + 0{,}49\,€ = \underline{71{,}67\,€}$
zugehöriger Nettopreis:
$71{,}67\,€ : 1{,}16 = \underline{61{,}78\,€}$
zugehörige Mehrwertsteuer:
$71{,}67\,€ - 61{,}78\,€ = \underline{9{,}89\,€}$

mit MWSTB (7 %):
Summe der Bruttopreise:
$91{,}26\,€ - 71{,}67\,€ = \underline{19{,}59\,€}$
zugehöriger Nettopreis:
$19{,}59\,€ : 1{,}07 = \underline{18{,}31\,€}$
zugehörige Mehrwertsteuer:
$19{,}59\,€ - 18{,}31\,€ = \underline{1{,}28\,€}$

Mehrwertsteuer insgesamt:
$9{,}89\,€ + 1{,}28\,€ = \underline{\underline{11{,}17\,€}}$

In der Summe sind 11,17 € Mehrwertsteuer enthalten.

c)

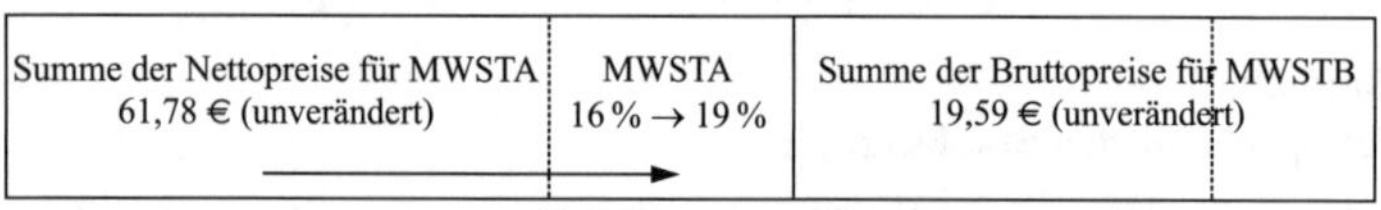

Berechne die neue Mehrwertsteuer und den neuen Bruttopreis der Waren, die nach MWSTA versteuert werden.
Die Bruttopreise der nach MWSTB versteuerten Waren bleiben unverändert.

Summe der Nettopreise, für die MWSTA gilt:
61,78 € (siehe Aufgabenteil b)

Mehrwertsteuer nach MWSTA (19%):

$$\frac{19 \cdot 61{,}78\,€}{100} = \underline{11{,}74\,€}$$

Bruttopreis für diese Waren:
$61{,}78\,€ + 11{,}74\,€ = \underline{73{,}52\,€}$

Gesamtsumme (Brutto A + Brutto B):
$73{,}52\,€ + 19{,}59\,€ = \underline{\underline{93{,}11\,€}}$

Auf dem Kassenbon würde 93,11 € stehen.

Aufgaben im Stil der Abschlussprüfung
Aufgabengruppe 2

Teil A (30 Minuten, ohne Hilfsmittel und Formelsammlung)

1. Berechnen Sie den Wert des Terms $a^3 - 2b + \frac{1}{c}$ für $a = -2$, $b = 2$ und $c = \frac{1}{5}$.

2. Eine Kinovorstellung beginnt um 17.30 Uhr mit 10 min Werbung. Nach einer kurzen Pause von 2 min beginnt der Hauptfilm.
   Wann endet die Vorstellung, wenn der Hauptfilm 85 min dauert?

3. Kreuzen Sie alle axialsymmetrischen Figuren an.

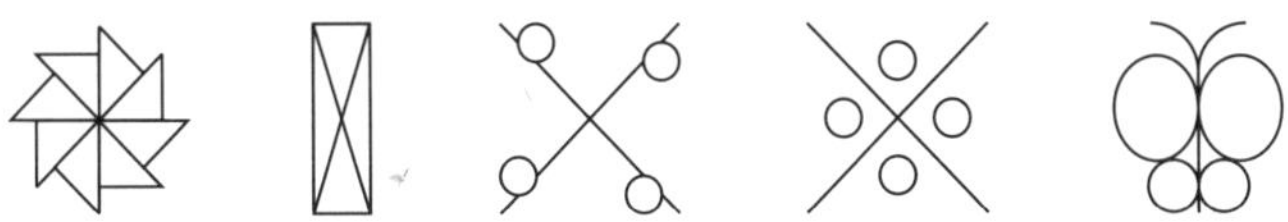

☐ ☐ ☐ ☐ ☐

4. Unterstreichen Sie den Term, der nicht folgender Formulierung entspricht.
   „Der Nachfolger einer Zahl wird verdoppelt.“

   $(n+1) \cdot 2$ $\qquad 2n+2$ $\qquad 2n+1$ $\qquad 2(n+1)$

5. Welche grafische Darstellung gehört zur Funktion $y = x^3$?
   Kreuzen Sie an.

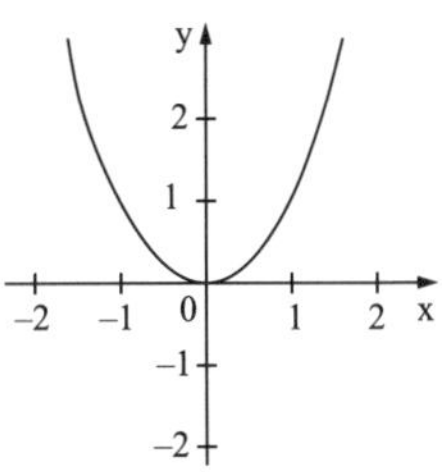

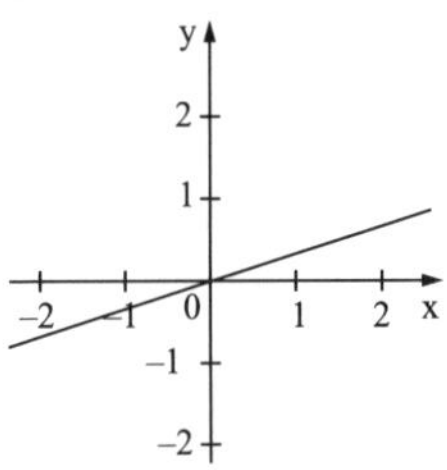

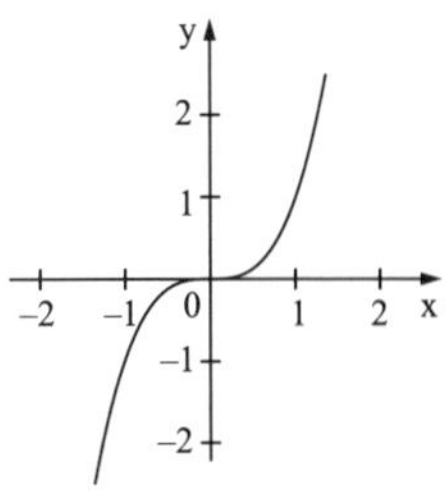

☐ ☐ ☐

6. Aus einer Umfrage nach der Anzahl der Geschwister wurde für die Klasse 10a die Anzahl der Kinder in der Familie wie folgt ermittelt.

Anzahl der Kinder in der Familie	1	2	3	4
Häufigkeit	14	10	4	1

   Schlussfolgerung: Die meisten Familien in der Klasse haben nur ein Kind.
   Kreuzen Sie die richtige Aussage an.

   ☐ Der Schlussfolgerung liegt der Zentralwert der Umfrage zugrunde.

   ☐ Der Schlussfolgerung liegt der Modalwert der Umfrage zugrunde.

   ☐ Der Schlussfolgerung liegt das arithmetische Mittel der Umfrage zugrunde.

7. Geben Sie die Zahl an, für die das Fragezeichen steht.
   7   13   19   25   ?   37   43

8. Aus welchem Material besteht eine Münze, die bei einem Volumen von 0,5 cm^3 5,3 g wiegt?
   (Gold $19{,}3\,\frac{g}{cm^3}$, Silber $10{,}6\,\frac{g}{cm^3}$, Kupfer $9{,}0\,\frac{g}{cm^3}$)

9. Sophia möchte alle Geldbeträge unter 20 € herstellen, die mindestens einen Geldschein aber keine Münze benötigen.
   Ordnen Sie jeder Antwort die richtige Frage A, B oder C zu:
   A Wie viele verschiedene Beträge sind möglich?
   B Wie viele Scheine werden mindestens benötigt, um alle möglichen Beträge neben einander auf den Tisch zu legen?
   C Wie viele Scheine benötigt man für den größten Betrag?

Antwort	Frage
2	C
4	B
3	A

10. Berechnen Sie den Flächeninhalt der grau gefüllten Figur.
    (1 Kästchenlänge = 2 cm)

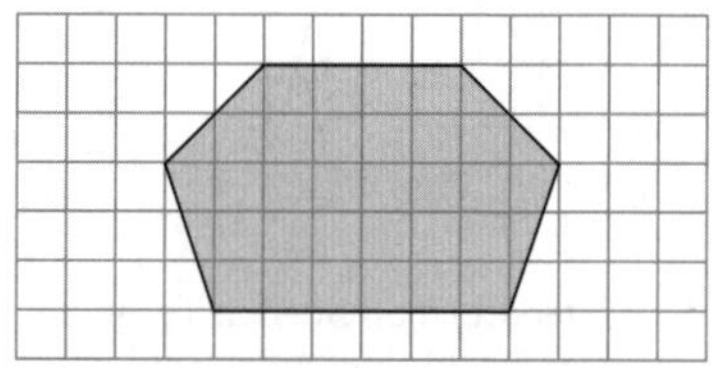

Skizze (nicht maßstäblich)

Teil B (210 Minuten)

Pflichtaufgabe 1

Herr Schneider erhält einen monatlichen Bruttolohn von 2 006,06 €.

a) Welchen Nettolohn bekommt Herr Schneider ausgezahlt, wenn nachfolgende Abzüge zu entrichten sind?

Abzüge:

- Lohnsteuer 268,00 €
- Versicherungen in prozentualen Anteilen vom Bruttolohn
  Krankenversicherung 7,15 %
  Rentenversicherung 9,75 %
  Arbeitslosenversicherung 3,25 %
  Pflegeversicherung 1,35 %
- Solidaritätszuschlag 5,50 % von der Lohnsteuer.

b) Herr Schneider erhält ein Angebot, das seinen monatlichen Krankenversicherungsbeitrag um 0,70 % senken würde. Wie viel Geld kann er im Jahr einsparen, wenn er das Angebot annimmt?

Pflichtaufgabe 2

Am 30. Oktober 2005 wurde nach zwölfjähriger Arbeit der Wiederaufbau der Dresdner Frauenkirche mit einer feierlichen Weihe abgeschlossen.
Das Kuppelkreuz der Frauenkirche setzt sich aus dem Turmkreuz und dem Turmknauf zusammen (siehe Zeichnung).
Vereinfacht besteht der Turmknauf aus zwei vergoldeten Halbkugeln mit einem Radius von 56 cm, die durch ein 30 cm breites Band aus gleichem Material verbunden sind.
Im Turmknauf sind aktuelle Dokumente eingelassen.

a) Berechnen Sie das Volumen des Turmknaufes.

b) Ermitteln Sie mithilfe der **maßstäblichen Zeichnung** die Höhe des Turmkreuzes.

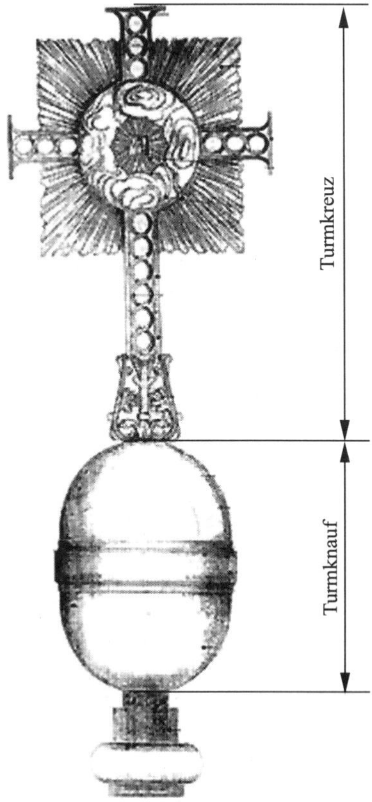

Maßstäbliche Zeichnung
Aus: www.frauenkirche.ipro-dresden.de/bau/bau1.html

Pflichtaufgabe 3

Für eine Geburtstagsfeier wird ein Gewinnspiel „2 aus 3" vorbereitet.

Aus einem Gefäß mit drei gleich großen Kugeln müssen nacheinander zwei Kugeln gezogen werden, wobei die zuerst gezogene Kugel nicht zurückgelegt wird.

Jede Kugel enthält ein Kärtchen, auf dem eine der Zahlen [1], [2] oder [3] steht.
Jede Zahl kommt genau einmal vor.

Für das Gewinnspiel sind die nacheinander gezogenen Zahlen von Bedeutung.

Gewinnplan:

Hauptpreis H	Die zweite gezogene Zahl ist doppelt so groß wie die erste.
Kleinpreis K	Die zuerst gezogene Zahl ist größer als die zweite.

a) Zeichnen Sie für dieses mehrstufige Zufallsexperiment ein Baumdiagramm.
Geben Sie die Ergebnismenge S an.

b) Geben Sie die Ergebnisse des Zufallsexperiments an, mit denen man
   – den Hauptpreis H
   – einen Kleinpreis K
   gewinnen kann.

c) Wie groß ist die Wahrscheinlichkeit dafür, keinen Preis zu gewinnen?

d) Wie verändert sich die Chance, den Hauptpreis H zu gewinnen, wenn nach der ersten Ziehung die Kugel wieder zurückgelegt wird? Begründen Sie Ihre Entscheidung.

Pflichtaufgabe 4

Während des Mathematikunterrichts hatten die Schüler einer 6. Klasse die Aufgabe, auf dem Schulhof ein Dreieck mit den Seitenlängen von 6,00 m; 8,00 m und 12,50 m abzustecken sowie den größten Winkel und den kleinsten Winkel zu messen.
Dabei ermittelten zwei Schülergruppen folgende Messwerte:

	1. Gruppe	**2. Gruppe**
größter Winkel:	130°	125°
kleinster Winkel:	20°	25°

a) Zeichnen Sie ein solches Dreieck im Maßstab 1 : 100 und bezeichnen Sie die Eckpunkte.

b) Berechnen Sie den größten und den kleinsten Winkel dieses Dreiecks.

c) Vergleichen Sie die Messwerte der Schülergruppen mit den berechneten Werten. Welche Schülergruppe hat die Winkel genauer gemessen?

Pflichtaufgabe 5

Gegeben ist die Funktion f durch die Gleichung $y = f(x) = \frac{1}{x}$ $(x \neq 0)$.

a) Übernehmen und vervollständigen Sie die Wertetabelle.

x	–5	–4	–1	–0,4	$\frac{1}{5}$	$\frac{1}{2}$	3	5
y								

   Zeichnen Sie den Graphen der Funktion f mindestens im Intervall $-5 \leq x \leq 5$ in ein Koordinatensystem.

b) Zeichnen Sie den Graphen der Funktion g mit der Gleichung $y = g(x) = x - 1{,}5$ mindestens im Intervall $-5 \leq x \leq 5$ in dasselbe Koordinatensystem.
   Die Graphen der Funktionen f und g schneiden einander.
   Ermitteln Sie aus der grafischen Darstellung die Koordinaten eines Schnittpunktes.

c) Begründen Sie, warum Null nicht Element des Definitionsbereiches der Funktion f ist.

Wahlaufgabe 1

Eine Firma stellt rhombenförmige Blütenblätter aus Stoff her.

Ein solches Blütenblatt hat die Seitenlänge a.

Aus zwölf zueinander kongruenten Blättern wird eine Blüte (siehe Zeichnung) zusammengeklebt.

a) Ein Blütenblatt hat die Seitenlänge $a = 4{,}0$ cm.
   - Zeichnen Sie ein solches Blütenblatt.
   - Berechnen Sie, wie viel Quadratzentimeter Stoff für ein Blütenblatt benötigt werden.

b) Begründen Sie, dass man den Flächeninhalt einer Blüte mit der Formel $A = 6a^2$ berechnen kann.

c) Die Firma erhält den Auftrag 10 000 Blüten mit $a = 12{,}0$ cm herzustellen. Je Blüte werden insgesamt 20 % mehr Stoff für Verschnitt und Klebenaht berücksichtigt. Wie viel Quadratmeter Stoff muss die Firma bereitstellen?

Wahlaufgabe 2

Im Eiscafe „Kalte Kugel" stehen auf den Tischkarten folgende Angebote:

Im Preis für einen Eisbecher werden 1,80 € für Früchte bzw. 1,10 € für Sahne berechnet.

a) Berechnen Sie, wie viel eine Kugel Erdbeereis und wie viel eine Kugel Vanilleeis kosten. Führen Sie eine Probe durch.

b) Julia bestellt sich einen Früchteeisbecher, Martina drei Kugeln Vanilleeis mit Sahne und Karla zwei Kugeln Erdbeereis mit Früchten. Wie viel müssen sie insgesamt bezahlen?

Wahlaufgabe 3

Von einem Trapez ABCD sind die folgenden Maße gegeben:

$\overline{AB} = a = 14{,}4$ cm, $\overline{CD} = c = 8{,}4$ cm, $\overline{AD} = d = 7{,}2$ cm und $\sphericalangle BAD = \alpha = 60°$

a) Konstruieren Sie das Trapez ABCD.

b) Zeichnen Sie die Diagonalen in das Trapez ein. Bezeichnen Sie den Schnittpunkt der Diagonalen mit Z. Konstruieren Sie das Bild $A_1B_1C_1D_1$ vom Trapez ABCD bei einer zentrischen Streckung mit $\left(Z; \frac{1}{2}\right)$.

c) Begründen Sie, dass die Flächeninhalte der Trapeze $A_1B_1C_1D_1$ und ABCD im Verhältnis 1 : 4 stehen.

d) Berechnen Sie den Flächeninhalt des Trapezes $A_1B_1C_1D_1$.

Teil B: aus Realschulabschluss Sachsen 2006

Lösungen

Teil A

1. $a^3 - 2b + \frac{1}{c} = (-2)^3 - 2 \cdot 2 + \frac{1}{\frac{1}{5}}$

$= -8 - 4 + 5$

$= \underline{\underline{-7}}$

2. Dauer: 10 min + 2 min + 85 min = 97 min = 1 h + 37 min
Ende: 17.30 Uhr + 1 h + 37 min = $\underline{\underline{\text{19.07 Uhr}}}$

3. Nur die zweite, vierte und fünfte Figur sind axialsymmetrisch.

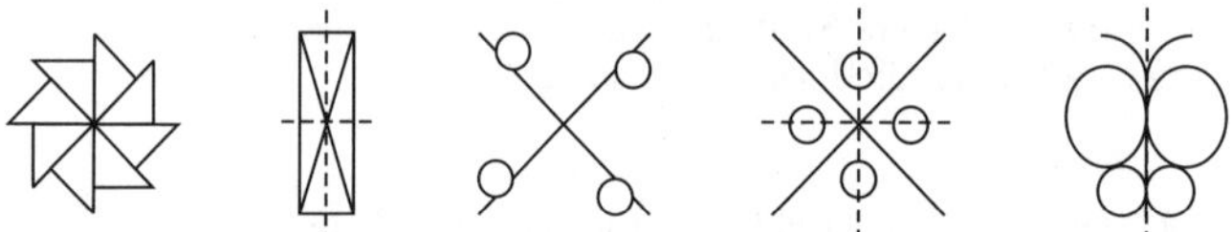

☐ ☒ ☐ ☒ ☒

2 Achsen 4 Achsen 1 Achse

4. Der dritte Term entspricht nicht der Formulierung „Der Nachfolger einer Zahl wird verdoppelt“.

$(n+1) \cdot 2$ $2n+2$ $\underline{2n+1}$ $2(n+1)$

Die anderen drei Terme sind gleichwertig.

5. Grafische Darstellung der Funktion $y = x^3$:

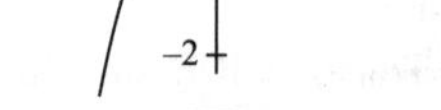

☒

6. Für die Schlussfolgerung „Die meisten Familien in der Klasse haben nur ein Kind“ wurde der Wert bestimmt (1 Kind), der am häufigsten vorkommt (14-mal). Es wurde also der Modalwert der Umfrage benutzt.

7. Jede Zahl ist um 6 größer als ihr Vorgänger:

7 13 19 25 $\underline{31}$ 37 43

8. Wenn 0,5 cm^3 genau 5,3 g wiegen, dann wiegt 1 cm^3 genau 10,6 g.
Die Münze besteht also aus Silber (Dichte $10{,}6 \frac{g}{cm^3}$).

9. Folgende Beträge können gebildet werden:
5 €, 10 € und 15 €

Zuordnung:

A Wie viele verschiedene Beträge sind möglich?

B Wie viele Scheine werden benötigt, um alle möglichen Beträge neben einander auf den Tisch zu legen?

C Wie viele Scheine benötigt man für den größten Betrag.

Antwort	Frage
2	**C**
4	**B**
3	**A**

10. Bestimmung der Flächeneinheiten (Kästchen)

Lösungsweg 1 (Zerlegen in Teilflächen):
Die Figur enthält 26 Quadrate (Flächeneinheiten).
Je zwei Dreiecke ergänzen sich zu einem Rechteck. Dadurch kommen noch $4 + 3 = 7$ Flächeneinheiten hinzu.

Die Figur hat 33 Flächeneinheiten.

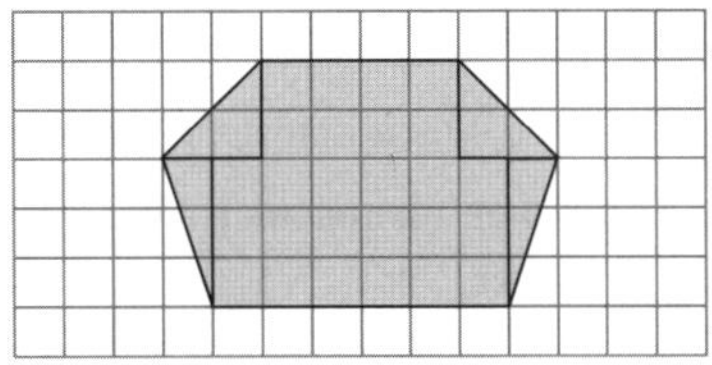

Lösungsweg 2 (Ergänzen von Teilflächen):
Die Figur lässt sich zu einem Rechteck mit $8 \cdot 5 = 40$ Flächeneinheiten ergänzen.
Je zwei Dreiecke ergänzen sich zu einem Rechteck. Dadurch sind noch $4 + 3 = 7$ Flächeneinheiten abzuziehen.

Die Figur hat 33 Flächeneinheiten.

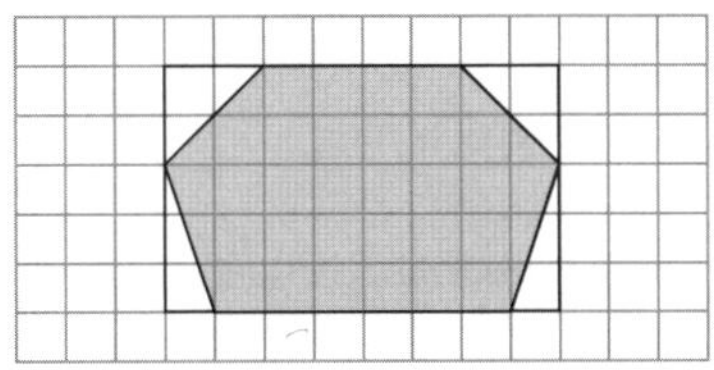

Da ein Kästchen 2 cm lang ist, beträgt eine Flächeneinheit $2\text{ cm} \cdot 2\text{ cm} = 4\text{ cm}^2$.

Der Flächeninhalt der Figur beträgt $33 \cdot 4\text{ cm}^2 = \underline{\underline{132\text{ cm}^2}}$.

Teil B

Pflichtaufgabe 1

a) **Rechenbeispiel (Krankenversicherung):**

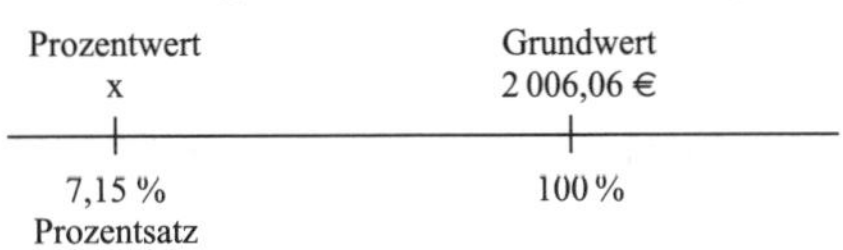

Lösung mit Dreisatz:

$$
\begin{aligned}
&: 100 \quad & 100\,\% &\mathrel{\hat{=}} 2006{,}06\text{ €} & &: 100\\
&\cdot 7{,}15 \quad & 1\,\% &\mathrel{\hat{=}} \frac{2006{,}06\text{ €}}{100} & &\cdot 7{,}15\\
& & 7{,}15\,\% &\mathrel{\hat{=}} \frac{7{,}15 \cdot 2006{,}06\text{ €}}{100} & &\\
& & 7{,}15\,\% &\mathrel{\hat{=}} \underline{143{,}43\text{ €}} & &
\end{aligned}
$$

Lösung mit Verhältnisgleichung:

$$\frac{x}{7{,}15\,\%} = \frac{2006{,}06\text{ €}}{100\,\%} \quad |\cdot 7{,}15\,\%$$

$$x = \frac{7{,}15\,\% \cdot 2006{,}06\text{ €}}{100\%}$$

$$\underline{x = 143{,}43\text{ €}}$$

Lösung über Prozentformeln:

Grundwert $G = 2\,006{,}06\ €$

Prozentsatz $p\,\% = 7{,}15\,\%$

Prozentwert $W = \dfrac{G \cdot p}{100}$

$= \dfrac{2\,006{,}06\ € \cdot 7{,}15}{100}$

$= \underline{143{,}43\ €}$

Lösung über Dezimalbruch:

Prozentsatz $p\,\% = 7{,}15\,\% = 0{,}0715$

Prozentwert $0{,}0715 \cdot 2\,006{,}06\ €$

$= \underline{143{,}43\ €}$

Der Beitrag für die Krankenversicherung beträgt 143,43 €.

Die anderen Abzüge werden auf die gleiche Art berechnet.
Achtung:
Der Solidaritätszuschlag bezieht sich auf die Lohnsteuer (Grundwert 268,00 €).

Zusammenfassung aller Abzüge:

Lohnsteuer		268,00 €
Krankenversicherung	$\dfrac{7{,}15 \cdot 2\,006{,}06\ €}{100} =$	143,43 €
Rentenversicherung	$\dfrac{9{,}75 \cdot 2\,006{,}06\ €}{100} =$	195,59 €
Arbeitslosenversicherung	$\dfrac{3{,}25 \cdot 2\,006{,}06\ €}{100} =$	65,20 €
Pflegeversicherung	$\dfrac{1{,}35 \cdot 2\,006{,}06\ €}{100} =$	27,08 €
Solidaritätszuschlag	$\dfrac{5{,}50 \cdot 268{,}00\ €}{100} =$	14,74 €
Summe der Abzüge		714,04 €

Nettolohn:

$2\,006{,}06\ € - 714{,}04\ € = \underline{\underline{1\,292{,}02\ €}}$

b) **monatliche Einsparung:**

Die 0,70 % beziehen sich auf den monatlichen Krankenversicherungsbeitrag (Grundwert 143,43 €).

$\dfrac{0{,}70 \cdot 143{,}43\ €}{100} = 1{,}00\ €$

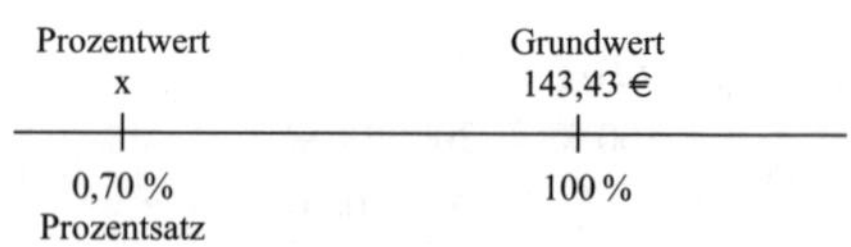

jährliche Einsparung:
In einem Jahr kann Herr Schneider
$12 \cdot 1{,}00\ € = 12{,}00\ €$ einsparen.

Pflichtaufgabe 2

a) **Volumen des Turmknaufs:**

Der Turmknauf besteht aus zwei Halbkugeln und einem Zylinder.
Die zwei Halbkugeln ergeben zusammen eine Kugel.

Volumen der Kugel:

$$V_K = \frac{4}{3}\pi r^3$$

$$V_K = \frac{4}{3}\pi(0{,}56\ \text{m})^3$$

$$V_K = \underline{0{,}7356\ \text{m}^3}$$

Volumen des Zylinders:

$$V_Z = \pi r^2 h$$

$$V_Z = \pi \cdot (0{,}56\ \text{m})^2 \cdot 0{,}30\ \text{m}$$

$$V_Z = \underline{0{,}2956\ \text{m}^3}$$

Gesamtvolumen:

$$0{,}7356\ \text{m}^3 + 0{,}2956\ \text{m}^3 = \underline{\underline{1{,}0312\ \text{m}^3}}$$

b) Berechne zuerst die Höhe des Turmknaufs.
Bestimme die Höhe des Turmkreuzes mithilfe des Maßstabes der Zeichnung *(Lösungsweg 1)* oder mithilfe einer Verhältnisgleichung *(Lösungsweg 2)*.

Höhe des Turmknaufs:

$$2 \cdot 0{,}56\ \text{m} + 0{,}3\ \text{m} = \underline{1{,}42\ \text{m}}$$

Höhe des Turmkreuzes:

Lösungsweg 1 (mit Maßstab):

$$\frac{\text{Knauf im Original}}{\text{Knauf im Bild}} = \frac{142\ \text{cm}}{3{,}3\ \text{cm}} = \underline{43{,}03}$$

Der Maßstab der Zeichnung ist 1 : 43,03.
Das Turmkreuz ist also 43,03-mal so groß wie in der Zeichnung.

$$43{,}03 \cdot 5{,}8\text{cm} = 249{,}6\text{cm} = 2{,}496\text{m} \approx \underline{\underline{2{,}50\text{m}}}$$

Lösungsweg 2 (mit Verhältnisgleichung):

	Original	Zeichnung
Turmkreuz	x	5,8 cm
Turmknauf	1,42 m	3,3 cm

$$\frac{x}{1{,}42\ \text{m}} = \frac{5{,}8\ \text{cm}}{3{,}3\ \text{cm}} \qquad |\cdot 1{,}42\text{m}$$

$$x = \frac{1{,}42\ \text{m} \cdot 5{,}8\ \text{cm}}{3{,}3\ \text{cm}}$$

$$x = 2{,}496\ \text{m} \approx \underline{\underline{2{,}50\ \text{m}}}$$

Das Turmkreuz ist 2,50 m hoch.

Pflichtaufgabe 3

a) Schreibe für jeden Teilversuch auf, welche Kärtchen gezogen werden können. Jedes mögliche Kartenpaar bildet ein Ergebnis des Zufallsexperiments.

Baumdiagramm:

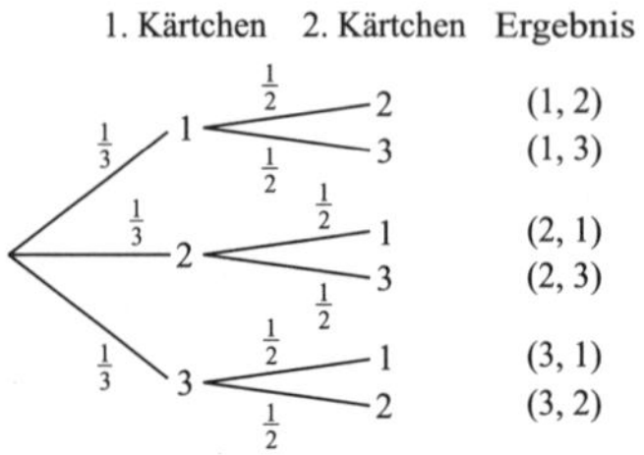

Ergebnismenge:
S = {(1, 2), (1, 3), (2, 1), (2, 3), (3, 1), (3, 2)}

b) Unter den 6 Ergebnissen ist nur bei dem Ergebnis (1, 2) die zweite Zahl doppelt so groß wie die erste. Einen Hauptpreis gewinnt man also nur bei dem Ergebnis (1, 2).

Bei den Ergebnissen (2, 1), (3, 1) und (3, 2) ist die zuerst gezogene Zahl größer als die zweite. Mit diesen Ergebnissen kann man einen Kleinpreis gewinnen.

c) Nutze die Pfadregel für mehrstufige Zufallsversuche, um die Wahrscheinlichkeiten der einzelnen Ergebnisse zu berechnen.

Bei den beiden Ergebnissen (1,3) und (2,3) gewinnt man keinen Preis.

Wahrscheinlichkeit des Ergebnisses (1, 3):
Ausschnitt aus dem Baumdiagramm mit Wahrscheinlichkeiten:

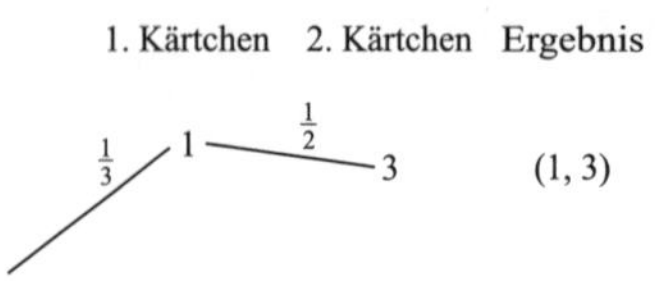

$$\frac{1}{3}\cdot\frac{1}{2}=\underline{\frac{1}{6}}$$

Wahrscheinlichkeit des Ergebnisses (2, 3):

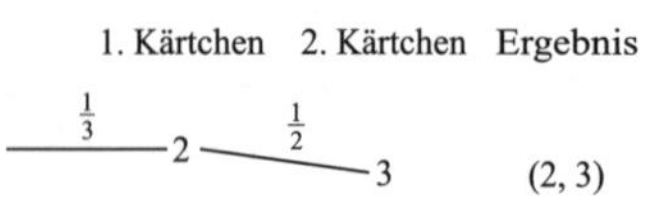

$$\frac{1}{3}\cdot\frac{1}{2}=\underline{\frac{1}{6}}$$

Wahrscheinlichkeit des Ereignisses „kein Preis“:

$$\frac{1}{6}+\frac{1}{6}=\frac{2}{6}=\underline{\underline{\frac{1}{3}}}=\underline{\underline{0{,}333}}=\underline{\underline{33{,}3\%}}$$

Mit einer Wahrscheinlichkeit von 33,3 % erhält man keinen Preis.

d) Berechne die Wahrscheinlichkeit für den Hauptpreis ohne Zurücklegen.
Zeichne ein neues Baumdiagramm für ein Ziehen mit Zurücklegen und berechne wieder die Wahrscheinlichkeit für den Hauptpreis. Vergleiche beide.

Wahrscheinlichkeit für den Hauptpreis ohne Zurücklegen:

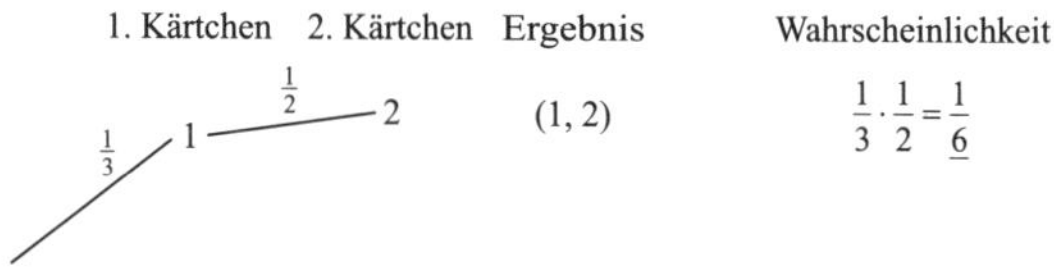

Die Wahrscheinlichkeit für den Hauptpreis beträgt $\frac{1}{6}$.

Wenn das Kärtchen nach dem Ziehen wieder zurückgelegt wird, gibt es für das zweite Kärtchen jeweils drei Möglichkeiten.

neues Baumdiagramm:

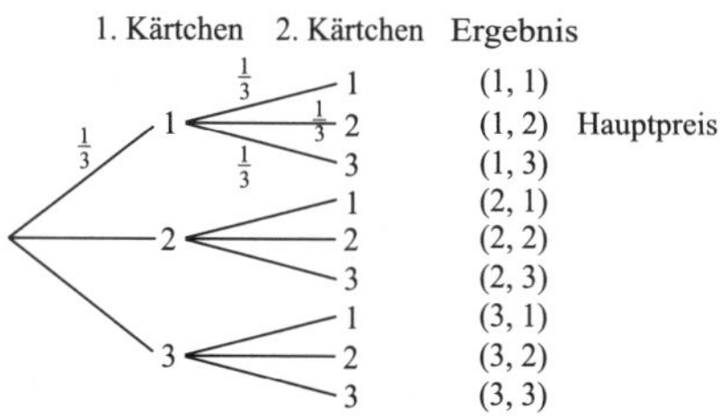

Wahrscheinlichkeit für den Hauptpreis mit Zurücklegen:

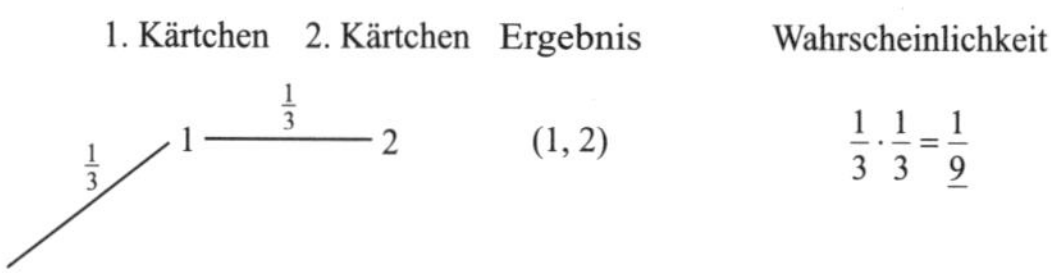

Die Wahrscheinlichkeit für den Hauptpreis beträgt jetzt nur noch $\frac{1}{9}$.
Die Chance, einen Hauptpreis zu gewinnen, nimmt also ab.

Pflichtaufgabe 4

a) **Seitenlängen:**

Seite	im Original	im Maßstab 1 : 100
a	6,00 m	6,0 cm
b	8,00 m	8,0 cm
c	12,50 m	12,5 cm

Konstruktionsschritte:
- Seite AB zeichnen (12,5 cm)
- Kreisbogen um B mit Radius a = 6,0 cm zeichnen
- Kreisbogen um A mit Radius b = 8,0 cm zeichnen
- Die Kreisbögen schneiden sich im Punkt C.

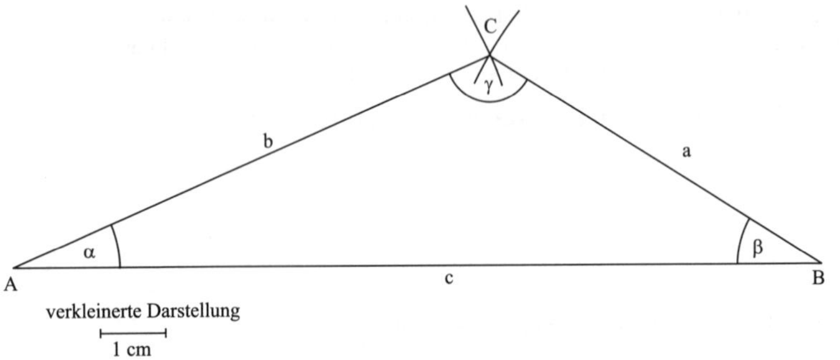

b) **größter Winkel:**

Der größte Winkel liegt immer der größten Seite gegenüber. Du musst also γ berechnen.

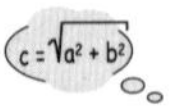

Suche im Tafelwerk eine Formel für allgemeine Dreiecke, in der nur die Dreiecksseiten und *genau ein* Winkel vorkommen. (Im Sinussatz kommen *zwei* Winkel vor.)

$$c^2 = a^2 + b^2 - 2ab\cos\gamma \qquad |+2ab\cos\gamma \quad \text{(Kosinussatz)}$$

$$c^2 + 2ab\cos\gamma = a^2 + b^2 \qquad |-c^2$$

$$2ab\cos\gamma = a^2 + b^2 - c^2 \qquad |:2ab$$

$$\cos\gamma = \frac{a^2 + b^2 - c^2}{2ab}$$

$$\cos\gamma = \frac{(6\text{ m})^2 + (8\text{ m})^2 - (12{,}5\text{ m})^2}{2 \cdot 6\text{ m} \cdot 8\text{ m}}$$

$$\cos\gamma = -0{,}5859 \qquad |\cos^{-1}$$

$$\underline{\underline{\gamma = 126°}}$$

kleinster Winkel:

Der kleinste Winkel liegt immer der kleinsten Seite gegenüber. Also muss α der kleinste Winkel sein. Da inzwischen ein Innenwinkel bekannt ist, kannst du den Sinussatz verwenden.

$$\frac{\sin\alpha}{\sin\gamma} = \frac{a}{c} \qquad |\cdot\sin\gamma$$

$$\sin\alpha = \frac{a \cdot \sin\gamma}{c}$$

$$\sin\alpha = \frac{6\text{ m} \cdot \sin 126°}{12{,}5\text{ m}}$$

$$\sin\alpha = 0{,}3883 \qquad |\sin^{-1}$$

$$\underline{\underline{\alpha_1 = 23°}} \qquad \alpha_2 = 157°$$

Die zweite Lösung für α entfällt, da α der kleinste Winkel sein muss.

c)

	1. Gruppe	2. Gruppe	berechneter Wert
größter Winkel	130°	125°	126°
kleinster Winkel	20°	25°	23°

Vergleicht man die berechneten Winkel mit denen der Schülergruppen, stellt man fest, dass die 2. Schülergruppe beide Winkel genauer gemessen hat.

Pflichtaufgabe 5

a) **Wertetabelle:**

b)

x	–5	–4	–1	–0,4	$\frac{1}{5}$	$\frac{1}{2}$	3	5
y	–0,2	–0,25	–1	–2,5	5	2	0,33	0,2

Der Graph der Funktion f nähert sich den Achsen des Koordinatensystems ohne sie zu schneiden.
Die Funktion g ist eine lineare Funktion vom Typ $y = mx + n$ mit $m = 1$ und $n = -1{,}5$.
Sie schneidet die y-Achse also an der Stelle –1,5 und hat den Anstieg $m = 1$.

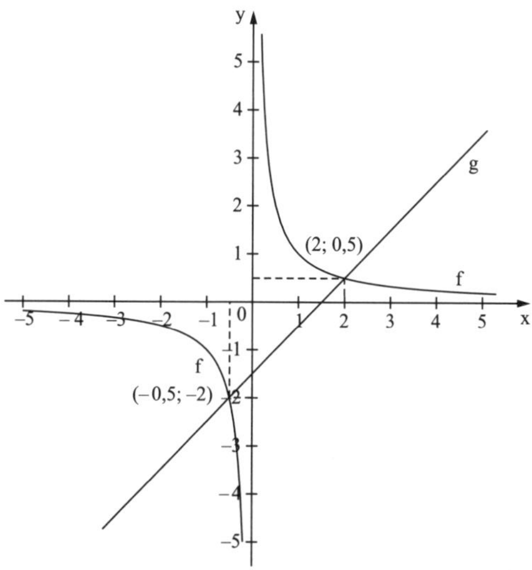

Schnittpunkte:
(–0,5; –2) und (2; 0,5)

c) Null ist nicht Element des Definitionsbereiches der Funktion f, weil $\frac{1}{0}$ nicht definiert ist.

Wahlaufgabe 1

a) 12 Blütenblätter ergeben 360°.
Der spitze Winkel eines Blattes beträgt dann $360° : 12 = 30°$.

Konstruktionsschritte:
- Seite AB zeichnen (4,0 cm)
- den Winkel BAD antragen (30°)
- der Kreisbogen um A mit Radius 4,0 cm liefert als Schnittpunkt mit dem freien Schenkel den Punkt D
- die Kreisbögen um die Punkte B und D mit 4,0 cm Radius schneiden einander im Punkt C

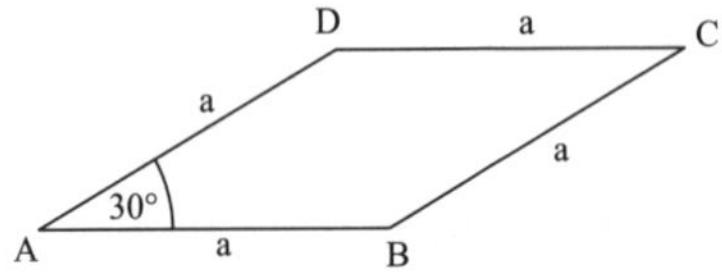

Skizze (nicht maßstäblich)

Zeichnung:

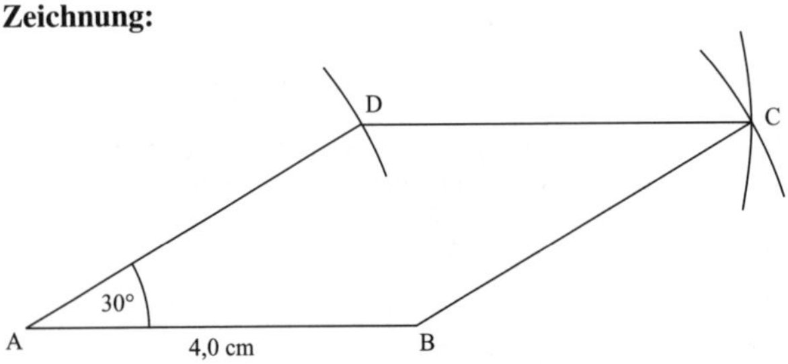

Um die Fläche des Parallelogramms berechnen zu können, benötigt man die Höhe h_a.
Nutze das rechtwinklige Dreieck aus, um h_a zu berechnen.

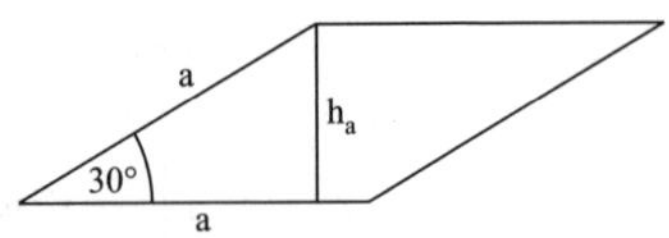

Skizze (nicht maßstäblich)

Höhe h_a des Parallelogramms:

$$\frac{h_a}{a} = \sin\alpha \qquad |\cdot a$$

$$h_a = a \cdot \sin\alpha$$

$$h_a = 4{,}0\text{ cm} \cdot \sin 30°$$

$$\underline{h_a = 2{,}0\text{ cm}}$$

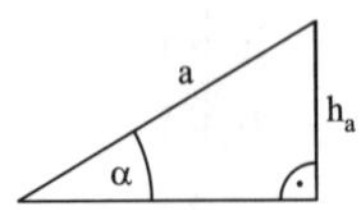

Skizze (nicht maßstäblich)

Flächeninhalt A_1 eines Blütenblattes:

$$A_1 = a \cdot h_a = 4{,}0\text{ cm} \cdot 2{,}0\text{ cm} = \underline{\underline{8{,}0\text{ cm}^2}}$$

b) Verwende die Formeln aus dem Aufgabenteil a.
Ersetze die 4,0 cm durch die Seitenlänge a.

Höhe h_a allgemein:

$$h_a = a \cdot \sin 30° = a \cdot 0{,}5 = \underline{0{,}5a}$$

Flächeninhalt A_1 eines Blattes allgemein:

$A_1 = a \cdot h_a = a \cdot 0{,}5a = \underline{0{,}5a^2}$

Flächeninhalt A einer Blüte:

$A = 12 \cdot A_1 = 12 \cdot 0{,}5a^2 = \underline{\underline{6a^2}}$

c) **Flächeninhalt von 10 000 Blüten mit a = 12 cm:**

$10\,000 \cdot A = 10\,000 \cdot 6a^2 = 10\,000 \cdot 6 \cdot (0{,}12\text{ m})^2 = \underline{864\text{ m}^2}$

20 % Mehrbedarf für Verschnitt:

$\frac{20 \cdot 864\text{ m}^2}{100} = 172{,}8\text{ m}^2 \approx \underline{173\text{ m}^2}$

Gesamtbedarf:

$864\text{ m}^2 + 173\text{ m}^2 = \underline{\underline{1\,037\text{ m}^2}}$

Wahlaufgabe 2

a) 

Lege für die unbekannten Größen Variablen fest.
Stelle für jeden Eisbecher eine Gleichung auf.

Preis für eine Kugel Erdbeereis (in €): x
Preis für eine Kugel Vanilleeis (in €): y

Drei Kugeln Erdbeereis, eine Kugel Vanilleeis und Früchte kosten 4,50 €:
$3x + y + 1{,}80 = 4{,}50$ (Gleichung **I**)

Je zwei Kugeln Erdbeer- und Vanilleeis mit Sahne kosten 3,70 €:
$2x + 2y + 1{,}10 = 3{,}70$ (Gleichung **II**)

Zum Lösen des Gleichungssystems bietet sich hier das **Einsetzungsverfahren** an.
Die Gleichung **I** lässt sich leicht nach y umstellen:

I $3x + y + 1{,}80 = 4{,}50 \quad |-1{,}80$

$3x + y = 2{,}70 \quad |-3x$

I* $y = 2{,}70 - 3x$

Setze den für y erhaltenen Term in die Gleichung **II** ein:

II $2x + 2 \cdot (2{,}70 - 3x) + 1{,}10 = 3{,}70$

$2x + 5{,}40 - 6x + 1{,}10 = 3{,}70$

$6{,}50 - 4x = 3{,}70 \quad |-6{,}50$

$-4x = -2{,}80 \quad |:(-4)$

$\underline{\underline{x = 0{,}70}}$

Setze den für x erhaltenen Wert in die Gleichung **I*** ein:

I* $y = 2{,}70 - 3 \cdot 0{,}70$

$\underline{\underline{y = 0{,}60}}$

Probe:

$$\textbf{I} \quad 3 \cdot 0{,}70 + 0{,}60 + 1{,}80 = 4{,}50 \quad ?$$
$$4{,}50 = 4{,}50 \quad \text{wahr}$$
$$\textbf{II} \quad 2 \cdot 0{,}70 + 2 \cdot 0{,}60 + 1{,}10 = 3{,}70 \quad ?$$
$$3{,}70 = 3{,}70 \quad \text{wahr}$$

Eine Kugel Erdbeereis kostet 0,70 € und eine Kugel Vanilleeis kostet 0,60 €.

b)

Julia		4,50 €
Martina	$3 \cdot 0{,}60$ € + 1,10 € =	2,90 €
Karla	$2 \cdot 0{,}70$ € + 1,80 € =	3,20 €
Summe		10,60 €

Die Mädchen müssen insgesamt 10,60 € bezahlen.

Wahlaufgabe 3

a) **Konstruktion des Trapezes ABCD:**

b)
- Seite AB zeichnen mit der Länge $\overline{AB} = 14{,}4$ cm
- Winkel α antragen mit $\alpha = 60°$
- Kreisbogen um A mit dem Radius d = 7,2 cm ergibt den Punkt D
- Parallele zur Seite AB durch den Punkt D
- Kreisbogen um D mit dem Radius c = 8,4 cm ergibt den Punkt C

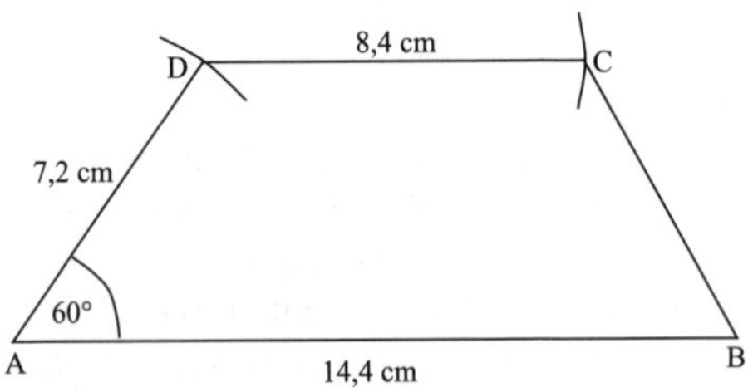

Skizze (nicht maßstäblich)

Durchführung der zentrischen Streckung:

Die Angabe $\left(Z; \frac{1}{2}\right)$ bedeutet, dass der Punkt Z das Zentrum der Streckung ist und der Streckungsfaktor $\frac{1}{2}$ beträgt. Jeder Bildpunkt ist also vom Zentrum Z genau halb so weit entfernt wie der zugehörige Originalpunkt. Das heißt, die Bildpunkte sind die Mittelpunkte der Strecken $\overline{AZ}$, $\overline{BZ}$, $\overline{CZ}$ und $\overline{DZ}$.

Den Mittelpunkt A_1 der Strecke $\overline{AZ}$ erhält man, indem man um A und Z Kreisbögen mit dem gleichen Radius zeichnet. Deren Schnittpunkte legen die Mittelsenkrechte der Strecke $\overline{AZ}$ fest.

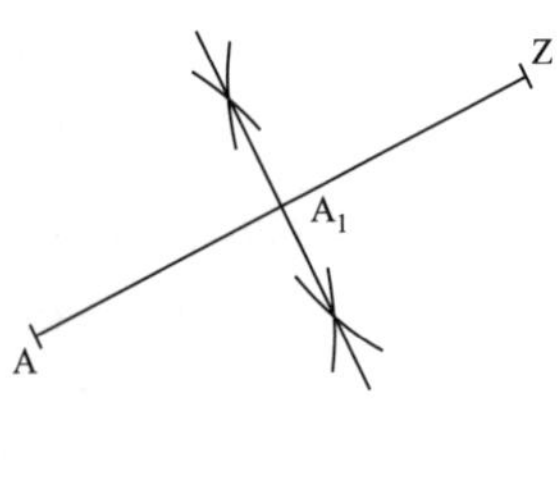

Zeichnung:

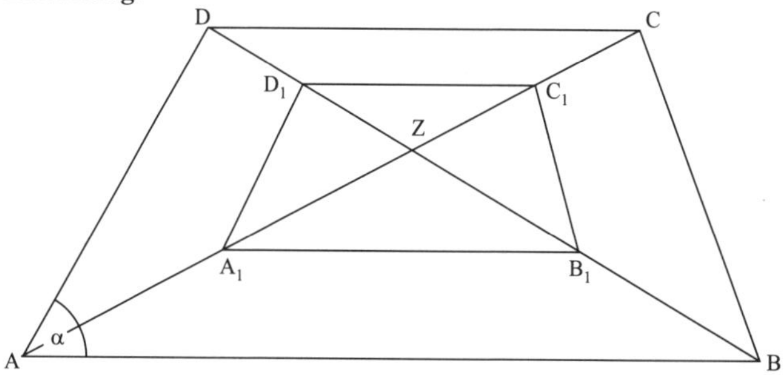

verkleinerte Darstellung

1 cm

c) *Lösungsweg 1:*
Allgemein wächst bei einer Streckung mit dem Faktor k der Flächeninhalt auf das k^2-fache. Bestimme den Faktor, der für die Flächeninhalte gilt.

Lösungsweg 2:
Bilde das Verhältnis der Flächeninhalte der Trapeze und prüfe, ob es den Wert $\frac{1}{4}$ ergibt.

Lösungsweg 1:
Der Streckungsfaktor k ist $\frac{1}{2}$, für Strecken gilt also $\frac{\text{Länge}_{\text{Bild}}}{\text{Länge}_{\text{Original}}} = \frac{1}{2}$.
Für Flächeninhalte muss der Streckungsfaktor quadriert werden: $k^2 = \left(\frac{1}{2}\right)^2 = \frac{1}{4}$,
das bedeutet $\frac{\text{Flächeninhalt}_{\text{Bild}}}{\text{Flächeninhalt}_{\text{Original}}} = \frac{1}{4}$.

Also gilt: $\frac{A_{A_1B_1C_1D_1}}{A_{ABCD}} = \frac{1}{4}$

Lösungsweg2:

Flächeninhalt des Trapezes ABCD:

$$A_{ABCD} = \frac{1}{2} \cdot (a + c) \cdot h$$

Hinweis:
Setze hier *keine* Zahlen ein, denn sonst müsstest du auch den Flächeninhalt des kleinen Trapezes mit Zahlen berechnen, also die Teilaufgabe d schon vorher lösen.

Strecken im Trapez $A_1B_1C_1D_1$:
Drücke die Strecken a_1, c_1 und h_1 mithilfe der Strecken a, c und h aus.

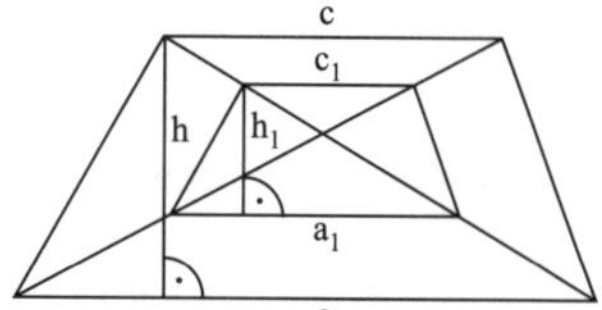

Skizze (nicht maßstäblich)

Durch den Streckungsfaktor $\frac{1}{2}$ werden alle Strecken halb so lang.
$a_1 = \frac{a}{2}$, $c_1 = \frac{c}{2}$ und $h_1 = \frac{h}{2}$

Flächeninhalt des Trapezes $A_1B_1C_1D_1$:

$$A_{A_1B_1C_1D_1} = \frac{1}{2} \cdot (a_1 + c_1) \cdot h_1 \qquad |\, a_1,\ c_1 \text{ und } h_1 \text{ ersetzen}$$

$$A_{A_1B_1C_1D_1} = \frac{1}{2} \cdot \left(\frac{a}{2} + \frac{c}{2}\right) \cdot \frac{h}{2} \qquad |\, \text{Summe zusammenfassen}$$

$$A_{A_1B_1C_1D_1} = \frac{1}{2} \cdot \frac{(a+c)}{2} \cdot \frac{h}{2}$$

$$A_{A_1B_1C_1D_1} = \frac{1}{8} \cdot (a+c) \cdot h$$

Verhältnis der Flächeninhalte:

$$\frac{A_{A_1B_1C_1D_1}}{A_{ABCD}} = \frac{\frac{1}{8} \cdot \cancel{(a+c)}^{1} \cdot \cancel{h}^{1}}{\frac{1}{2} \cdot \cancel{(a+c)}_{1} \cdot \cancel{h}_{1}} = \frac{1 \cdot \cancel{2}^{1}}{\cancel{8}_{4} \cdot 1} = \underline{\underline{\frac{1}{4}}}$$

Der Flächeninhalt des großen Trapezes ist also viermal so groß wie der des kleinen Trapezes.

d) Nutze die Überlegungen aus dem Aufgabenteil c: Die Seiten im kleinen Trapez sind halb so lang wie im großen Trapez. Zur Flächenberechnung fehlt dann nur noch die Höhe.

Seiten im Trapez $A_1B_1C_1D_1$:

$$a_1 = \frac{a}{2} = \frac{14{,}4\text{ cm}}{2} = \underline{7{,}2\text{ cm}}$$

$$c_1 = \frac{c}{2} = \frac{8{,}4\text{ cm}}{2} = \underline{4{,}2\text{ cm}}$$

$$d_1 = \frac{d}{2} = \frac{7{,}2\text{ cm}}{2} = \underline{3{,}6\text{ cm}}$$

Höhe im Trapez $A_1B_1C_1D_1$:

Die Höhe ist eine Kathete in einem rechtwinkligen Dreieck.

$$\frac{h_1}{d_1} = \sin\alpha \qquad |\cdot d_1$$

$$h_1 = d_1 \cdot \sin\alpha$$

$$h_1 = 3{,}6\text{ cm} \cdot \sin 60°$$

$$\underline{h_1 = 3{,}1\text{ cm}}$$

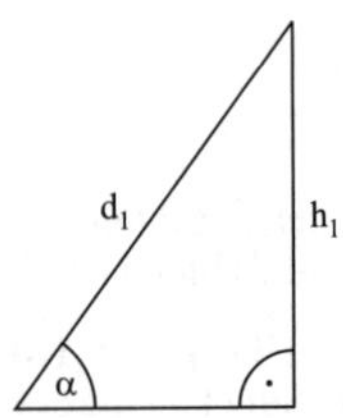

Skizze (nicht maßstäblich)

Flächeninhalt des Trapezes $A_1B_1C_1D_1$:

$$A_{A_1B_1C_1D_1} = \frac{1}{2}(a_1 + c_1) \cdot h_1$$

$$A_{A_1B_1C_1D_1} = \frac{1}{2}(7{,}2\text{ cm} + 4{,}2\text{ cm}) \cdot 3{,}1\text{ cm}$$

$$\underline{\underline{A_{A_1B_1C_1D_1} = 17{,}7\text{ cm}^2}}$$

Aufgaben im Stil der Abschlussprüfung
Aufgabengruppe 3

Teil A (30 Minuten, ohne Taschenrechner und Formelsammlung)

1. Berechnen Sie 10 % von 74 kg.

2. Unterstreichen Sie die größte Längenangabe:
   0,4 m   380 mm   12 dm   42 cm

3. Stellen Sie die Gleichung nach r um.
   $V = \pi r^2 h$

4. Kreuzen Sie an, welche Figur nicht das Netz einer Pyramide ist.

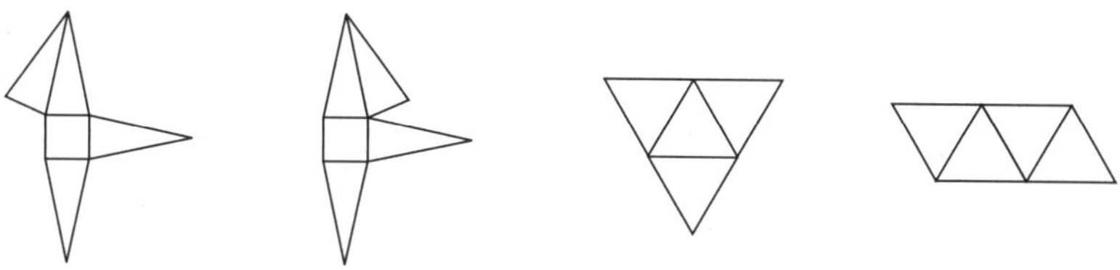

☐ ☐ ☐ ☐

5. Welche grafische Darstellung gehört zur Funktion $y = 2x - 0{,}5$?
   Kreuzen Sie an.

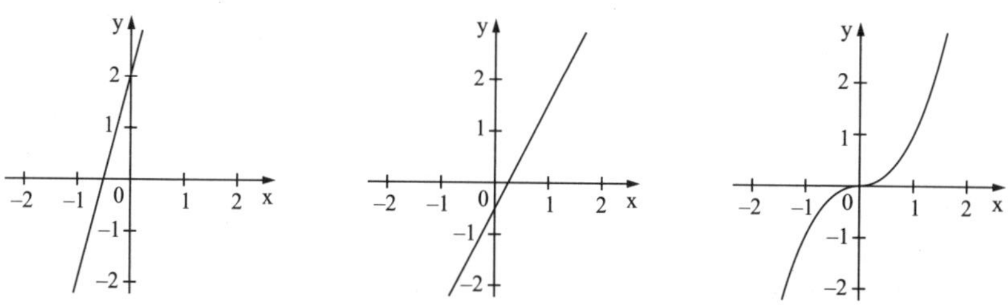

☐ ☐ ☐

6. Pauls Taschengeld wurde von 20 € um ein Viertel erhöht.
   Kreuzen Sie den neuen Betrag an.

   ☐ 24 €   ☐ 25 €   ☐ 5 €   ☐ keine der Angaben stimmt

7. Wie viele Symmetrieachsen hat die Figur?
   Kreuzen Sie an.

   ☐ 0   ☐ 1   ☐ 2   ☐ 4   ☐ 6

8. Kreuzen Sie an, welchen Temperaturverlauf die Grafik zeigt.

- ☐ Temperatur in einer Tasse Tee, aus der ein Schluck getrunken wurde.
- ☐ Temperatur in einem Eisbecher, von dem gegessen wurde.
- ☐ Temperatur in einer Tasse Kaffee, in die Kaffeesahne gegossen wurde.

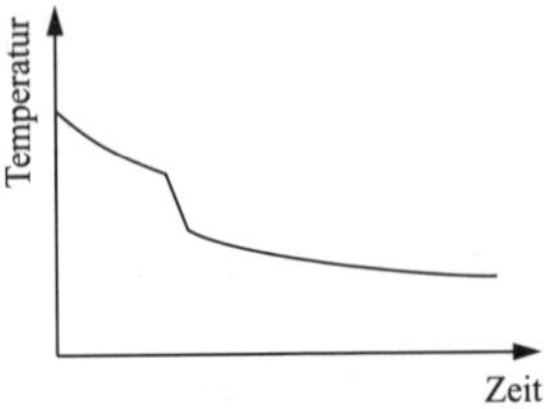

9. Im Ferienlager hat Klaus zum ersten Mal Gelegenheit, Billard auszuprobieren. Die Farben der sechzehn Kugeln sind ihm egal. Er weiß nur, dass man mit einer Kugel eine andere anstoßen muss.
Kreuzen Sie an, mit welcher Wahrscheinlichkeit er die richtige (weiße) Kugel benutzen wird.

☐ $\frac{1}{16}$ ☐ $\frac{1}{15}$ ☐ $\frac{2}{14}$ ☐ keine der Angaben stimmt

10. Corinna bezahlt ein Brötchen für 35 ct und ein Stück Kuchen für 50 ct mit einem Ein-Euro-Stück. Geben Sie alle Möglichkeiten für die Zusammensetzung des Wechselgeldes an, wenn sie höchstens 3 Münzen erhält.

Teil B (210 Minuten)

Pflichtaufgabe 1

Diesen Werbeslogan veröffentlichte eine Bank im Januar 2005 im Internet:

> In 3 Jahren 250 Euro Zinsen. <

Im Einzelnen galten die folgenden Konditionen.

Laufzeit	3 Jahre
Anlagebetrag	Keine Mindestanlage
Verzinsung: Die jährlichen Zinsen gehen in das Guthaben des Folgejahres ein und werden mitverzinst.	1. Jahr 1,50 % 2. Jahr 1,80 % 3. Jahr 2,20 %
Verfügbarkeit/Auszahlung	Kündigungsfrist 3 Monate

a) Es wurde ein Betrag von 3 000,00 € angelegt.
Berechnen Sie die Gesamtzinsen nach 3 Jahren.

b) Ermitteln Sie näherungsweise einen Anlagebetrag, für den der Werbeslogan wahr wird.

Pflichtaufgabe 2

Gegeben ist eine Funktion f durch die Gleichung $y = f(x) = x^2 - 2x - 1$.

a) Ermitteln Sie für den Graphen der Funktion f die Koordinaten des Scheitelpunktes S. Zeichnen Sie den Graphen von f in ein Koordinatensystem mindestens im Intervall $-1 \leq x \leq 3$.

b) Berechnen Sie die Nullstellen der Funktion f.

c) Der Graph einer linearen Funktion g schneidet die y-Achse im selben Punkt wie der Graph der Funktion f.
Geben Sie eine Gleichung für die Funktion g an, deren Graph die x-Achse in einem Winkel von 45° schneidet.

Pflichtaufgabe 3

Gegeben ist ein Kreis mit dem Radius $r = 4{,}0$ cm.

a) Zeichnen Sie in den Kreis einen Durchmesser $\overline{AB}$ und eine Sehne $\overline{BC} = 4{,}8$ cm ein.

b) Die Punkte A, B und C bilden ein Dreieck.
- Begründen Sie, dass dieses Dreieck rechtwinklig ist.
- Berechnen Sie die Länge der Sehne $\overline{AC}$.
- Das Dreieck wird an $\overline{AB}$ gespiegelt.
  Berechnen Sie den Flächeninhalt des entstandenen Sehnenvierecks.

Pflichtaufgabe 4

In einem Mini-Tierklappbuch ist jede Seite in drei gleich große Teile eingeteilt.
Das obere Bild zeigt den Kopf (K), das mittlere den Rumpf (R) und das untere die Beine (B) eines Tieres.
K, R und B können durch Umklappen beliebig miteinander kombiniert werden.
Es entstehen somit viele verschiedene Phantasietiere.

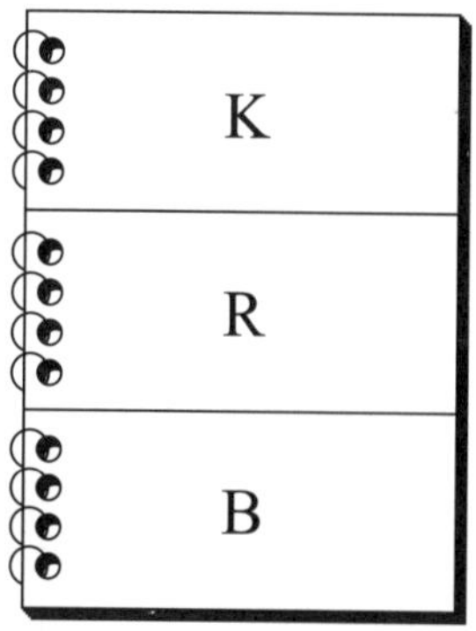

a) – Auf einem Bild K ist der Kopf eines Dromedars dargestellt.
Wie viele Phantasietiere haben einen Dromedarkopf, wenn es für R und B jeweils elf Bilder gibt?
– Wie viele Phantasietiere können insgesamt erstellt werden, wenn es für K ebenfalls elf Bilder gibt?

b) Wie viele Seiten muss ein solches Mini-Tierklappbuch haben, damit genau 8 000 Phantasietiere entstehen können?

Pflichtaufgabe 5

Ein Wildgehege wird neu gestaltet und zu einer Vierecksfläche erweitert.
Entlang des bisherigen Zaunes soll nun ein gerader Weg quer durch das erweiterte Wildgehege vom Eingang zum Forsthaus führen.
An der neu entstehenden Ecke des Geheges wird ein Beobachtungsturm errichtet (siehe Skizze).

a) Berechnen Sie die Länge des Weges vom Eingang bis zum Forsthaus.

b) Berechnen Sie den Flächeninhalt der Erweiterung des Wildgeheges und geben Sie diesen in Hektar an.

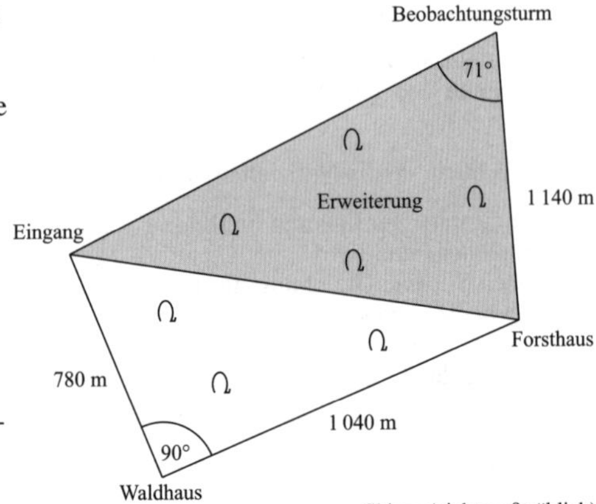

Skizze (nicht maßstäblich)

Wahlaufgabe 1

Gegeben ist das Netz von einem Prisma (siehe Zeichnung).

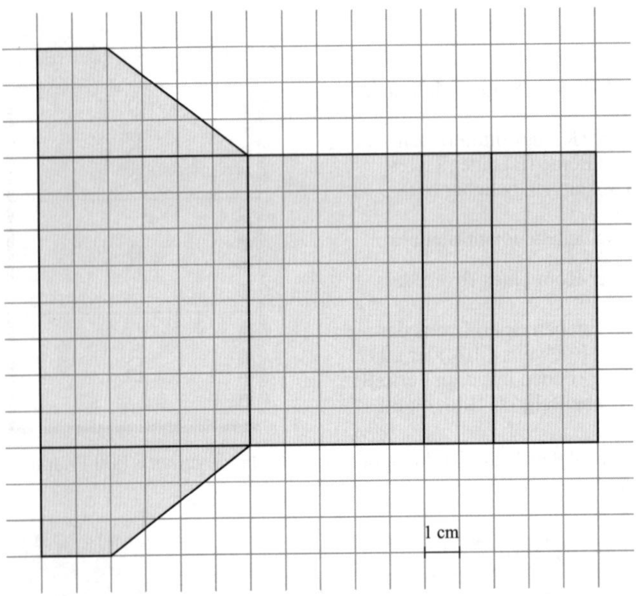

a) Skizzieren Sie ein Schrägbild dieses Prismas und bezeichnen Sie die Eckpunkte.

b) Stellen Sie das Prisma im senkrechten Zweitafelbild dar und bezeichnen Sie die Eckpunkte.

c) Berechnen Sie für das Prisma den Oberflächeninhalt und das Volumen.

Wahlaufgabe 2

a) Lösen Sie die Gleichung und führen Sie eine Probe durch.
$(x+8)^2 = x(x+20)+42$

b) Gegeben ist die Ungleichung $5x-6<29$.
- Geben Sie zwei ganze Zahlen an, die Lösung der Ungleichung sind.
- Welche der folgenden Aussagen **(A)** bis **(C)** sind für die Ungleichung wahr und welche falsch? Begründen Sie.

(A) Die Ungleichung hat genau sieben Lösungen.

(B) Es gibt gebrochene Zahlen, die die Ungleichung erfüllen.

(C) Es gibt ganze Zahlen, die die Ungleichung nicht erfüllen.

Wahlaufgabe 3

Steigungen von Straßen werden in Prozent angegeben. Beispielsweise bedeuten 7 %, dass auf 100 m horizontaler Entfernung 7 m Höhenunterschied überwunden werden (siehe Skizze).

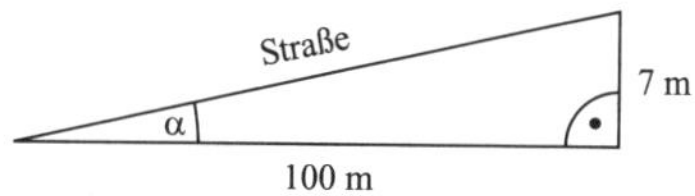

Skizze (nicht maßstäblich)

a) Für eine 370 m lange geradlinig verlaufende Straße wird eine Steigung von 12 % angegeben.
- Berechnen Sie den zu überwindenden Höhenunterschied.
- Berechnen Sie den Anstiegswinkel α.

b) Für eine Zufahrtsstraße wurde eine maximale Steigung von 16 % festgelegt.
Ermitteln Sie durch eine maßstäbliche Zeichnung die Mindestlänge eines geradlinig verlaufenden Straßenabschnitts, wenn ein Höhenunterschied von 28 m zu überwinden ist.
Geben Sie den gewählten Maßstab an.

Teil B: aus Realschulabschluss Sachsen 2005

Lösungen

Teil A

1. Nutzung des bequemen Prozentsatzes:

   10 % sind $\frac{1}{10}$.

   10 % von 74 kg sind 7,4 kg.

2. Umrechnen in die gleiche Einheit (Zentimeter):

   0,4 m = 40 cm 380 mm = 38 cm <u>12 dm = 120 cm</u> 42 cm

   Die größte Längenangabe ist 12 dm.

3. $V = \pi r^2 h \quad |: \pi h$

   $\frac{V}{\pi h} = r^2 \quad |\sqrt{}$

   $$\underline{\underline{r = \sqrt{\frac{V}{\pi h}}}}$$

4. Die zweite Figur ist nicht das Netz einer Pyramide. Die dunkle Fläche passt dort nicht.

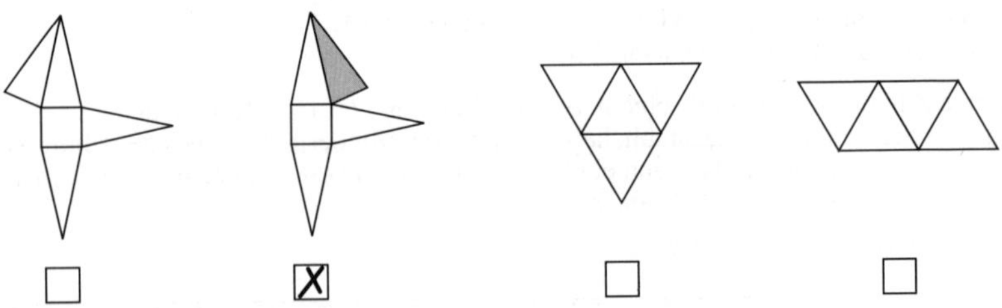

5. y = 2x – 0,5 ist eine lineare Funktion vom Typ y = mx + n mit m = 2 und n = –0,5.
   Ihr Graph ist eine Gerade. Wegen n = –0,5 muss die Gerade die y-Achse bei –0,5 schneiden. Die zweite Abbildung ist also richtig.

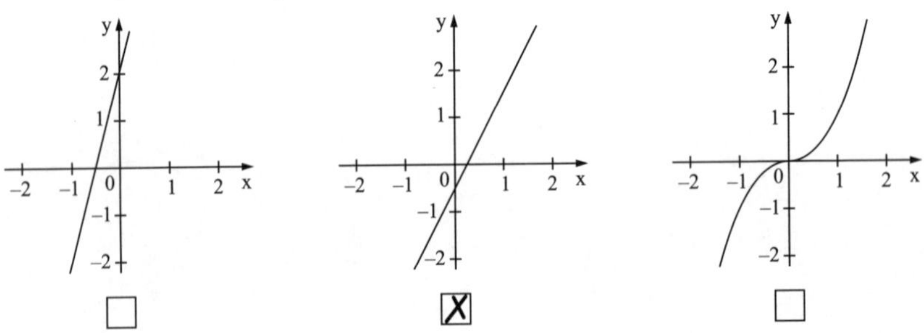

6. Pauls altes Taschengeld: 20 €
   Ein Viertel davon: 5 €
   Pauls neues Taschengeld: $\underline{\underline{25\ €}}$

7. Die Figur hat 2 Symmetrieachsen.

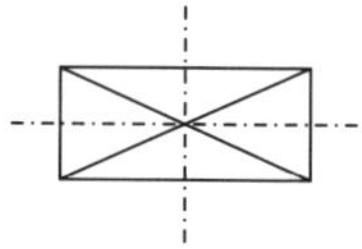

8. Die Grafik zeigt, dass die Temperatur erst langsam abnimmt, dann in kurzer Zeit stark fällt und am Ende wieder langsam abnimmt.

   Durch Trinken nimmt die Temperatur nicht ab und in einem Eisbecher kann die Temperatur nur zunehmen.

   Aber durch das <u>Eingießen von kalter Kaffeesahne</u> wird die Temperatur schnell fallen.

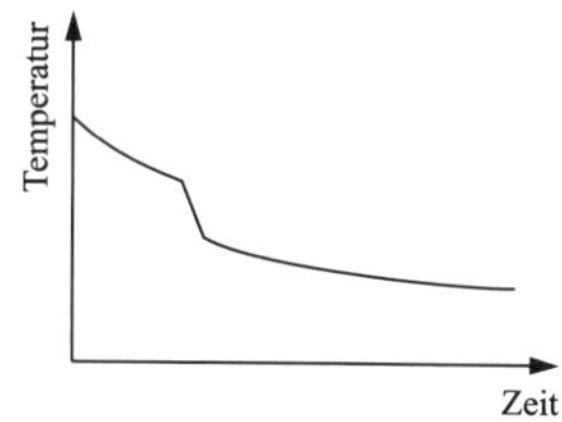

9. Klaus wählt zufällig eine der sechzehn Kugeln als Ziel. Da genau eine Kugel weiß ist, beträgt die Wahrscheinlichkeit $\frac{1}{16}$.

10. Corinna muss $35\text{ ct} + 50\text{ ct} = 85\text{ ct}$ bezahlen.
    Von ihrem Euro erhält sie 15 ct Wechselgeld. Wenn sie höchstens drei Münzen erhält, gibt es nur zwei Möglichkeiten:
    $10\text{ ct} + 5\text{ ct}$ oder $5\text{ ct} + 5\text{ ct} + 5\text{ ct}$

Teil B

Pflichtaufgabe 1

a) **Zinsen im ersten Jahr**

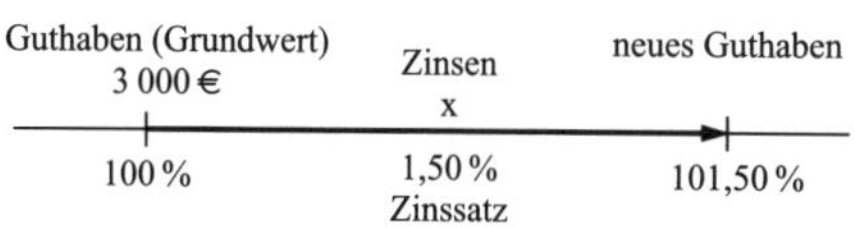

Lösung mit Dreisatz:

$$
\begin{aligned}
&100\ \% \mathrel{\hat{=}} 3\,000\ € && \\
:100\quad & 1\ \% \mathrel{\hat{=}} \frac{3\,000\ €}{100} && :100 \\
\cdot 1{,}50\quad & 1{,}50\ \% \mathrel{\hat{=}} \frac{1{,}50 \cdot 3\,000\ €}{100} && \cdot 1{,}50 \\
& 1{,}50\ \% \mathrel{\hat{=}} \underline{45{,}00\ €}
\end{aligned}
$$

Lösung mit Verhältnisgleichung:

$$\frac{x}{1{,}50\ \%} = \frac{3\,000\ €}{100\ \%} \qquad | \cdot 1{,}50\ \%$$

$$x = \frac{1{,}50\ \% \cdot 3\,000\ €}{100\ \%}$$

$$\underline{x = 45{,}00\ €}$$

Lösung über Zinsformeln:

Kapital $K = 3\,000\,€$

Zinssatz $p\,\% = 1{,}50\,\%$

Zinsen $Z = \frac{K \cdot p}{100}$

$= \frac{3\,000\,€ \cdot 1{,}50}{100}$

$= \underline{45{,}00\,€}$

Lösung über Dezimalbruch:

Zinssatz $p\,\% = 1{,}50\,\% = 0{,}015$

Zinsen $0{,}015 \cdot 3\,000\,€ = \underline{45{,}00\,€}$

Im ersten Jahr betragen die Zinsen 45,00 €.

Guthaben nach dem ersten Jahr:

$3\,000\,€ + 45{,}00\,€ = \underline{3\,045{,}00\,€}$

Hinweis:

Anstelle 1,5 % Zinsen zu berechnen und zum Guthaben zu addieren, kannst du auch 101,5 % berechnen und erhältst sofort das neue Guthaben.

Zinsen und Guthaben in den Folgejahren:

Beachte, dass du die Zinsen in jedem weiteren Jahr mit dem neuen Guthaben berechnen musst.

	Zinsen	Guthaben am Jahresende
2. Jahr	$\frac{1{,}80 \cdot 3\,045{,}00\,€}{100} = 54{,}81\,€$	$3\,045{,}00\,€ + 54{,}81\,€ = 3099{,}81\,€$
3. Jahr	$\frac{2{,}20 \cdot 3\,099{,}81\,€}{100} = 68{,}20\,€$	$3\,099{,}81\,€ + 68{,}20\,€ = 3\,168{,}01\,€$

Gesamtzinsen nach 3 Jahren:

$45{,}00\,€ + 54{,}81\,€ + 68{,}20\,€ = \underline{\underline{168{,}01\,€}}$

Hinweis:

Die Gesamtzinsen kannst du auch als Differenz berechnen:

$3\,168{,}01\,€ - 3\,000\,€ = \underline{\underline{168{,}01\,€}}$

b) 

Lege für die zu berechnenden Größen Variablen fest.

Festlegung von Variablen:

Anlagebetrag: K_0

Guthaben nach dem ersten Jahr: K_1

Guthaben nach dem zweiten Jahr: K_2

Guthaben nach dem dritten Jahr: K_3

Gesamtzinsen: Z_{gesamt}

Veranschauliche die Berechnung der Guthaben in einer Skizze.
Die Berechnung lässt sich durch Multiplikationen vereinfachen.
Stelle das Guthaben K_3 als Vielfaches des Anlagebetrages K_0 dar.

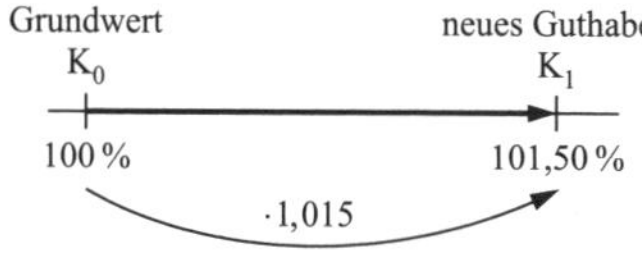

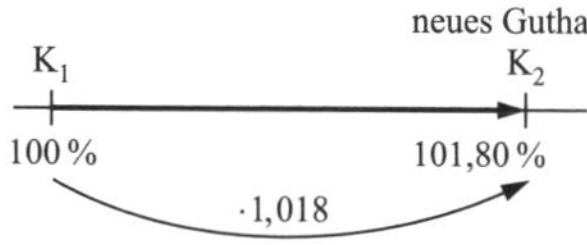

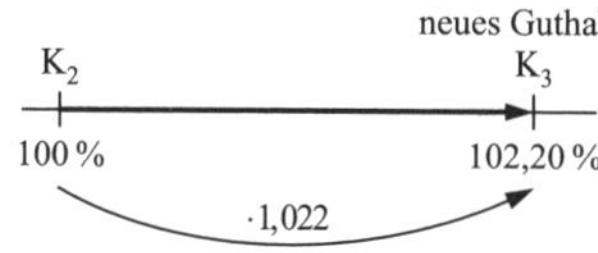

Zusammengefasst gilt:

$K_3 = K_0 \cdot 1{,}015 \cdot 1{,}018 \cdot 1{,}022$

$K_3 = K_0 \cdot 1{,}056$

Die Gesamtzinsen erhältst du als Differenz von K_3 und K_0.
Formuliere eine Gleichung für den Zusammenhang zwischen Anlagekapital K_0 (gesucht) und Gesamtzinsen Z_{gesamt} (gegeben).

Gleichung:

$$\begin{aligned} Z_{gesamt} &= K_3 - K_0 \\ &= K_0 \cdot 1{,}056 - K_0 \\ &= K_0 \cdot (1{,}056 - 1) \\ &= K_0 \cdot 0{,}056 \end{aligned}$$

Stelle die Gleichung nach dem Anlagekapital K_0 um.

Anlagebetrag K_0:

$$Z_{gesamt} = K_0 \cdot 0{,}056 \qquad |:0{,}056$$

$$\frac{Z_{gesamt}}{0{,}056} = K_0$$

$$K_0 = \frac{250\,€}{0{,}056}$$

$$K_0 = 4\,464{,}29\,€$$

$$\underline{\underline{K_0 \approx 4\,465\,€}} \qquad \text{(aufgerundet)}$$

Probe:

$K_3 = 4\,465\,€ \cdot 1{,}015 \cdot 1{,}018 \cdot 1{,}022 = 4\,715{,}05\,€$

$Z_{gesamt} = 4\,715{,}05\,€ - 4\,465{,}00\,€ = 250{,}05\,€ \approx 250\,€$ (etwas mehr kann nicht schaden)

Die versprochenen 250 € Zinsen in drei Jahren erhält man ungefähr bei einem Anlagebetrag von 4465 €.

Pflichtaufgabe 2

a) Die Funktion f ist vom Typ $y = f(x) = x^2 + px + q$, also eine quadratische Funktion. Da vor dem x^2 kein Faktor (besser formuliert: nur der Faktor 1) steht, ist der Graph eine Parabel, die sich mit der Schablone zeichnen lässt.
Lies p und q ab und benutze die Formeln für den Scheitelpunkt.

Koordinaten des Scheitelpunktes $S(x_S; y_S)$:
Für die Funktion f gilt $p = -2$, $q = -1$

$$x_S = -\frac{p}{2} \qquad y_S = -\frac{p^2}{4} + q$$

$$x_S = -\frac{-2}{2} \qquad y_S = -\frac{(-2)^2}{4} + (-1)$$

$$\underline{x_S = 1} \qquad \underline{y_S = -2}$$

Der Scheitelpunkt liegt bei S(1;–2).

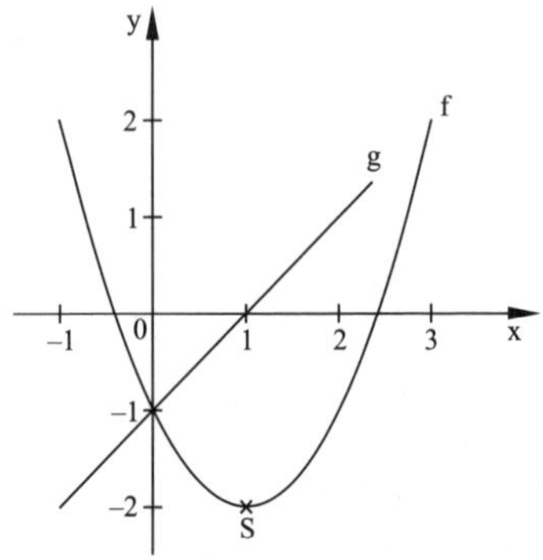

b) Nullstellen sind die x-Stellen, an denen der Funktionswert (y-Wert) null ist. Aus der Gleichung $y = x^2 + px + q$ wird $0 = x^2 + px + q$.
Du muss also eine quadratische Gleichung lösen.

Nullstellen x_1 und x_2:

$$x_{1,2} = -\frac{p}{2} \pm \sqrt{\frac{p^2}{4} - q}$$

$$x_{1,2} = -\frac{-2}{2} \pm \sqrt{\frac{(-2)^2}{4} - (-1)}$$

$$x_{1,2} = 1 \pm \sqrt{2}$$

$$\underline{\underline{x_1 = -0{,}414}} \qquad \underline{\underline{x_2 = 2{,}414}}$$

c) **Funktionsgleichung der Funktion g:**

Lineare Funktionen können in der Form $y = mx + n$ geschrieben werden.
Dabei ist n die Stelle, an der der Graph die y-Achse schneidet.
m ist der Anstieg, der das Anstiegsdreieck beschreibt.

Durch den Winkel 45° zur x-Achse sind die Katheten des Anstiegsdreiecks immer gleich lang.

Der Anstieg beträgt $m = \frac{1}{1} = 1$.

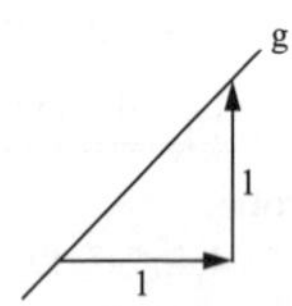

Die Schnittstelle mit der y-Achse liefert $n = -1$.
Die Funktion g hat die Funktionsgleichung $y = g(x) = x - 1$.

Hinweis:
Wenn du eine fallende Gerade mit 45° Neigung gezeichnet hast, dann hat die Funktion g den Anstieg $m = -1$ und damit die Gleichung $y = g(x) = -x - 1$.

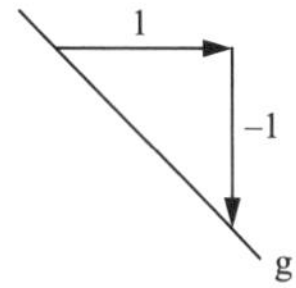

Pflichtaufgabe 3

a) Zeichne um den Punkt B einen Kreisbogen mit dem Radius $\overline{BC} = 4{,}8\,\text{cm}$.
Dieser Kreisbogen schneidet den Kreis im Punkt C (und dessen Spiegelbild C', das im Aufgabenteil b benötigt wird).

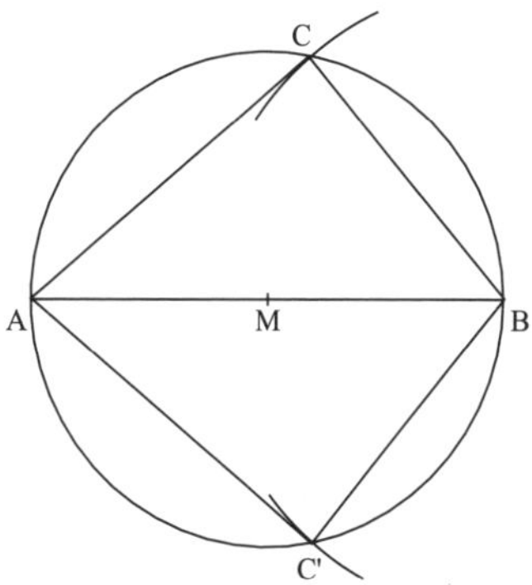

verkleinerte Darstellung
1 cm

b)  Der Winkel ACB ist ein Peripheriewinkel über dem Durchmesser des Kreises.

Nach dem Satz des Thales ist jeder Peripheriewinkel über dem Durchmesser eines Kreises ein rechter Winkel. Deshalb ist das Dreieck ABC rechtwinklig.

In dem rechtwinkligen Dreieck ABC ist der Satz des Pythagoras anwendbar.

Länge der Sehne $\overline{AC}$:

$$\overline{BC}^2 + \overline{AC}^2 = \overline{AB}^2 \qquad \text{(Satz des Pythagoras)}$$

$$\overline{AC}^2 = \overline{AB}^2 - \overline{BC}^2 \qquad |\sqrt{}$$

$$\overline{AC} = \sqrt{\overline{AB}^2 - \overline{BC}^2}$$

$$\overline{AC} = \sqrt{(8{,}0\,\text{cm})^2 - (4{,}8\,\text{cm})^2}$$

$$\underline{\underline{\overline{AC} = 6{,}4\,\text{cm}}}$$

Für rechtwinklige Dreiecke gibt es eine besonders einfache Formel zur Berechnung des Flächeninhaltes.

Flächeninhalt A des Sehnenvierecks:

Den Flächeninhalt A_1 des rechtwinkligen Dreiecks kann man aus den Katheten $\overline{BC}$ und $\overline{AC}$ berechnen.

$$A_1 = \frac{\overline{BC} \cdot \overline{AC}}{2}$$

Das Sehnenviereck hat den doppelten Flächeninhalt des rechtwinkligen Dreiecks.

$$A = \overline{BC} \cdot \overline{AC}$$

$$A = 4{,}8\,\text{cm} \cdot 6{,}4\,\text{cm}$$

$$\underline{\underline{A = 30{,}72\,\text{cm}^2}}$$

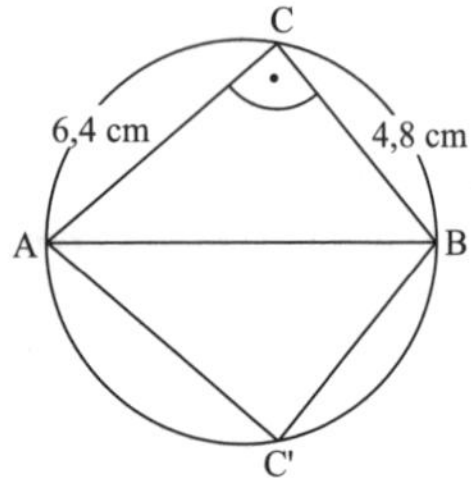

Skizze (nicht maßstäblich)

Pflichtaufgabe 4

a) Der Dromedarkopf kann mit elf verschiedenen Rümpfen kombiniert werden. Wie viele Oberteile (Kopf + Rumpf) entstehen daraus? Mit wie vielen Beinen kann man jedes Oberteil kombinieren?

Anzahl der Tiere mit Dromedarkopf:

Aus der Kombination des Dromedarkopfes mit elf Rümpfen entstehen elf Oberteile. Aus jedem Oberteil entstehen mit Hilfe der Beine elf Tiere. Insgesamt können $11 \cdot 11 = 121$ Tiere einen Dromedarkopf haben.

Gesamtzahl der Tiere:

Mit elf verschiedenen Köpfen können $11 \cdot 11 \cdot 11 = 1\,331$, verschiedene Tiere erstellt werden.

b) =x 4x Lege für die zu berechnende Größe eine Variable fest und stelle eine Gleichung auf.

Anzahl der Seiten des Buches: n

Wenn das Buch n Seiten hat, dann sind damit $n \cdot n \cdot n = n^3$ Tiere darstellbar.

$$n^3 = 8\,000 \qquad |\sqrt[3]{}$$

$$n = \sqrt[3]{8\,000}$$

$$\underline{\underline{n = 20}}$$

Das Buch muss 20 Seiten haben.

Pflichtaufgabe 5

a) Da das Dreieck EWF rechtwinklig ist, kannst du den Satz des Pythagoras anwenden.

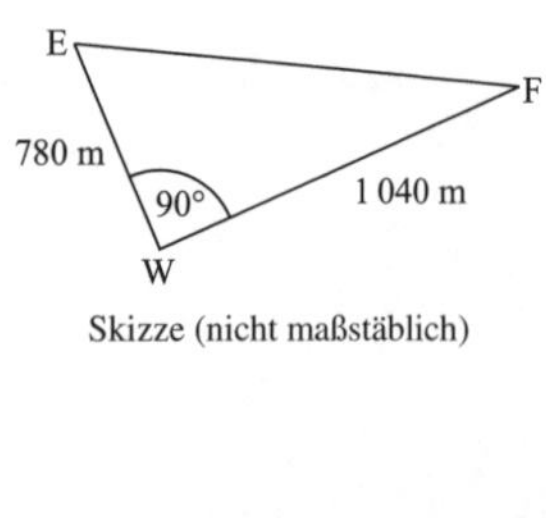

Skizze (nicht maßstäblich)

Länge des Weges:

$\overline{EF}^2 = \overline{EW}^2 + \overline{FW}^2 \qquad |\sqrt{\ }$

$\overline{EF} = \sqrt{\overline{EW}^2 + \overline{FW}^2}$

$\overline{EF} = \sqrt{(780\ m)^2 + (1\,040\ m)^2}$

$\underline{\underline{\overline{EF} = 1\,300\ m}}$

Der Weg vom Eingang bis zum Forsthaus ist 1 300 m lang.

b) Das Dreieck EFB ist unregelmäßig.
Um den Flächeninhalt berechnen zu können, benötigst du den Winkel β.
Über den Sinussatz kannst du zunächst die Größe des Winkels α berechnen.

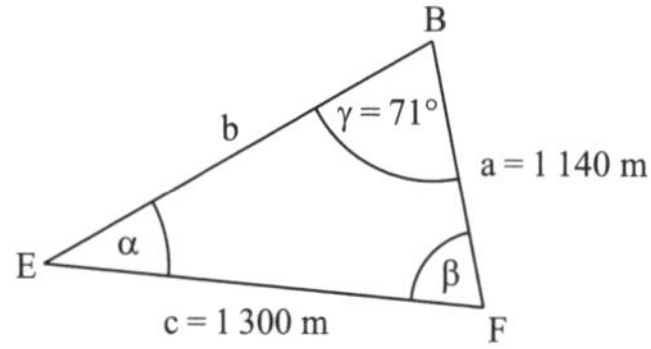

Skizze (nicht maßstäblich)

Größe des Winkels α:

$\frac{a}{c} = \frac{\sin\alpha}{\sin\gamma} \qquad |\cdot \sin\gamma$

$\frac{a \cdot \sin\gamma}{c} = \sin\alpha$

$\sin\alpha = \frac{1140\ m \cdot \sin 71°}{1\,300\ m}$

$\sin\alpha = 0{,}82915 \qquad |\sin^{-1}$

$\underline{\alpha = 56{,}0°}$

Größe des Winkels β:

$\beta = 180° - \alpha - \gamma$ (Innenwinkelsumme im Dreieck)

$\beta = 180° - 56° - 71°$

$\underline{\beta = 53°}$

Flächeninhalt A des Dreiecks BEF:

$A = \frac{1}{2} ac \cdot \sin\beta$

$A = \frac{1}{2} \cdot 1140\ m \cdot 1\,300\ m \cdot \sin 53°$

$A = 591\,789\ m^2$

$\underline{\underline{A \approx 59{,}18\ ha}}$

Der Flächeninhalt der Erweiterung des Wildgeheges beträgt 59,18 ha.

Wahlaufgabe 1

a) Beim Schrägbild mit $\alpha = 45°$ werden Kanten die nach hinten verlaufen um 45° geneigt gezeichnet. Beim Verkürzungsverhältnis $\frac{1}{2}$ werden Strecken in dieser Richtung nur halb so lang dargestellt.

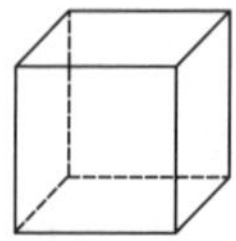

Schrägbild $\left(\alpha = 45°, q = \frac{1}{2}\right)$**:**

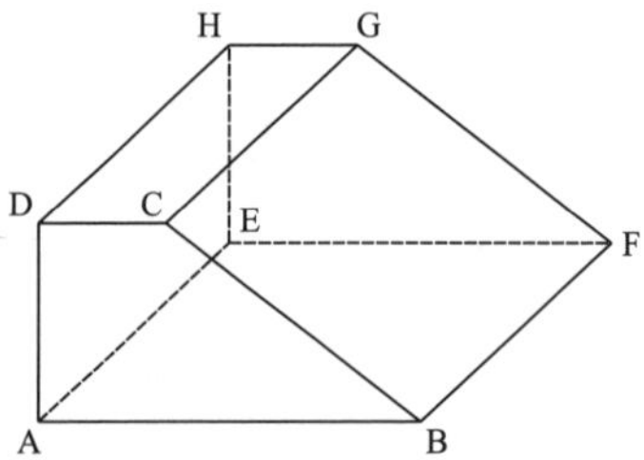

verkleinerte Darstellung
1 cm

b) Das senkrechte Zweitafelbild zeigt den Aufriss (Sicht von vorn) und den Grundriss (Sicht von oben).

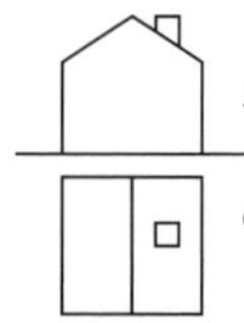

senkrechtes Zweitafelbild:

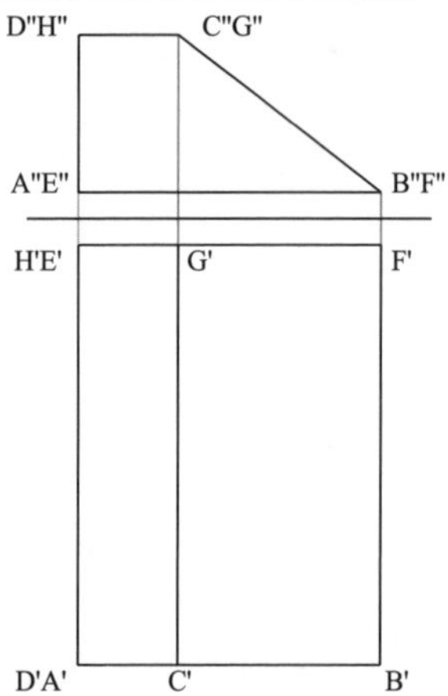

verkleinerte Darstellung
1 cm

c) Grund- und Deckfläche sind Trapeze, wobei sich die Länge der Seite $\overline{BC}$ berechnen lässt. Die Seitenflächen sind Rechtecke.

Inhalt A_G der Grundfläche (Trapez):

$$A_G = \frac{\overline{AB} + \overline{CD}}{2} \cdot \overline{AD}$$

$$A_G = \frac{6\,cm + 2\,cm}{2} \cdot 3\,cm$$

$$\underline{A_G = 12\,cm^2}$$

Länge der Strecke $\overline{BC}$:

$$\overline{BC}^2 = \overline{BI}^2 + \overline{CI}^2 \qquad \text{(Satz des Pythagoras)}$$

$$\overline{BC} = \sqrt{\overline{BI}^2 + \overline{CI}^2}$$

$$\overline{BC} = \sqrt{(4\,cm)^2 + (3\,cm)^2}$$

$$\underline{\overline{BC} = 5{,}0\,cm}$$

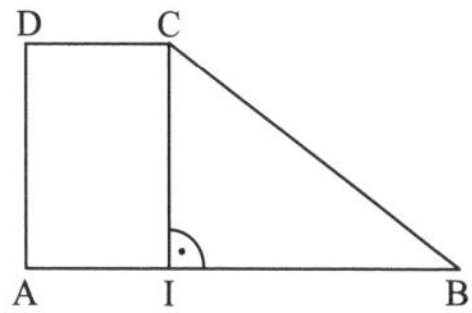

Skizze (nicht maßstäblich)

Umfang u der Grundfläche:

$$u = \overline{AB} + \overline{BC} + \overline{CD} + \overline{AD}$$

$$u = 6\,cm + 5\,cm + 2\,cm + 3\,cm$$

$$\underline{u = 16\,cm}$$

Inhalt A_M der Mantelfläche:

$$A_M = u \cdot \overline{AE}$$

$$A_M = 16\,cm \cdot 8\,cm$$

$$\underline{A_M = 128\,cm^2}$$

Inhalt A_O der Oberfläche des Prismas:

$$A_O = 2 \cdot A_G + A_M$$

$$A_O = 2 \cdot 12\,cm^2 + 128\,cm^2$$

$$\underline{\underline{A_O = 152\,cm^2}}$$

Volumen V des Prismas:

$$V = A_G \cdot h$$

$$V = 12\,cm^2 \cdot 8\,cm$$

$$\underline{\underline{V = 96\,cm^3}}$$

Wahlaufgabe 2

a) Die Gleichung sieht wie eine quadratische Gleichung aus. Nach dem Ausmultiplizieren der Klammerausdrücke und dem Zusammenfassen zeigt sich aber, dass es sich um eine lineare Gleichung handelt.

$$
\begin{aligned}
(x+8)^2 &= x(x+20)+42 & \\
x^2+16x+64 &= x^2+20x+42 & \left|-x^2\right. \\
16x+64 &= 20x+42 & \left|-16x\right. \\
64 &= 4x+42 & \left|-42\right. \\
22 &= 4x & \left|:4\right. \\
\underline{\underline{x}} &\underline{\underline{= 5{,}5}} &
\end{aligned}
$$

Probe:

$(5{,}5+8)^2 = 5{,}5 \cdot (5{,}5+20)+42$?

$182{,}25 = 182{,}25$ wahr

b) Löse die Ungleichung durch inhaltliche Überlegungen oder durch Umformen wie eine Gleichung.

Inhaltliches Lösen:

Wenn $5x-6$ kleiner als 29 sein soll, dann muss $5x$ kleiner als 35 sein. Wenn $5x$ kleiner als 35 sein soll, dann muss x kleiner als 7 sein.

Lösen durch Umformen:

$$
\begin{aligned}
5x-6 &< 29 & \left|+6\right. \\
5x &< 35 & \left|:5\right. \\
\underline{\underline{x}} &\underline{\underline{< 7}} &
\end{aligned}
$$

Zwei ganzzahlige Lösungen der Ungleichung sind z. B. $x = 6$ und $x = -1\,000$.

(A) Die Aussage ist falsch, denn alle negativen ganzen Zahlen sind ebenfalls Lösungen. Außerdem sind die rationalen und reellen Lösungen nicht ausgeschlossen.
Hinweis: Die Aussage wäre wahr, wenn x eine natürliche Zahl sein soll.

(B) Die Aussage ist wahr, denn z. B. die Zahlen $x = 6{,}99$ und $x = \frac{3}{4}$ erfüllen die Ungleichung.

(C) Die Aussage ist wahr, denn z. B. die Zahlen $x = 7$ und $x = 1\,000$ erfüllen die Ungleichung nicht.

Wahlaufgabe 3

a) Skizziere die Straße und das Anstiegsdreieck.
Berechne zuerst, wie lang eine Straße ist, die einen Höhenunterschied von 12 m überwindet.
Da das Anstiegsdreieck rechtwinklig ist, kannst du den Satz des Pythagoras anwenden.

Länge des Straßenabschnittes $\overline{SB}$:

$\overline{SB}^2 = \overline{SA}^2 + \overline{AB}^2$ (Satz des Pythagoras)

$\overline{SB} = \sqrt{\overline{SA}^2 + \overline{AB}^2}$

$\overline{SB} = \sqrt{(100\text{ m})^2 + (12\text{ m})^2}$

$\underline{\overline{SB} = 100{,}72\text{ m}}$

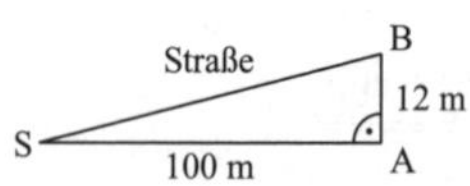

Skizze (nicht maßstäblich)

Lösungsweg 1:
Berechne aus dem bekannten Verhältnis zwischen Höhenunterschied und Straßenlänge den unbekannten Höhenanstieg mit Hilfe des Dreisatzes.

Lösungsweg 2:
Das Verhältnis zwischen Höhenunterschied und Straßenlänge ist für die 370 m lange und für die 100,72 m lange Straße gleich.
Bilde eine Verhältnisgleichung.

Höhenunterschied $\overline{CD}$:

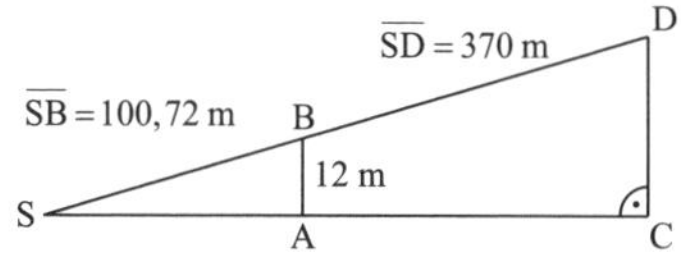

Skizze (nicht maßstäblich)

Lösung mit Dreisatz:

$$\begin{aligned} & 100,72\text{ m} \mathrel{\hat{=}} 12\text{ m} && :100,72 \\ & 1\text{ m} \mathrel{\hat{=}} \frac{12\text{ m}}{100,72} && \cdot 370 \\ & 370\text{ m} \mathrel{\hat{=}} \frac{370 \cdot 12\text{ m}}{100,72} \\ & 370\text{ m} \mathrel{\hat{=}} \underline{44,08\text{ m}} \end{aligned}$$

Lösung mit Verhältnisgleichung:

$$\frac{\overline{CD}}{370\text{ m}} = \frac{12\text{ m}}{100,72\text{ m}} \qquad | \cdot 370\text{ m}$$

$$\overline{CD} = \frac{370\text{ m} \cdot 12\text{ m}}{100,72\text{ m}}$$

$$\underline{\overline{CD} = 44,08\text{ m}}$$

Hinweis:
Da die Steigung (12 %) nur zwei gültige Ziffern hat, wäre es nicht sinnvoll, das Ergebnis mit 4 Ziffern Genauigkeit anzugeben.

Der Höhenunterschied beträgt ungefähr 44,1 m.

Anstiegswinkel α:

Das Dreieck ist rechtwinklig. Nutze die Winkelfunktionen.

$$\tan\alpha = \frac{\overline{AB}}{\overline{SA}}$$

$$\tan\alpha = \frac{12\text{ m}}{100\text{ m}}$$

$$\tan\alpha = 0,12 \qquad | \tan^{-1}$$

$$\underline{\underline{\alpha = 6,8^\circ}}$$

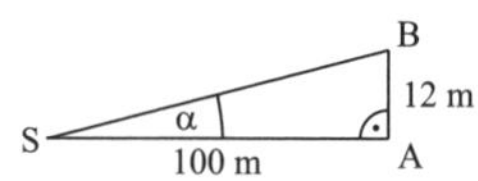

Skizze (nicht maßstäblich)

b) **Maßstab:**

Es bietet sich an, 28 m in der Natur durch 2,8 cm in der Zeichnung darzustellen.
Der Maßstab ist das Verhältnis Bildgröße : Originalgröße.

$$\text{Maßstab} = \frac{2,8\text{ cm}}{28\text{ m}} = \frac{28\text{ mm}}{28\,000\text{ mm}} = \frac{1}{1\,000}$$

Der Maßstab beträgt 1 : 1 000.

Daraus ergeben sich folgende Längen:

	in der Natur	in der Zeichnung
Grundlinie	100 m	10 cm
Höhe 1	16 m	1,6 cm
Höhe 2	28 m	2,8 cm

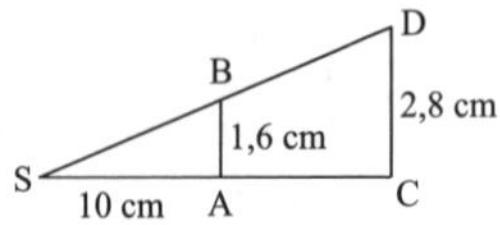

Skizze (nicht maßstäblich)

Zeichnung:

1. Zeichne eine waagerechte Gerade g als Ausgangshöhe.
2. Lege auf der Geraden g eine Strecke $\overline{SA} = 10$ cm fest.
3. Errichte im Punkt A die Senkrechte zur Geraden g und trage auf ihr 1,6 cm ab, um den Punkt B zu erhalten.
4. Zeichne eine Gerade s durch die Punkte S und B. Sie stellt die Straße dar.
5. Trage auf der Senkrechten im Punkt A die Strecke 2,8 cm ab. Nenne den entstandenen Punkt E.
6. Verschiebe die Gerade g parallel, sodass ihr Bild durch den Punkt E verläuft. Nenne diese Gerade g'. Sie stellt die angestrebte Höhe dar.
7. Den Schnittpunkt der Geraden g' mit der Geraden s nennst du D. Die Strecke $\overline{SD}$ stellt den gesuchten Straßenabschnitt dar.

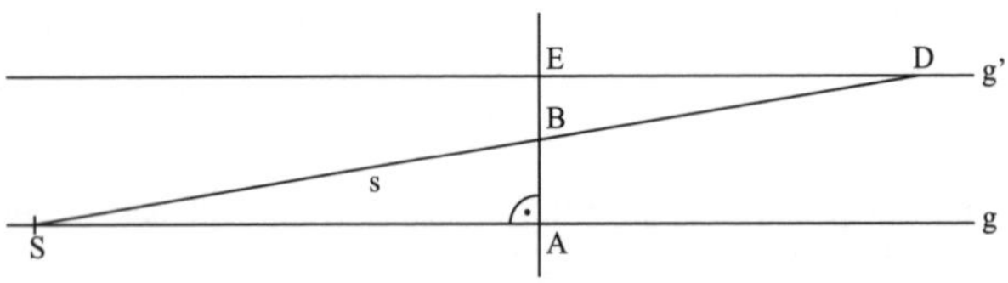

verkleinerte Darstellung
1 cm

Länge des Straßenabschnittes:

Die Strecke $\overline{SD}$ ist in der Zeichnung 17,7 cm lang. Der Straßenabschnitt muss also mindestens 177 m lang sein.

Aufgaben im Stil der Abschlussprüfung
Aufgabengruppe 4

Teil A (30 Minuten, ohne Taschenrechner und Formelsammlung)

1. Für wie viele Tassen mit einem Fassungsvermögen von je 125 $m\ell$ reicht ein Liter Milch?

2. Beim Weitsprung erreichte Karl 5,42 m, 5,57 m und 5,53 m.
   Kreuzen Sie die richtige Aussage an.
   ☐ 5,57 m ist das Maximum der Sprungweiten.
   ☐ 5,57 m ist der Zentralwert der Sprungweiten.
   ☐ 5,57 m ist das arithmetische Mittel der Sprungweiten.

3. Wie viele Monate im Jahr haben höchstens 30 Tage?

4. Wie viele Zahlen auf einem üblichen Spielwürfel sind Primzahl oder Quadratzahl?
   ☐ 1 ☐ 3 ☐ 4 ☐ 5 ☐ keine der Angaben stimmt

5. Der linke Körper soll so zu einem Würfel ergänzt werden, dass benachbarte kleine Würfel immer unterschiedlich gefärbt sind. Kreuzen Sie den Körper an, der geeignet ist.

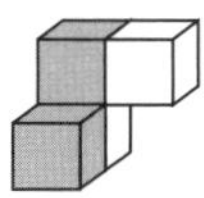
+
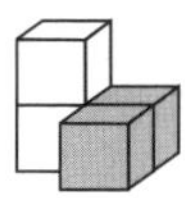
☐
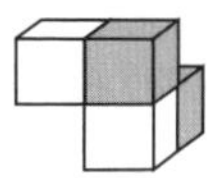
☐
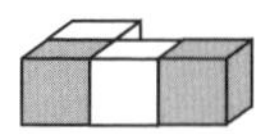
☐

6. Welche grafische Darstellung gehört zur Funktion $y = 2^x$? Kreuzen Sie an.

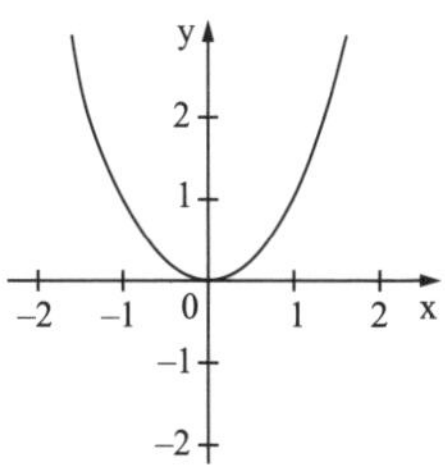

☐
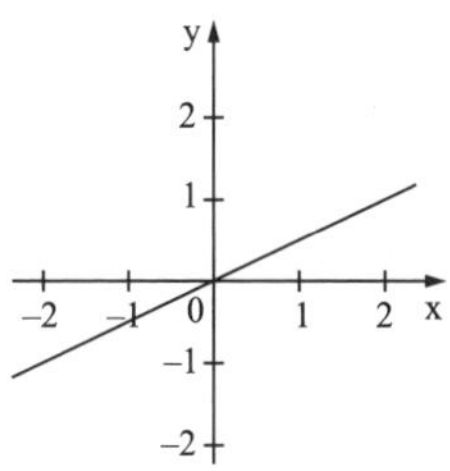

☐
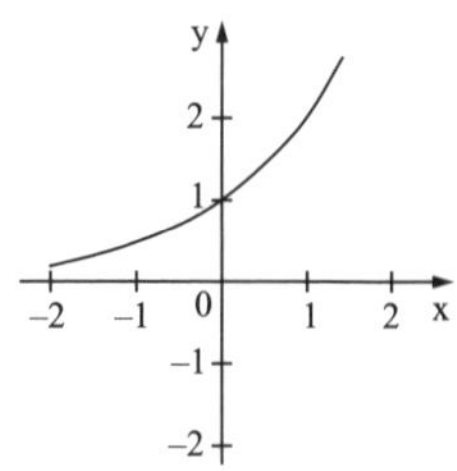

☐

7. Entscheiden Sie mithilfe einer Rechnung, ob ein Dreieck mit den Seitenlängen 8 m, 7 m und 4 m rechtwinklig ist.

8. Auf einer Wanderkarte im Maßstab 1 : 50 000 ist der Wanderweg 30 cm lang.
   Wie lang ist der Wanderweg wirklich?

9. Unterstreichen Sie die beiden Angaben, die gleich sind.
   0,65 t, 65 kg, 6 500 g, 0,65 dt

10. Setzen Sie die Zahlenreihe um zwei Glieder fort: 4 8 16 32 ___ ___

Pflichtaufgabe 1

Die Göltzschtalbrücke bei Mylau im Vogtlandkreis ist die größte Ziegelbrücke der Welt. Das Mauerwerk der Brücke besteht aus Ziegelsteinen, Bruchsteinen und Werksteinen.

Das Volumen des Ziegelsteinmauerwerkes beträgt 71 671 m^3, das sind 52,83 % des Gesamtvolumens. 11,60 % des Gesamtvolumens sind Bruchsteinmauerwerk.
Der Rest ist Werksteinmauerwerk.

a) Berechnen Sie das Volumen des Werksteinmauerwerkes.

b) Stellen Sie die Anteile der drei Mauerwerksarten in einem Kreisdiagramm dar.

Pflichtaufgabe 2

Ein geradlinig begrenztes Firmenlogo hat die Form eines Fünfecks.
In einem Koordinatensystem (Längeneinheit 1 cm) haben die Eckpunkte die Koordinaten A(1; 1), B(7; 1), C(10; 3), D(4; 3) und E(1; 9).

a) Zeichnen Sie dieses Logo in das Koordinatensystem ein.
Berechnen Sie den Flächeninhalt des Firmenlogos.

b) Für den Briefkopf muss das Logo verkleinert werden.
Zeichnen Sie das Bild $A_1B_1C_1D_1E_1$ des Firmenlogos ABCDE bei der zentrischen Streckung mit dem Zentrum A und dem Faktor $k = \frac{1}{2}$.

c) Das Firmenlogo ABCDE soll vergrößert im Maßstab 1 : 50 auf die Außenwand des Firmengebäudes gemalt werden.
Ein Liter Farbe reicht bei einmaligem Anstrich für vier Quadratmeter zu streichende Fläche. Eine Flasche enthält 750 ml Farbe.
Berechnen Sie, wie viele Flaschen Farbe für das Firmenlogo bei zwei Anstrichen benötigt werden.

Pflichtaufgabe 3

Eine Firma lässt auf einem Fahrzeug zwei unterschiedliche Typen von Flüssiggasbehältern transportieren.
Wird das Fahrzeug mit 2 Behältern des Typs A und 6 Behältern des Typs B beladen, beträgt die Lademasse 10,0 t.
Bei einer Beladung von 7 Behältern des Typs A und 3 Behältern des Typs B werden 9,8 t transportiert.

Berechnen Sie die Masse eines Behälters vom Typ A und die Masse eines Behälters vom Typ B.

Pflichtaufgabe 4

Schüler bauen einen Gewinnspielautomaten mit drei Glücksrädern.
Auf jedem Rad sind vier gleich große Kreisausschnitte gekennzeichnet, die mit den Symbolen ✦ und ☼ beschriftet sind.

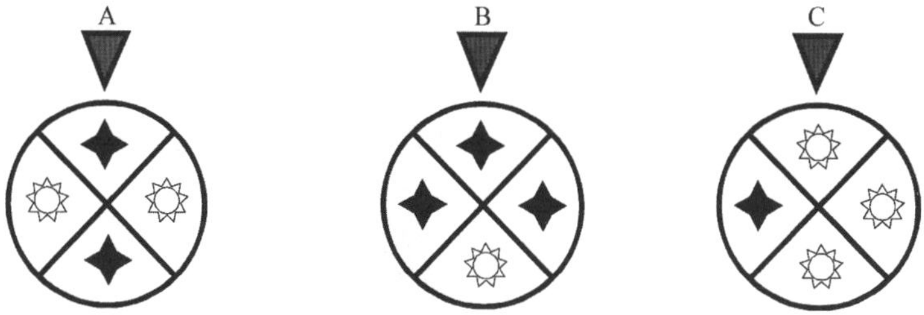

Für ein Spiel werden die Glücksräder je einmal nacheinander gedreht. Es interessiert jeweils das Symbol, das an der Markierung stehen bleibt.

a) Zeichnen Sie ein Baumdiagramm für die möglichen Spielausgänge.

b) Ein Spieler gewinnt, wenn alle drei Glücksräder das gleiche Symbol ergeben.
   - Berechnen Sie diese Wahrscheinlichkeit.
   - Erhöhen sich die Gewinnchancen, wenn das Glücksrad C genauso wie B beschriftet wird?
     Begründen Sie Ihre Entscheidung.

Pflichtaufgabe 5

In klaren Sommernächten fallen die Sterne Wega im Sternbild Leier, Atair im Sternbild Adler und Deneb im Sternbild Schwan durch ihre Helligkeit auf.

Die sehr großen Entfernungen im Weltall werden in Parsec (pc) angegeben.

Der Stern Atair (A) ist 5,0 pc und der Stern Wega (W) 8,0 pc von der Erde entfernt.

Ein Beobachter (B) misst die Größe des Winkels WBA mit 35,0°.

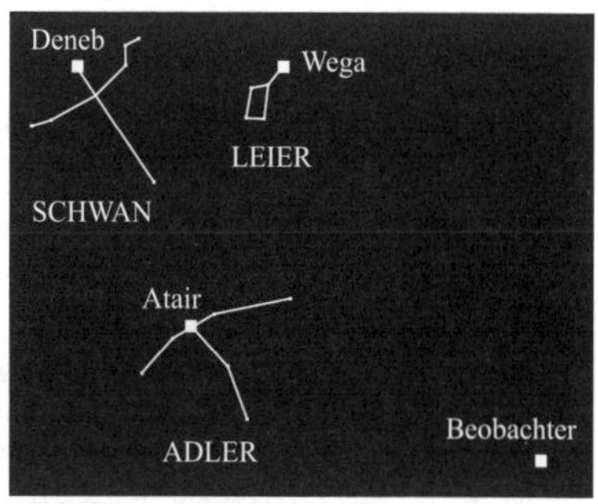

a) Konstruieren Sie das Dreieck BWA in einem geeigneten Maßstab.
   Ermitteln Sie aus der Konstruktion die Länge der Strecke $\overline{AW}$ in Parsec.

b) Berechnen Sie die Länge der Strecke $\overline{AW}$ in Parsec.
   Geben Sie die Länge der Strecke $\overline{AW}$ in Kilometern in der Schreibweise mit abgetrennten Zehnerpotenzen an, wenn gilt: $1\ \text{pc} = 3{,}0857 \cdot 10^{13}$ km.

Wahlaufgabe 1

Nach der Getreideernte wird das auf den Feldern angefallene Stroh zu quaderförmigen oder zylinderförmigen Strohballen gepresst.

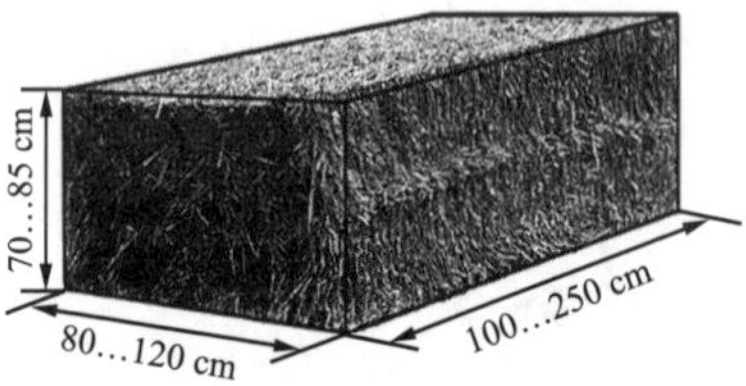

a) Berechnen Sie die Masse des größtmöglichen quaderförmigen Strohballens.
Entnehmen Sie die Maße der Abbildung.
Ein Kubikmeter gepresstes Stroh hat eine Masse von 165 Kilogramm.

b) Ein zylinderförmiger Strohballen ist 1,17 m lang und hat ein Volumen von 2,98 m^3.
- Berechnen Sie den Durchmesser der Grundfläche.
- Jeder dieser Strohballen wird völlig mit Folie umhüllt.
Ermitteln Sie, wie viel Quadratmeter Folie für 90 Strohballen benötigt werden, wenn die Umhüllung das 4,5-fache der Oberfläche des Strohballens beträgt.

Wahlaufgabe 2

Gegeben ist ein Dreieck ABC mit $a = b = c = 8{,}0$ cm.

a) Konstruieren Sie dieses Dreieck.

b) Konstruieren Sie die Mittelsenkrechte der Seite $\overline{AB}$, die Winkelhalbierende des Winkels BAC und die Winkelhalbierende des Winkels CBA.

c) Die Mittelsenkrechte und die Winkelhalbierenden schneiden einander im Punkt M.
Geben Sie die Größe des Winkels AMB an und begründen Sie diese.

d) Zeichnen Sie um M einen Kreis mit dem Radius $r = \overline{AM}$.
Dieser Kreis geht durch die Punkte B und C. Er schneidet darüber hinaus die Mittelsenkrechte im Punkt X und die Winkelhalbierenden in den Punkten Y und Z.
Die Eckpunkte des Dreiecks und die Schnittpunkte X, Y und Z ergeben ein Sechseck.
Ist dieses Sechseck regelmäßig? Begründen Sie.

Wahlaufgabe 3

Gegeben ist die Funktion f mit $y = f(x) = \frac{1}{4}x^2$.

a) Übernehmen Sie für die Funktion f die folgende Wertetabelle und vervollständigen Sie diese.

x	–5	–4	–3	–1		2
y					0	

b) Zeichnen Sie den Graphen der Funktion f mindestens im Intervall $-5 \leq x \leq 5$ in ein Koordinatensystem (Längeneinheit 1 cm).

c) Der Graph einer linearen Funktion g schneidet die Koordinatenachsen in den Punkten A(–4; 0) und B(0; 2).
Zeichnen Sie diesen Graphen in dasselbe Koordinatensystem ein und ermitteln Sie die Gleichung der Funktion g.

d) Die Graphen der Funktionen f und g schneiden einander in den Punkten $P_1(-2; 1)$ und $P_2(4; 4)$.
Berechnen Sie die Länge der Strecke $\overline{P_1P_2}$.

Teil B: aus Realschulabschluss Sachsen 2004

Lösungen

Teil A

1. *Lösungsweg 1 (durch Überlegung):*
   $1\,\ell = 1\,000\,m\ell$
   $250\,m\ell$ sind ein Viertel Liter.
   $125\,m\ell$ sind davon die Hälfte, also ein Achtel Liter.
   Ein Liter Milch reicht für 8 Tassen.

   Lösungsweg 2 (rechnerisch):
   $$1\,000\,m\ell : 125\,m\ell = \frac{1\,000\,m\ell}{125\,m\ell} = \underline{\underline{8}}$$
   Ein Liter Milch reicht für 8 Tassen.

2. 5,57 m ist das Maximum (der größte Wert) der Sprungweiten.
   (Der Zentralwert wäre der mittlere Wert in der geordneten Liste 5,42 m, *5,53 m*, 5,57 m und das arithmetische Mittel ist 5,57 m bestimmt auch nicht.)

3. 5 Monate im Jahr haben höchstens 30 Tage (Februar, April, Juni, September, November).

4. Test der Zahlen auf dem Spielwürfel:

1	2	3	4	5	6
Quadratzahl	Primzahl	Primzahl	Quadratzahl	Primzahl	—

   Auf dem Spielwürfel sind *fünf* Zahlen Primzahl oder Quadratzahl:
   ☐ 1   ☐ 3   ☐ 4   ☒ 5   ☐ keine der Angaben stimmt

5. Von den drei zur Auswahl stehenden Körpern kommt nur der zweite in Frage, denn der erste hat gleichfarbige benachbarte Würfel und der dritte passt überhaupt nicht.

☐   ☒   ☐

6. $y = 2^x$ ist eine Exponentialfunktion (x steht im Exponenten).
   Dazu passt die dritte Abbildung.

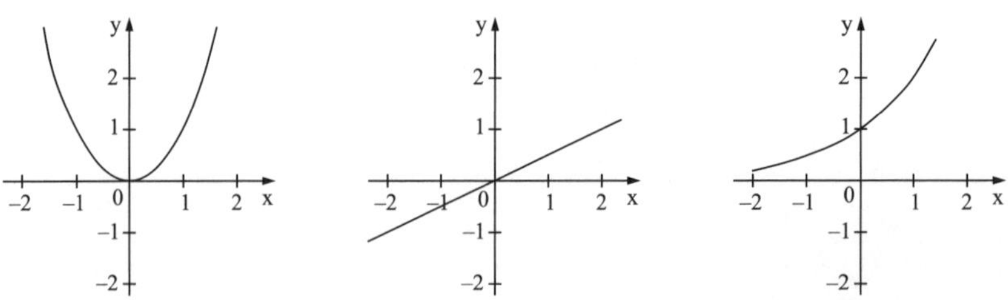

☐   ☐   ☒

7. Probe mit dem Satz des Pythagoras (alle Angaben in Meter):

$4^2 + 7^2 = 8^2$?
$16 + 49 = 64$?
$65 = 64$ falsch

Nein, das Dreieck ist nicht rechtwinklig.

Hinweis für Interessierte:
Der Winkel beträgt 88,98°, es fehlen also nur 1,02°.

8. Der Maßstab 1 : 50 000 bedeutet, dass jede Strecke im Original 50 000-mal so groß ist wie in der Karte.

Lösungsweg 1 (durch Überlegung):

Karte	Original
1 cm	50 000 cm = 500 m
10 cm	5 000 m = 5 km
30 cm	15 km

Lösungsweg 2 (rechnerisch):

$50\,000 \cdot 30\text{ cm}$
$= 1\,500\,000\text{ cm}$
$= 15\,000\text{ m}$
$= 15{,}0\text{ km}$

Der Wanderweg ist 15,0 km lang.

9. Umrechnen in die gleiche Einheit (Kilogramm):
0,65 t = 650 kg, 65 kg, 6 500 g = 6,5 kg, 0,65 dt = 65 kg

10. Jede Zahl ist das Doppelte des Vorgängers: 4 8 16 32 64 128

Teil B

Pflichtaufgabe 1

a) Skizziere die Anteile und berechne zuerst den prozentualen Anteil der Werksteine. (Drei Sorten bilden zusammen 100 %.)

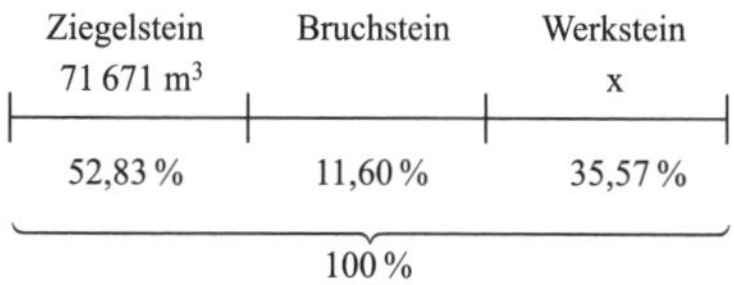

Skizze (nicht maßstäblich)

Lösung mit Dreisatz:

$$:52{,}83 \left(\quad 52{,}83\,\% \mathrel{\hat{=}} 71\,671\text{ m}^3 \quad \right) :52{,}83$$

$$\cdot 35{,}57 \left(\quad 1\,\% \mathrel{\hat{=}} \frac{71\,671\text{ m}^3}{52{,}83} \quad \right) \cdot 35{,}57$$

$$35{,}57\,\% \mathrel{\hat{=}} \frac{35{,}57 \cdot 71\,671\text{ m}^3}{52{,}83}$$

$$35{,}57\,\% \mathrel{\hat{=}} 48\,255\text{ m}^3$$

Lösung mit Verhältnisgleichung:

$$\frac{x}{35{,}57\,\%} = \frac{71\,671\text{ m}^3}{52{,}83\,\%} \quad |\cdot 35{,}57\,\%$$

$$x = \frac{35{,}57\,\% \cdot 71\,671\text{ m}^3}{52{,}83\,\%}$$

$$x = 48\,255\text{ m}^3$$

Das Werksteinmauerwerk hat ein Volumen von 48 255 m³.

b) Berechne die Winkel für das Kreisdiagramm (1 % von 360° sind 3,6°).

Sorte	Anteil	Winkel
Ziegelstein	52,83 %	$\frac{52{,}83 \cdot 360°}{100} = 190°$
Bruchstein	11,60 %	$\frac{11{,}60 \cdot 360°}{100} = 42°$
Werkstein	35,57 %	$\frac{35{,}57 \cdot 360°}{100} = 128°$

Pflichtaufgabe 2

a) Bei einer Streckung mit dem Zentrum A liegt jeder Bildpunkt auf der Geraden,
b) die durch seinen Originalpunkt und das Streckungszentrum verläuft.
Der Streckungsfaktor $k = \frac{1}{2}$ bedeutet, dass jeder Bildpunkt nur halb so weit vom Streckungszentrum entfernt ist wie sein Originalpunkt.

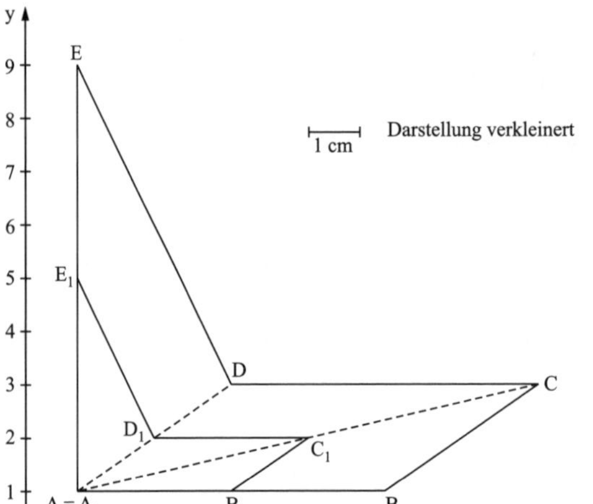

Zerlege das Logo in Teilfiguren, deren Flächeninhalt sich leicht berechnen lässt.
Zum Beispiel in das Parallelogramm ABCD und das Dreieck ADE.

Flächeninhalt A_1 des Parallelogramms ABCD:

$A_1 = a \cdot h_a = 6\text{ cm} \cdot 2\text{ cm} = \underline{12\text{ cm}^2}$

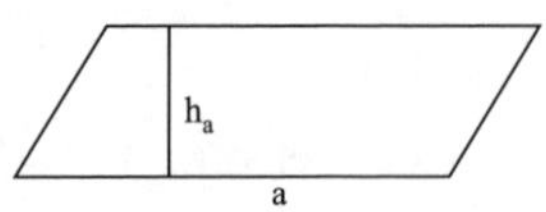

Flächeninhalt A_2 des Dreiecks ADE:

$$A_2 = \frac{g \cdot h_g}{2} = \frac{8\,\text{cm} \cdot 3\,\text{cm}}{2} = \underline{12\,\text{cm}^2}$$

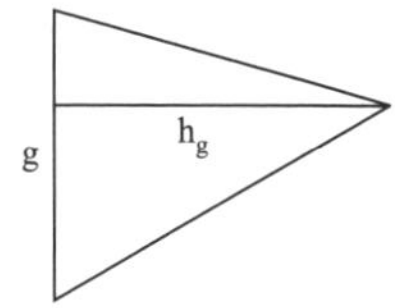

Skizzen (nicht maßstäblich)

Flächeninhalt des Logos:

$$A_1 + A_2 = 12\,\text{cm}^2 + 12\,\text{cm}^2 = \underline{\underline{24\,\text{cm}^2}}$$

c) **Flächeninhalt des vergrößerten Logos:**

Der Maßstab 1 : 50 bedeutet üblicherweise eine Verkleinerung auf $\frac{1}{50}$.
Da aber von der Außenwand des Firmengebäudes die Rede ist, ist damit wohl eine 50-fache Vergrößerung gemeint.

Lösungsweg 1:
Führe die Flächenberechnungen noch einmal mit den 50-fachen Streckenlängen durch.

Lösungsweg 2:
Allgemein wächst bei einer Streckung mit dem Faktor k der Flächeninhalt auf das k^2-fache. Bestimme den Faktor, der für die Flächeninhalte gilt.

Lösungsweg 1:

	Länge im Koordinatensystem	Länge an der Außenwand
a	6 cm	$50 \cdot 6\,\text{cm} = 300\,\text{cm} = 3\,\text{m}$
h_a	2 cm	$50 \cdot 2\,\text{cm} = 100\,\text{cm} = 1\,\text{m}$
g	8 cm	$50 \cdot 8\,\text{cm} = 400\,\text{cm} = 4\,\text{m}$
h_g	3 cm	$50 \cdot 3\,\text{cm} = 150\,\text{cm} = 1{,}5\,\text{m}$

Flächeninhalt A_1 des Parallelogramms ABCD:

$$A_1 = 3\,\text{m} \cdot 1\,\text{m} = \underline{3\,\text{m}^2}$$

Flächeninhalt A_2 des Dreiecks ADE:

$$A_2 = \frac{4\,\text{m} \cdot 1{,}5\,\text{m}}{2} = \underline{3\,\text{m}^2}$$

Flächeninhalt des Logos:

$$A_1 + A_2 = 3\,\text{m}^2 + 3\,\text{m}^2 = \underline{\underline{6\,\text{m}^2}}$$

Lösungsweg 2:
Bei einer 50-fachen Vergrößerung beträgt $k = 50$. Dann beträgt der Faktor für die Flächen $k^2 = 50^2 = 2\,500$.

Flächeninhalt des Logos:

$$2\,500 \cdot 24\,\text{cm}^2 = 60\,000\,\text{cm}^2 = 600\,\text{dm}^2 = \underline{\underline{6\,\text{m}^2}}$$

zu streichende Fläche (doppelter Anstrich):

$$2 \cdot 6\,\text{m}^2 = \underline{12\,\text{m}^2}$$

benötigte Farbmenge:

$12\,m^2 : 4\,m^2 = \underline{3}$ (Liter)

Anzahl der Flaschen:

$3\,\ell : 0{,}75\,\ell = \underline{\underline{4}}$

Es werden 4 Flaschen Farbe benötigt.

Pflichtaufgabe 3

Lege für die unbekannten Größen Variablen fest.
Stelle für jede Beladung eine Gleichung auf.

Masse eines Behälters vom Typ A (in Tonnen): x
Masse eines Behälters vom Typ B (in Tonnen): y

Die erste Beladung ergibt 10 t: $2 \cdot x + 6 \cdot y = 10$ (Gleichung **I**)
Die zweite Beladung ergibt 9,8 t: $7 \cdot x + 3 \cdot y = 9{,}8$ (Gleichung **II**)

Zum Lösen des Gleichungssystems bietet sich hier das **Einsetzungsverfahren** an.

Die Gleichung **I** lässt sich leicht nach x umstellen:

$$\begin{array}{lrcll} \textbf{I} & 2x + 6y &=& 10 & \mid -6y \\ & 2x &=& 10 - 6y & \mid :2 \\ \textbf{I*} & x &=& 5 - 3y & \end{array}$$

Setze den für x erhaltenen Term $(5 - 3y)$ in die Gleichung **II** ein:

$$\begin{array}{lrcll} \textbf{II} & 7x + 3y &=& 9{,}8 & \\ & 7 \cdot (5 - 3y) + 3y &=& 9{,}8 & \\ & 35 - 21y + 3y &=& 9{,}8 & \\ & 35 - 18y &=& 9{,}8 & \mid -35 \\ & -18y &=& -25{,}2 & \mid :(-18) \\ & y &=& 1{,}4 & \end{array}$$

Setze den für y erhaltenen Wert (1,4) in die Gleichung **I*** ein:

$$\begin{array}{ll} \textbf{I*} & x = 5 - 3y \\ & x = 5 - 3 \cdot 1{,}4 \\ & \underline{\underline{x = 0{,}8}} \end{array}$$

Probe:

$$\begin{array}{lrl} \textbf{I} & 2 \cdot 0{,}8 + 6 \cdot 1{,}4 = 10 & ? \\ & 10 = 10 & \text{wahr} \\ \textbf{II} & 7 \cdot 0{,}8 + 3 \cdot 1{,}4 = 9{,}8 & ? \\ & 9{,}8 = 9{,}8 & \text{wahr} \end{array}$$

Ein Behälter vom Typ A hat eine Masse von 0,8 t und ein Behälter vom Typ B hat eine Masse von 1,4 t.

Pflichtaufgabe 4

Verwende anstelle der Symbole Abkürzungen:

✦ = St (Stern)

☼ = So (Sonne)

a) Das Drehen der Räder entspricht einem mehrstufigen Zufallsversuch. Jedes Drehen eines Rades entspricht einer Stufe des Versuches.

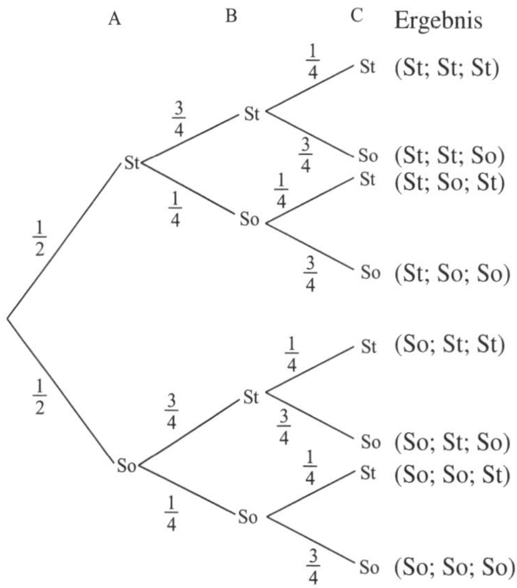

b) Verwende die Pfadregeln für mehrstufige Zufallsversuche.

Wahrscheinlichkeit für das Ergebnis (St; St; St):

$$P(\text{St; St; St}) = \frac{1}{2} \cdot \frac{3}{4} \cdot \frac{1}{4} = \underline{\frac{3}{32}}$$

Wahrscheinlichkeit für das Ergebnis (So; So; So):

$$P(\text{So; So; So}) = \frac{1}{2} \cdot \frac{1}{4} \cdot \frac{3}{4} = \underline{\frac{3}{32}}$$

Summe der Wahrscheinlichkeiten:

$$\frac{3}{32} + \frac{3}{32} = \frac{6}{32} = \underline{\underline{\frac{3}{16} = 0{,}1875 = 18{,}75\,\%}}$$

Die Wahrscheinlichkeit, dass alle drei Glücksräder das gleiche Symbol zeigen, beträgt knapp 19 %.

Wahrscheinlichkeiten nach dem Neubeschriften von C:

$$P(\text{St; St; St}) = \frac{1}{2} \cdot \frac{3}{4} \cdot \frac{3}{4} = \underline{\frac{9}{32}}$$

$P(\text{So; So; So}) = \frac{1}{2} \cdot \frac{1}{4} \cdot \frac{1}{4} = \underline{\frac{1}{32}}$

$\frac{9}{32} + \frac{1}{32} = \frac{10}{32} = \frac{5}{16} = 0{,}3125 = 31{,}25\,\%$

Ja, nach dem Neubeschriften des Glücksrades C erhöhen sich die Gewinnchancen auf über 31 %.

Pflichtaufgabe 5

a) Als Maßstab bietet sich an, 1 pc als 1 cm darzustellen. Von dem Dreieck sind zwei Seiten und der eingeschlossene Winkel gegeben.

Zeichne die Seite $\overline{AB} = 5{,}0$ cm und trage im Punkt B den Winkel von 35° an.

Ein Kreisbogen um den Punkt B mit dem Radius $\overline{BW} = 8{,}0$ cm liefert den Punkt W.

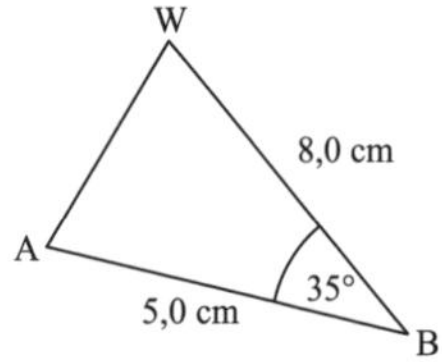

Skizze (nicht maßstäblich)

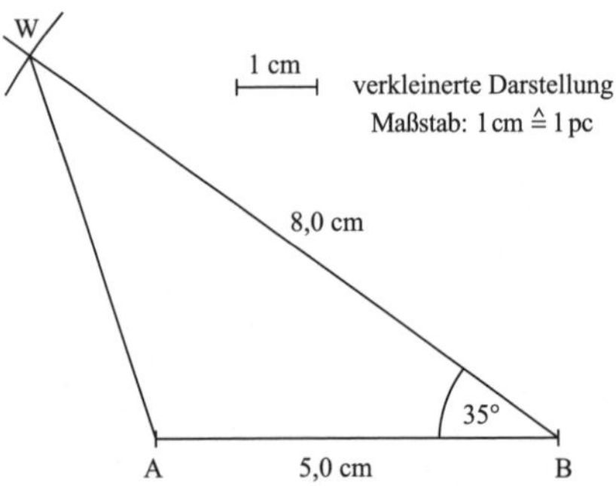

Die Länge der Strecke $\overline{AW}$ beträgt ungefähr 4,9 pc.

b) 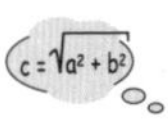

Das Dreieck BWA ist unregelmäßig. Suche im Tafelwerk eine Formel für allgemeine Dreiecke, in der nur die Dreiecksseiten und *genau ein* Winkel vorkommen. (Im Sinussatz kommen *zwei* Winkel vor.)

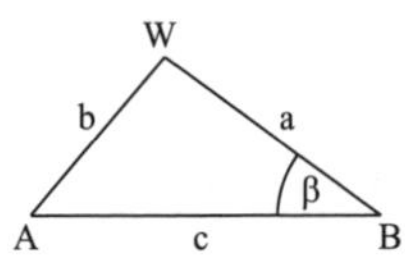

Skizze (nicht maßstäblich)

Länge der Strecke $\overline{AW}$:

$b^2 = a^2 + c^2 - 2ac \cdot \cos\beta$ (Kosinussatz)

$b = \sqrt{a^2 + c^2 - 2ac \cdot \cos\beta}$

$b = \sqrt{8^2 + 5^2 - 2 \cdot 8 \cdot 5 \cdot \cos 35°}$

$\underline{\underline{b = 4{,}84 \text{ (Parsec)}}}$

$4{,}84 \cdot 3{,}0857 \cdot 10^{13} \text{ km} = \underline{\underline{1{,}49 \cdot 10^{14} \text{ km}}}$

Die Länge der Strecke $\overline{AW}$ beträgt 4,84 pc, das sind $1{,}49 \cdot 10^{14}$ km.

Wahlaufgabe 1

a) **Volumen des größtmöglichen Strohballens:**

$V = a \cdot b \cdot c$

$V = 1{,}2\ \text{m} \cdot 2{,}5\ \text{m} \cdot 0{,}85\ \text{m}$

$\underline{V = 2{,}55\ \text{m}^3}$

Masse des Strohballens:

$2{,}55 \cdot 165\ \text{kg} = \underline{\underline{421\ \text{kg}}}$

b) **Durchmesser der Grundfläche:**

Stelle die Formel für das Volumen eines Zylinders nach dem Durchmesser der Grundfläche um.

$$V = \frac{\pi}{4} d^2 \cdot h \qquad |\cdot 4 \quad |:\pi h$$

$$\frac{4V}{\pi h} = d^2 \qquad |\sqrt{\ }$$

$$\sqrt{\frac{4V}{\pi h}} = d$$

$$d = \sqrt{\frac{4 \cdot 2{,}98\ \text{m}^3}{\pi \cdot 1{,}17\ \text{m}}}$$

$$\underline{\underline{d = 1{,}80\ \text{m}}}$$

Oberfläche eines Strohballens:

$$A_O = \frac{\pi}{2} d^2 + \pi d h$$

$$A_O = \frac{\pi}{2} \cdot (1{,}8\ \text{m})^2 + \pi \cdot 1{,}8\ \text{m} \cdot 1{,}17\ \text{m}$$

$$\underline{A_O = 11{,}7\ \text{m}^2}$$

Folie für einen Strohballen:

$4{,}5 \cdot 11{,}7\ \text{m}^2 = \underline{52{,}65\ \text{m}^2}$

Folie für 90 Strohballen:

$90 \cdot 52{,}65\ \text{m}^2 = 4\,738{,}5\ \text{m}^2 \approx \underline{\underline{4740\ \text{m}^2}}$

Für 90 Strohballen werden 4 740 m² Folie benötigt.

Wahlaufgabe 2

a) **Grundkonstruktionen:**

Mittelsenkrechte einer Strecke $\overline{AB}$:

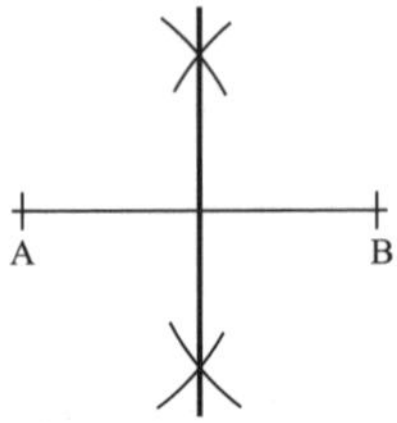

Winkelhalbierende eines Winkels α:

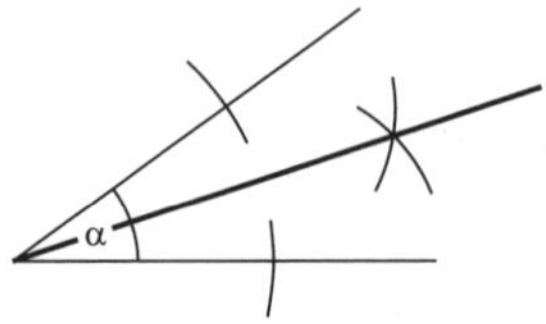

b)

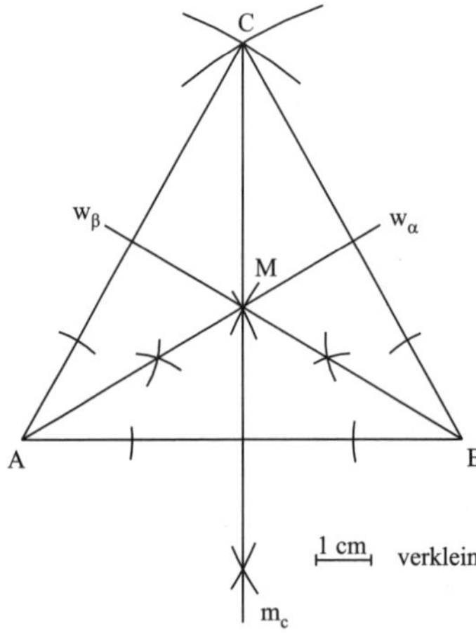

verkleinerte Darstellung

c) Rechne mit den Innenwinkeln des Dreiecks ABM.
Nutze aus, dass das Dreieck ABC gleichseitig ist und w_α und w_β die Innenwinkel des Dreiecks ABC halbieren.

$\left.\begin{array}{l}\alpha = 60^\circ\\ \beta = 60^\circ\end{array}\right\}$ Innenwinkel im gleichseitigen Dreieck

$\dfrac{\alpha}{2} = 30^\circ$ ($\overline{AM}$ halbiert den Winkel α)

$\dfrac{\beta}{2} = 30^\circ$ ($\overline{BM}$ halbiert den Winkel β)

$\delta = 180^\circ - \dfrac{\alpha}{2} - \dfrac{\beta}{2}$ (Innenwinkelsumme 180° im Dreieck ABM)

$\delta = 180^\circ - 30^\circ - 30^\circ$

$\underline{\underline{\delta = 120^\circ}}$

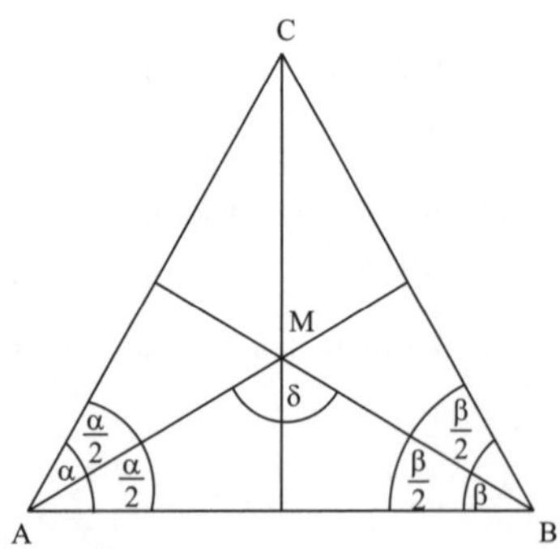

Der Winkel AMB hat eine Größe von 120°.

d) Ein Sechseck (Vieleck) ist regelmäßig, wenn
- alle Seiten gleich lang und
- alle Innenwinkel gleich groß sind.

Beides musst du prüfen und begründen.
Nutze die Symmetrie der Figur aus.

Winkel AMX und XMB:

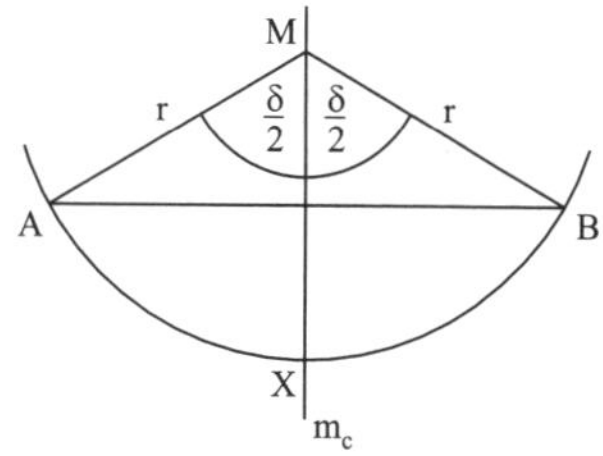

Skizze (nicht maßstäblich)

Wegen $\overline{AM} = \overline{BM} = r$ (Radius des Kreises) ist das Dreieck ABM gleichschenklig.
Die Mittelsenkrechte m_c halbiert deshalb den Winkel an der Spitze:

$$\sphericalangle AMX = \sphericalangle XMB = \frac{\delta}{2} = \frac{120°}{2} = \underline{60°}$$

Winkel XAM und MXA:

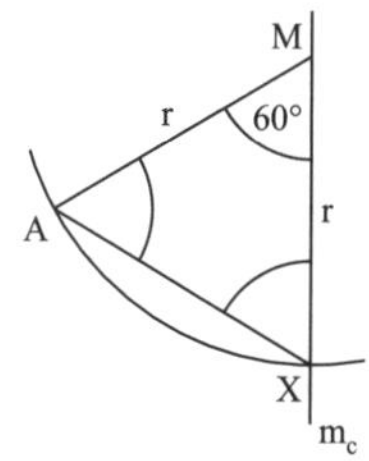

Skizze (nicht maßstäblich)

Wegen $\overline{AM} = \overline{XM} = r$ (Radius des Kreises) ist das Dreieck AXM gleichschenklig.
Die Basiswinkel XAM und MXA sind deshalb gleich groß. Da im Dreieck AXM die Summe der Innenwinkel 180° ergeben muss, betragen beide Basiswinkel 60°:

$$\sphericalangle XAM = \frac{1}{2}(180° - \sphericalangle AMX) = \frac{1}{2}(180° - 60°) = \underline{60°}$$

$$\sphericalangle MXA = \sphericalangle XAM = \underline{60°}$$

Seite $\overline{AX}$:

Da alle drei Innenwinkel im Dreieck AXM 60° betragen, ist das Dreieck AXM gleichseitig. Also sind auch alle drei Seiten gleich lang.
$\overline{AX} = r$

Winkel und Seiten im Dreieck XBM:

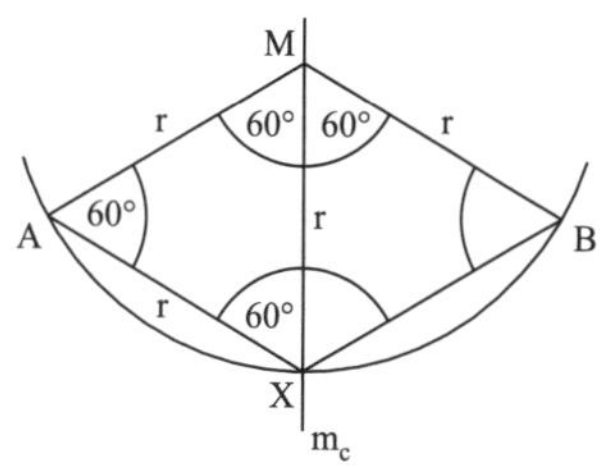

Skizze (nicht maßstäblich)

Das Dreieck XBM und das Dreieck AXM stimmen in zwei Seiten und dem eingeschlossenen Winkel überein:

$\overline{BM} = \overline{AM} = r$ (Radius des Kreises)
$\overline{XM}$ (gemeinsame Seite beider Dreiecke)
$\sphericalangle XMB = \sphericalangle AMX = 60°$

Nach dem Kongruenzsatz sws sind die Dreiecke XBM und AXM kongruent zu einander.
Daraus folgt:
$\sphericalangle BXM = \sphericalangle MBX = \underline{60°}$
$\overline{XB} = \underline{r}$

Winkel BMY:
Die Winkel AMB und BMY ergänzen sich zu 180°.
$\sphericalangle\, BMY = 180° - \sphericalangle\, AMB = 180° - 120° = \underline{60°}$

Winkel YMC:
Die Winkel XMY und YMC ergänzen sich zu 180°.
$\sphericalangle\, YMC = 180° - 120° = \underline{60°}$

Winkel CMZ:
Die Winkel BMC und CMZ ergänzen sich zu 180°.
$\sphericalangle\, CMZ = 180° - 120° = \underline{60°}$

Winkel ZMA:
Die Winkel YMZ und ZMA ergänzen sich zu 180°.
$\sphericalangle\, ZMA = 180° - 120° = \underline{60°}$

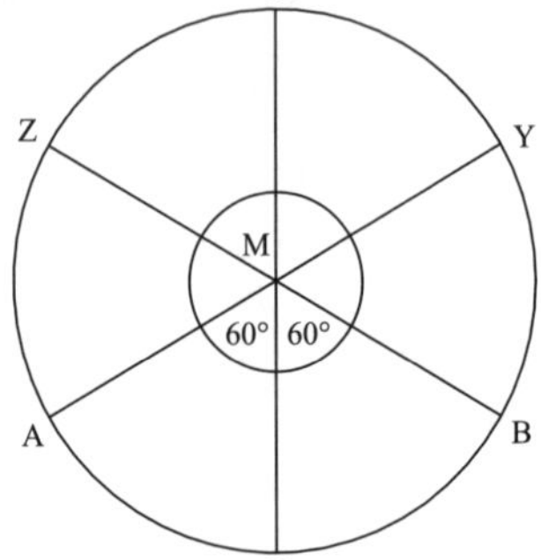

Skizze (nicht maßstäblich)

Strecken $\overline{BY}$, $\overline{YC}$, $\overline{CZ}$ und $\overline{ZA}$:
Die Dreiecke BYM, YCM, CZM und ZAM stimmen jeweils mit zwei Seiten (Radien des Kreises) und dem eingeschlossenen Winkel (60°) mit den Dreiecken AXM und XBM überein. Alle sechs Dreiecke sind also kongruent zueinander.

Daraus ergibt sich:
$\overline{BY} = \overline{YC} = \overline{CZ} = \overline{ZA} = \underline{r}$

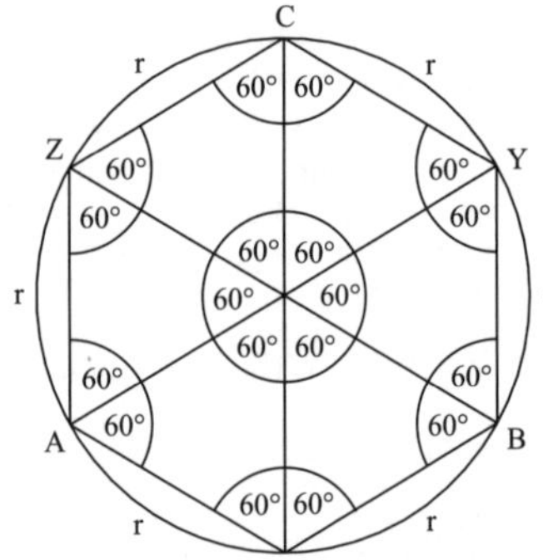

Skizze (nicht maßstäblich)

Hiermit wurde gezeigt, dass alle Seiten des Sechsecks AXBYCZ gleich lang sind. Außerdem ist aus der letzten Skizze ersichtlich, dass die Innenwinkel des Sechsecks alle gleich groß (120°) sind. Das Sechseck AXBYCZ ist also regelmäßig.

Wahlaufgabe 3

a)

x	–5	–4	–3	–1	0	2
y	6,25	4	2,25	0,25	0	1

b) Die Funktion $y = \frac{1}{4}x^2$ ist vom Typ $y = a \cdot x^2$ mit $a = \frac{1}{4}$.

c)
Der Graph ist eine Parabel. Wegen $0 < a < 1$ ist diese Parabel in Richtung der y-Achse gestaucht.
Da in der Funktionsgleichung x quadriert wird, liefern zueinander entgegengesetzte x-Werte den gleichen Funktionswert. Ohne zu rechnen ergeben sich aus der Wertetabelle vom Aufgabenteil a weitere Wertepaare:

x	5	4	3	1	–2
y	6,25	4	2,25	0,25	1

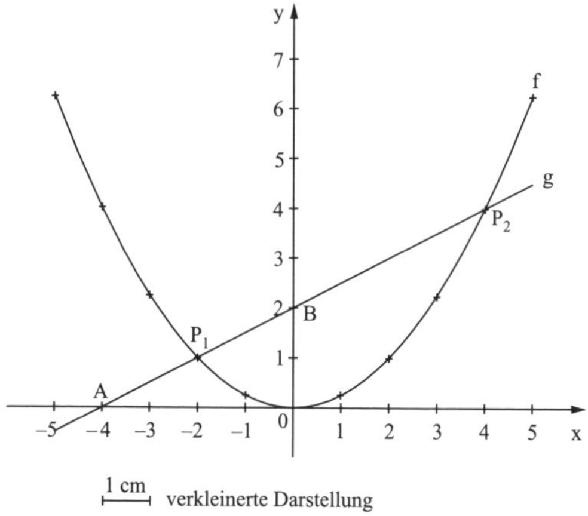

Funktionsgleichung der Funktion g:

Lineare Funktionen können in der Form $y = mx + n$ geschrieben werden. Dabei ist n die Stelle, an der der Graph die y-Achse schneidet. m ist der Anstieg, der das Anstiegsdreieck beschreibt.

Die Punkte A und B legen ein Anstiegsdreieck fest.

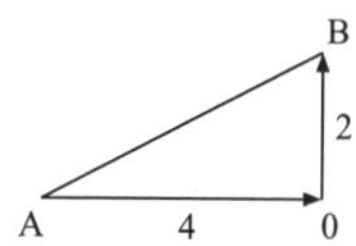

Skizze (nicht maßstäblich)

Der Anstieg beträgt $m = \frac{2}{4} = \frac{1}{2}$.

Der Punkt B liefert das absolute Glied $n = 2$.

Die Funktion g hat die Funktionsgleichung

$y = g(x) = \frac{1}{2}x + 2.$

d)  Die Schnittpunkte P_1 und P_2 legen ein Anstiegsdreieck fest. Diesmal ist aber nicht der Anstieg zu berechnen, sondern eine Seitenlänge.
Nutze aus, dass das Dreieck rechtwinklig ist.

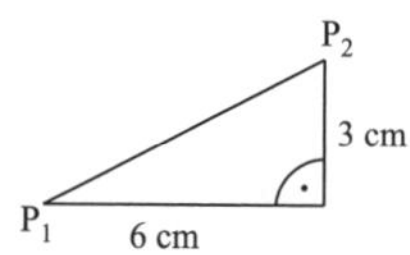

Skizze (nicht maßstäblich)

$$\overline{P_1P_2}^2 = (6\text{ cm})^2 + (3\text{ cm})^2 \quad \text{(Satz des Pythagoras)}$$

$$\overline{P_1P_2} = \sqrt{(6\text{ cm})^2 + (3\text{ cm})^2}$$

$$\underline{\underline{\overline{P_1P_2} = 6{,}7\text{ cm}}}$$

Aufgaben im Stil der Abschlussprüfung
Aufgabengruppe 5

Teil A (30 Minuten, ohne Taschenrechner und Formelsammlung)

1. Berechnen Sie die Länge der Strecke $\overline{DE}$.
   $\overline{AB} = 4{,}0\text{ cm}$
   $\overline{BD} = 2{,}0\text{ cm}$
   $\overline{BC} = 3{,}0\text{ cm}$

   $\overline{BC} \parallel \overline{DE}$

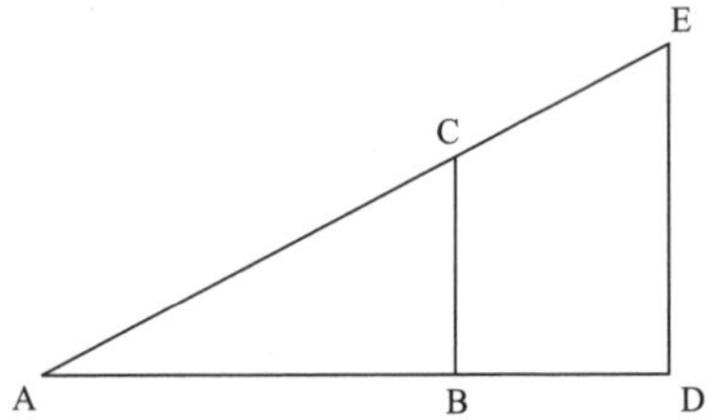

Skizze (nicht maßstäblich)

2. Kreuzen Sie den Körper an, der aus verschiedenen Richtungen gesehen als Dreieck und als Kreis erscheinen kann.

   ☐ dreiseitige Pyramide ☐ Kreiskegel ☐ Kugel ☐ Kreiszylinder

3. Berechnen Sie $\frac{18 \cdot 7 \cdot 13}{14 \cdot 9}$.

4. Welche Funktionsgleichung kommt für die rechts dargestellte Funktion in Frage?
   Kreuzen Sie an.

   $y = 2x^2 + 0{,}5$ ☐ $y = -2x^2 - 0{,}5$ ☐ $y = -2x^2 + 0{,}5$ ☐

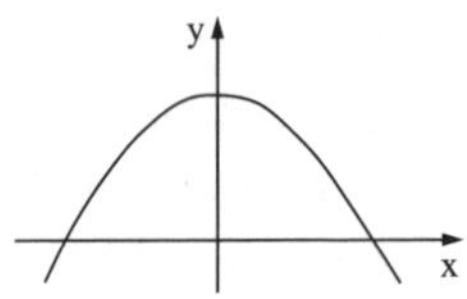

5. Max fährt auf der Autobahn. Er hat sich ausgerechnet, dass er bei $120\,\frac{\text{km}}{\text{h}}$ zwei Stunden unterwegs ist. Wie lange würde er bei $80\,\frac{\text{km}}{\text{h}}$ benötigen?

6. Die Grafik zeigt die monatlichen Telefonkosten von Mandy für die Monate Januar bis Juni.
   Kreuzen Sie für jede Aussage an, ob Sie zutrifft oder nicht.

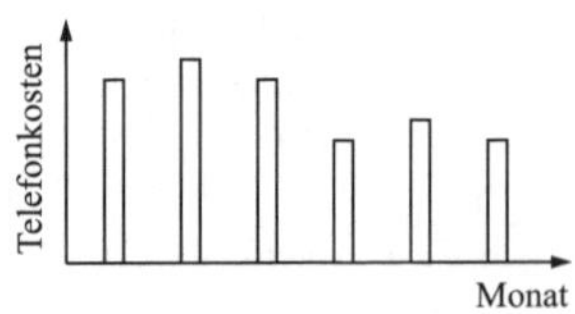

	wahr	falsch
Im Mai waren die Kosten am höchsten.	☐	☐
Mandy hat im zweiten Quartal weniger telefoniert oder zu einem günstigeren Tarif gewechselt.	☐	☐

7. Wie viele Dreiecke enthält die Figur?
Kreuzen Sie an.

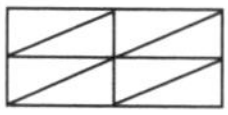

☐ 4 ☐ 9 ☐ 10 ☐ 11 ☐ 12

8. Vereinfachen Sie den Term so weit wie möglich:
$4(a^2 - 2ab) - 3a(a - b)$

9. Berechnen Sie den Wert des Terms $b^2 - 3a - (a - c)$ für $a = 5$, $b = -2$ und $c = -1$.

10. Berechnen Sie die Größe des Winkels β.

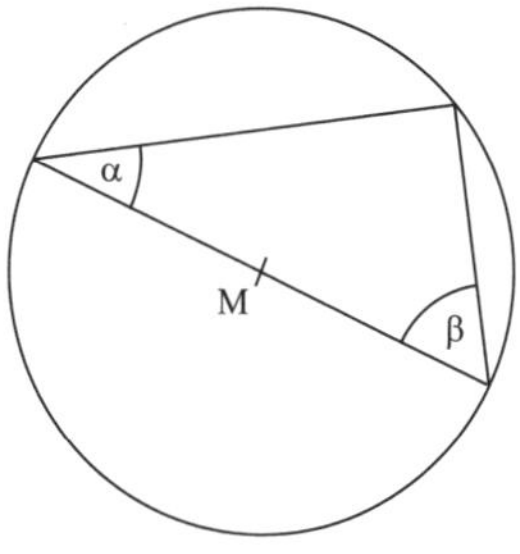

$\alpha = 37°$

Skizze (nicht maßstäblich)

Teil B (210 Minuten)

Pflichtaufgabe 1

Viele Sparer legten im Jahre 2002 ihr Geld in Bundesschatzbriefen an.
Bundesschatzbriefe Typ A haben eine Laufzeit von 6 Jahren, die Zinsen werden jährlich ausgezahlt.
Bundesschatzbriefe Typ B haben eine Laufzeit von 7 Jahren, die Zinsen werden jährlich gutgeschrieben und gehen im Folgejahr in das Guthaben ein.
Die Bundesschatzbriefe können nach dem ersten Jahr jederzeit zurückgegeben werden. Kauf und Verkauf sind gebührenfrei.

Zum 01. Juli 2002 galten folgende Konditionen:

	Zinsen zum Bundesschatzbrief	
	Typ A	Typ B
1. Jahr	3,00 %	3,00 %
2. Jahr	3,12 %	3,13 %
3. Jahr	3,33 %	3,33 %
4. Jahr	3,54 %	3,56 %
5. Jahr	3,77 %	3,90 %
6. Jahr	4,03 %	4,08 %
7. Jahr	–	4,35 %

a) Frau Mayer beabsichtigt für 5 000,00 € Bundesschatzbriefe vom Typ B zu kaufen und sich diese nach 6 Jahren auszahlen zu lassen.
   - Berechnen Sie, welchen Gesamtbetrag Frau Mayer nach dieser Zeit erhalten würde.
   - Frau Mayer wird voraussichtlich 18 % ihres Gewinnes nach dem 6. Jahr als Steuern abführen müssen. Berechnen Sie, wie viel von ihrem Gewinn übrig bliebe.

b) Wäre es für Frau Mayer günstiger, Bundesschatzbriefe vom Typ A zu kaufen? Wegen der jährlichen Zinsauszahlungen fallen für sie keine Steuern an. Begründen Sie Ihre Entscheidung durch eine Rechnung.

Pflichtaufgabe 2

Eine trigonometrische Funktion f der Form $y = f(x) = a \cdot \sin x$ hat den größten Funktionswert 2,5.

a) Geben Sie die Gleichung von f an und zeichnen Sie den Graphen mindestens im Intervall $-\pi \leq x \leq 2\pi$ in ein Koordinatensystem.

b) Geben Sie die kleinste Periode und die Nullstellen von f im gegebenen Intervall an.

c) Ermitteln Sie aus der grafischen Darstellung näherungsweise zwei Zahlen für x, deren Funktionswert jeweils –1 ist.

Pflichtaufgabe 3

Anne, Bert, Christiane und Dirk spielen oft das Brettspiel „Die Siedler von Catan“. Sie spielen mit zwei unterscheidbaren Würfeln.
Die Chancen für das Eintreten der Augenzahlen 1, 2, …, 6 sind für beide Würfel jeweils gleich.

a) Zu Beginn eines Spiels legen sie fest, wer mit welcher der Farben rot, orange, blau und grün spielt.
Wie viele verschiedene Möglichkeiten der Verteilung dieser Farben an die Spieler gibt es?

b) Beide Würfel werden einmal geworfen und die Augensumme ermittelt.
Geben Sie alle Möglichkeiten für die Augensumme an.

c) Bei der Augensumme „7“ kommt der Räuber zum Einsatz.
Berechnen Sie diese Wahrscheinlichkeit.

d) Geben Sie zwei Augensummen an, deren Eintreten gleich wahrscheinlich ist.

Pflichtaufgabe 4

Eine Pyramide mit quadratischer Grundfläche bildet den Haupteingang des Louvre in Paris.
Die Länge einer Grundkante dieser Pyramide wird mit 34,2 m und die Höhe der Pyramide mit 21,6 m angegeben.
Die Seitenflächen der Pyramide bestehen aus Spezialglas.

a) Berechnen Sie den Inhalt der gesamten Glasfläche der Pyramide.

b) Wie viel Tonnen Glas wurden verbaut, wenn dieses Spezialglas 20 mm stark ist und ein Kubikzentimeter eine Masse von 2,2 Gramm hat?

Pflichtaufgabe 5

Gegeben ist das Dreieck ABC mit A(1; 2), B(8; 4) und C(7; 8).

a) Zeichnen Sie das Dreieck ABC in ein rechtwinkliges Koordinatensystem.

b) Spiegeln Sie das Dreieck ABC an der Geraden durch A und C. Der Bildpunkt von B sei D.

c) Original- und Bilddreieck ergeben das Viereck ABCD.
- Begründen Sie, dass die Diagonalen des Vierecks ABCD senkrecht zueinander stehen.
- Formulieren Sie in Worten eine weitere Eigenschaft solcher Vierecke.

d) Geben Sie alle Vierecksarten an, für die gilt:
Die gegenüberliegenden Innenwinkel sind gleich groß und alle Seiten sind gleich lang.

Wahlaufgabe 1

Ein Werkzeug hat die in der Skizze dargestellte Form eines Prismas.

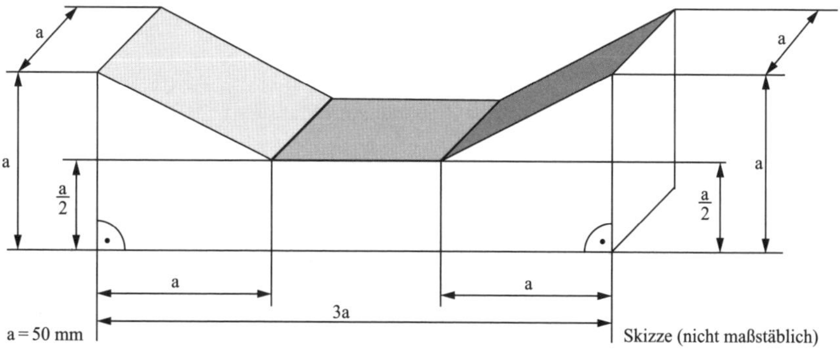

a) Berechnen Sie den Gesamtinhalt der grau gekennzeichneten Flächen.

b) Berechnen Sie das Volumen des Werkzeuges.

c) Geben Sie eine Formel für das Volumen dieses Werkzeuges in Abhängigkeit von a an. Vereinfachen Sie.

Wahlaufgabe 2

Die Mittelschule in Elsterberg führt einen Sporttag durch. Es werden die Wanderstrecken A und B in die nähere Umgebung festgelegt:

Wanderstrecke A
für die Klassenstufen 5 und 6:

Elsterberg – Rentzschmühle – Losa – Elsterberg

Wanderstrecke B
für die Klassenstufen 7 bis 10:

Elsterberg – Rentzschmühle – Losa – Brockau – Elsterberg

Jede Teilstrecke wird vereinfacht als geradlinig angenommen.

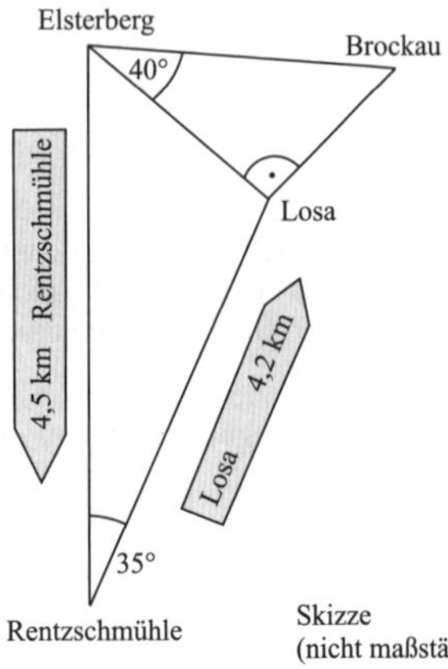

Skizze
(nicht maßstäblich)

a) Berechnen Sie die Länge der Wanderstrecke A.

b) Berechnen Sie die Länge der Wanderstrecke B.

c) Erstellen Sie zur gegebenen Skizze eine Zeichnung im Maßstab 1 : 50 000.

Wahlaufgabe 3

Eine Familie besitzt ein 2 016 Quadratmeter großes rechteckiges Grundstück.
Länge und Breite unterscheiden sich um 6 Meter.
Auf diesem Grundstück soll ein Wohnhaus (siehe Skizze), das 12 Meter lang und 8 Meter breit ist, errichtet werden.
Die schmale Seite des Hauses und die Straße sind parallel zueinander.
Der Abstand des Hauses zur Straße ist halb so groß wie zu den anderen drei Grundstücksgrenzen.

Skizze (nicht maßstäblich)

a) Berechnen Sie den Inhalt der Grundfläche des Hauses.

b) Berechnen Sie die Gesamtlänge der Grundstücksgrenzen.

c) Der Beitrag für den Anschluss des Grundstücks an das öffentliche Abwassernetz wird nach der Größe der bebauten und unbebauten Flächen berechnet.
Für die unbebaute Fläche sind 1,04 € je m^2 und für die bebaute Fläche 6,94 € je m^2 zu zahlen.
Berechnen Sie den Beitrag für den Anschluss an das Abwassernetz.

d) Zwischen Haus und Straße wird eine Abwasserleitung verlegt.
Für einen Meter Leitung sind 53,00 € zu zahlen.
Berechnen Sie die Kosten für die kürzeste Verbindung.

Teil B: aus Realschulabschluss Sachsen 2003

Lösungen

Teil A

1. Da BC und DE parallel zu einander liegen, sind die beiden Dreiecke ABC und ADE zueinander ähnlich.
   Gleich liegende Seiten bilden das gleiche Verhältnis.

$$\frac{\overline{DE}}{\overline{AD}} = \frac{\overline{BC}}{\overline{AB}} \qquad |\cdot \overline{AD}$$

$$\overline{DE} = \frac{\overline{BC}\cdot\overline{AD}}{\overline{AB}}$$

$$\overline{DE} = \frac{3\,\text{cm}\cdot \cancel{6}^{3}\,\text{cm}}{\cancel{4}_{2}\,\text{cm}}$$

$$\overline{DE} = \frac{9}{2}\,\text{cm}$$

$$\underline{\underline{\overline{DE} = 4{,}5\,\text{cm}}}$$

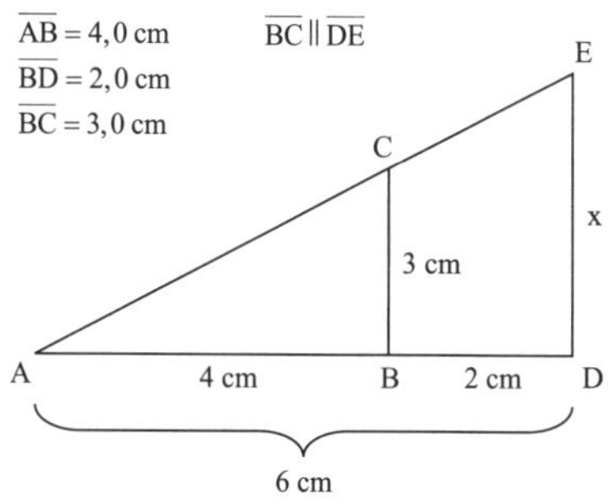

Skizze (nicht maßstäblich)

Lösungsweg mit zentrischer Streckung (ohne Verhältnisgleichung):
An den Strecken $\overline{AB}$ (4 cm) und $\overline{AD}$ (6 cm) sieht man:
Die Strecken im Dreieck ADE sind um die Hälfte länger als die Strecken im Dreieck ABC. Das entspricht dem Streckungsfaktor 1,5.

Die Strecke x ist also um die Hälfte länger als die Strecke $\overline{BC}$: $1{,}5\cdot 3\text{cm} = \underline{\underline{4{,}5\text{cm}}}$

2. Mögliche Ansichten der Körper:

dreiseitige Pyramide	Kreiskegel	Kugel	Kreiszylinder
Dreieck	Kreis, Dreieck	Kreis	Kreis, Rechteck

Nur der Kreiskegel kann aus verschiedenen Richtungen gesehen als Dreieck und als Kreis erscheinen.

☐ dreiseitige Pyramide ☒ Kreiskegel ☐ Kugel ☐ Kreiszylinder

3. $$\frac{{}^{1}\cancel{2}\,\cancel{18}\cdot\cancel{7}^{1}\cdot 13}{{}_{1}\cancel{2}\,\cancel{14}\cdot\cancel{9}_{1}} = \underline{\underline{13}}$$

4. Der Funktionsgraph ähnelt einer Parabel.
   → Die Funktion muss quadratisch sein.
   Schade – das sind alle drei.

   Die Parabel ist nach unten geöffnet.
   → Vor dem x^2 muss ein negativer Faktor stehen.
   → Nur die zweite und dritte Funktionsgleichung kommen noch in Frage.

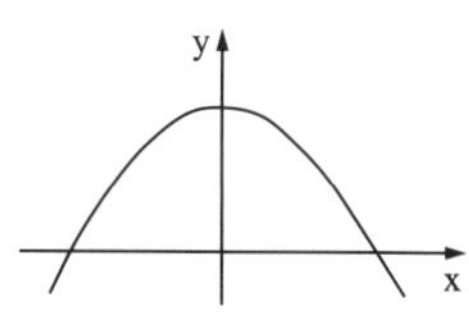

Die Parabel ist in nach oben verschoben.
→ Zu dem quadratischen Anteil muss eine (konstante) Zahl *addiert* werden.
→ Nur die dritte Funktionsgleichung kommt für die dargestellte Funktion in Frage.

$y = 2x^2 + 0{,}5$	$y = -2x^2 - 0{,}5$	$y = -2x^2 + 0{,}5$
☐	☐	☒

5. Es gilt: doppelte Geschwindigkeit → halbe Fahrzeit
Es liegt also eine indirekte (umgekehrte) Proportionalität vor.

Lösung mit Dreisatz:

$$\begin{aligned} &:3 \; \big(\quad 120 \;\hat{=}\; 2\,\text{Std} \quad \big)\cdot 3 \\ &\qquad\quad 40 \;\hat{=}\; 3\cdot 2\,\text{Std} \\ &\cdot 2 \; \big(\quad 80 \;\hat{=}\; \frac{3\cdot 2\,\text{Std}}{2} \quad \big):2 \\ &\qquad\quad 80 \;\hat{=}\; \underline{\underline{3\,\text{Std}}} \end{aligned}$$

Lösung mit Produktgleichung:

$$80\cdot x = 120\cdot 2 \quad |:80$$

$$x = \frac{120\cdot 2}{80}$$

$$\underline{\underline{x = 3}}$$

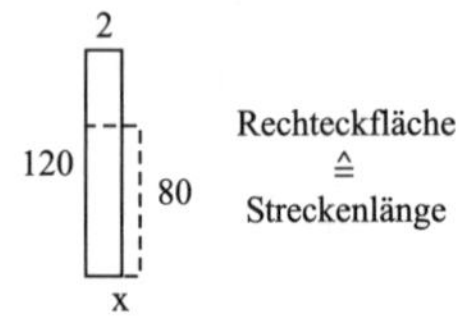

Lösung über die Gesamtgröße (Streckenlänge):
Wenn Max zwei Stunden lang mit $120\,\frac{\text{km}}{\text{h}}$ fährt, dann legt er $2\cdot 120 = 240$ Kilometer zurück. Wenn er nur $80\,\frac{\text{km}}{\text{h}}$ fährt, benötigt er $240:80 = 3$ Stunden.

6.

	wahr	falsch
Im Mai waren die Kosten am höchsten.	☐	☒
Mandy hat im zweiten Quartal weniger telefoniert oder zu einem günstigeren Tarif gewechselt.	☒	☐

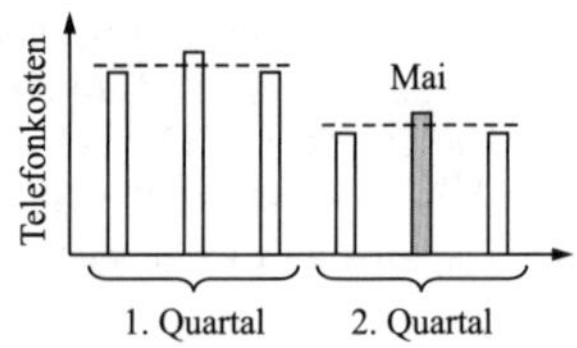

7. Die Figur 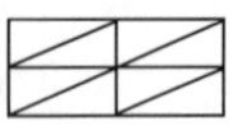 enthält 10 Dreiecke:

8 x  und 2 x 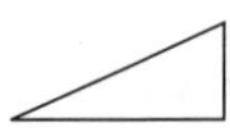

☐ 4 ☐ 9 ☒ 10 ☐ 11 ☐ 12

8. $4(a^2 - 2ab) - 3a(a - b) = 4a^2 - 8ab - 3a^2 + 3ab$
$= \underline{\underline{a^2 - 5ab}}$

9. $b^2 - 3a - (a - c) = (-2)^2 - 3\cdot 5 - (5 - (-1))$
$= 4 - 15 - (5 + 1)$
$= 4 - 15 - 6$
$= \underline{\underline{-17}}$

10. $\sphericalangle ACB = 90°$ (Satz des Thales)

$\beta = 180° - 90° - 37°$ (Summe der Innenwinkel im Dreieck ABC)

$\underline{\underline{\beta = 53°}}$

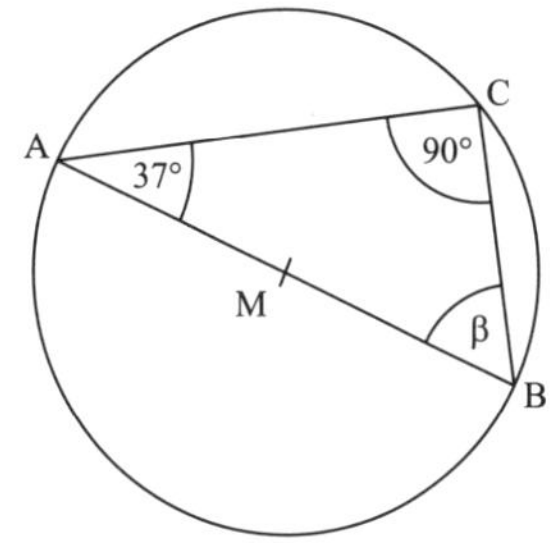

Skizze (nicht maßstäblich)

Teil B

Pflichtaufgabe 1

a) **Zinsen im 1. Jahr:**

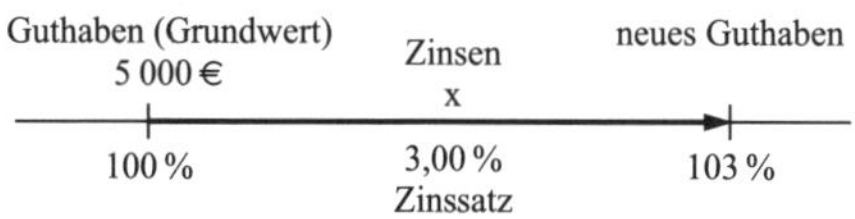

Lösung mit Dreisatz:

$$
\begin{aligned}
100\,\% &\mathrel{\hat{=}} 5\,000\,€ \qquad &&:100\\
1\,\% &\mathrel{\hat{=}} \frac{5\,000\,€}{100} &&\cdot 3{,}00\\
3{,}00\,\% &\mathrel{\hat{=}} \frac{3{,}00 \cdot 5\,000\,€}{100}\\
3{,}00\,\% &\mathrel{\hat{=}} \underline{150\,€}
\end{aligned}
$$

Lösung mit Verhältnisgleichung:

$$\frac{x}{3{,}00\,\%} = \frac{5\,000\,€}{100\,\%} \qquad |\cdot 3{,}00\,\%$$

$$x = \frac{3{,}00\,\% \cdot 5\,000\,€}{100\,\%}$$

$$\underline{x = 150\,€}$$

Lösung über Zinsformeln:

Kapital $K = 5\,000\,€$

Zinssatz $p\,\% = 3{,}00\,\%$

Zinsen $Z = \frac{K \cdot p}{100}$

$= \frac{5\,000\,€ \cdot 3{,}00}{100}$

$\underline{= 150\,€}$

Lösung über Dezimalbruch:

Zinssatz $p\,\% = 3{,}00\,\% = 0{,}03$

Zinsen $0{,}03 \cdot 5\,000\,€ = \underline{150\,€}$

Im ersten Jahr betragen die Zinsen 150 €.

Guthaben nach dem ersten Jahr:

$5\,000\,€ + 150\,€ = \underline{5\,150\,€}$

Hinweis:

Anstelle 3 % Zinsen zu berechnen und zum Guthaben zu addieren, kannst du auch 103 % berechnen und erhältst sofort das neue Guthaben.

Zinsen und Guthaben in den Folgejahren:

Beachte, dass du die Zinsen in jedem weiteren Jahr mit dem neuen Guthaben berechnen musst.

	Zinsen	Guthaben am Jahresende
2. Jahr	$\frac{3{,}13 \cdot 5\,150{,}00\ €}{100} = 161{,}20\ €$	$5\,150{,}00\ € + 161{,}20\ € = 5\,311{,}20\ €$
3. Jahr	$\frac{3{,}33 \cdot 5\,311{,}20\ €}{100} = 176{,}86\ €$	$5\,311{,}20\ € + 176{,}86\ € = 5\,488{,}06\ €$
4. Jahr	$\frac{3{,}56 \cdot 5\,488{,}06\ €}{100} = 195{,}37\ €$	$5\,488{,}06\ € + 195{,}37\ € = 5\,683{,}43\ €$
5. Jahr	$\frac{3{,}90 \cdot 5\,683{,}43\ €}{100} = 221{,}65\ €$	$5\,683{,}43\ € + 221{,}65\ € = 5\,905{,}08\ €$
6. Jahr	$\frac{4{,}08 \cdot 5\,905{,}08\ €}{100} = 240{,}93\ €$	$5\,905{,}08\ € + 240{,}93\ € = \underline{6\,146{,}01\ €}$

Nach dem 6. Jahr würde Frau Mayer 6 146,01 € erhalten.

Gewinn:
$6\,146{,}01\ € - 5\,000\ € = \underline{1\,146{,}01\ €}$

Gewinn nach Abzug der Steuern:

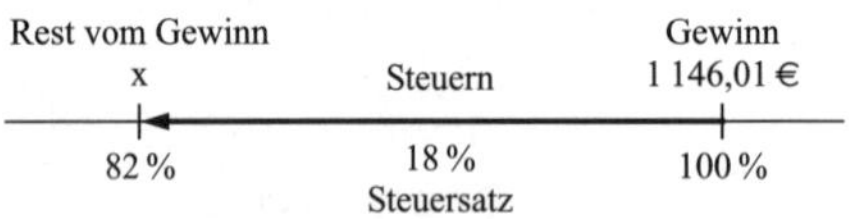

Vom Gewinn bleiben 82 % übrig.

$$\frac{82 \cdot 1\,146{,}01\ €}{100} = \underline{\underline{939{,}73\ €}}$$

Nach Abzug der Steuern bleiben vom Gewinn 939,73 € übrig.

Hinweis:
Du hättest auch die 18 % Steuern ausrechnen und vom Gewinn abziehen können.

b) **Zinsen und Guthaben bis zum 6. Jahr beim Bundesschatzbrief Typ A:**

Beim Bundesschatzbrief vom Typ A werden die Zinsen am Ende eines jeden Jahres ausgezahlt. Dadurch bleibt das Guthaben unverändert bei 5 000 €.

	Zinsen (werden ausgezahlt)	Guthaben am Jahresende
1. Jahr	$\frac{3{,}00 \cdot 5\,000\text{ €}}{100} = 150{,}00\text{ €}$	5 000 €
2. Jahr	$\frac{3{,}12 \cdot 5\,000\text{ €}}{100} = 156{,}00\text{ €}$	5 000 €
3. Jahr	$\frac{3{,}33 \cdot 5\,000\text{ €}}{100} = 166{,}50\text{ €}$	5 000 €
4. Jahr	$\frac{3{,}54 \cdot 5\,000\text{ €}}{100} = 177{,}00\text{ €}$	5 000 €
5. Jahr	$\frac{3{,}77 \cdot 5\,000\text{ €}}{100} = 188{,}50\text{ €}$	5 000 €
6. Jahr	$\frac{4{,}03 \cdot 5\,000\text{ €}}{100} = 201{,}50\text{ €}$	5 000 €
Summe	1 039,50 €	

Für Frau Mayer wäre es günstiger, Bundesschatzbriefe vom Typ A zu kaufen, da der Gewinn bei 1 039,50 € liegt. Das sind fast 100 € mehr als beim Typ B.

Pflichtaufgabe 2

a) Die Sinusfunktion liefert Werte im Bereich $-1 \leq y \leq 1$.
Durch die Multiplikation mit dem Faktor a wird daraus der Bereich $-a \leq y \leq a$ (falls $a > 0$ ist).

Die einfachste Möglichkeit, den größten Funktionswert 2,5 zu erreichen, ergibt sich mit $a = 2{,}5$. Die Funktionsgleichung lautet dann $y = f(x) = 2{,}5 \cdot \sin x$.

Lege eine Tabelle für die x- und y-Werte an. Wähle so viele x-Werte aus, dass du die Graphen gut zeichnen kannst, zum Beispiel in Einer-Schritten. Wähle auch solche x-Werte, die für die Sinusfunktion besonders bedeutsam sind, weil sie Nullstellen, Maxima oder Minima liefern.

x	−3	−2	−1	0	1	2	3	4	5	6
$y = 2{,}5 \cdot \sin x$	−0,35	−2,27	−2,10	0	2,10	2,27	0,35	−1,89	−2,40	−0,70

Besondere x-Stellen für Nullstellen, Maxima und Minima der Sinusfunktion:

x	$-\pi = -3{,}14$	$-\frac{\pi}{2} = -1{,}57$	0	$\frac{\pi}{2} = 1{,}57$	$\pi = 3{,}14$	$\frac{3\pi}{2} = 4{,}71$	$2\pi = 6{,}28$
y	0	−2,5	0	2,5	0	−2,5	0

Graph der Funktion:

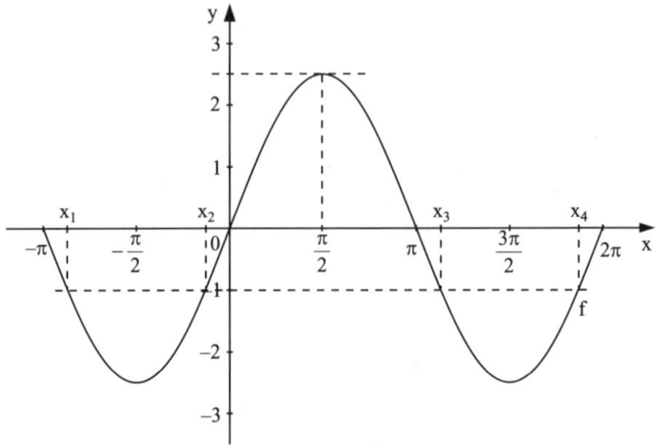

b) Die kleinste Periode der Funktion f beträgt 2π.
Im angegebenen Intervall hat die Funktion f die Nullstellen $-\pi$, 0, π und 2π.

c) Zeichne in das Koordinatensystem eine waagerechte Linie in der Höhe $y=-1$. Eventuell musst du noch für einige weitere x-Werte den Funktionswert berechnen.

x	−2,5	−0,5	3,5	5,5
$y=2{,}5\cdot\sin x$	−1,50	−1,20	−0,88	−1,76

Es genügt, aus der grafischen Darstellung zwei der folgenden vier Werte abzulesen:
$x_1 \approx -2{,}7$; $x_2 \approx -0{,}4$; $x_3 \approx 3{,}6$, $x_4 \approx 5{,}9$.

Hinweis:
Durch Spiegelung des Funktionsgraphen an der x-Achse ergibt sich noch eine weitere Funktion f_2 mit der Gleichung $y=f_2(x)=-2{,}5\cdot\sin x$.
Diese Funktion hat die gleiche kleinste Periode und die gleichen Nullstellen wie f.
Die Stellen, an denen der Funktionswert −1 ist, lauten $x_1 \approx 0{,}4$ und $x_2 \approx 2{,}7$.

Pflichtaufgabe 3

a) Wenn Anne sich als erste eine Farbe aussuchen kann, hat sie vier Möglichkeiten. Wie viele Möglichkeiten hat dann Bert und wie viele Christiane? Hat Dirk überhaupt noch eine Wahl?
Zeichne ein Baumdiagramm.

Das zugehörige Baumdiagramm sieht so aus:

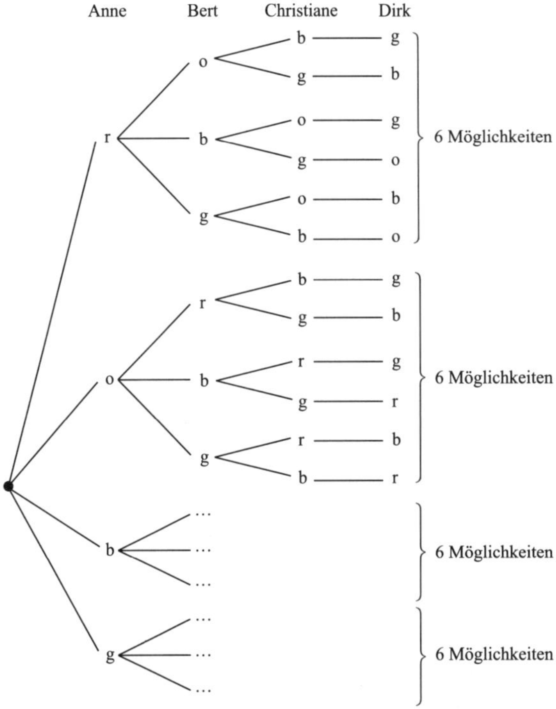

Insgesamt gibt es 24 verschiedene Möglichkeiten, die Farben an die Spieler zu verteilen.

b) *Lösungsweg 1:*
Erstelle eine Tabelle, die zu jeder Kombination der Würfel die Summe der Augenzahlen enthält.

Lösungsweg 2:
Überlege, welche kleinste und welche größte Augensumme mit zwei Würfeln erreicht werden kann. Prüfe, ob auch alle dazwischen liegenden Zahlen als Augensumme auftreten können.

Lösungsweg 1:

		Würfel 2					
		1	2	3	4	5	6
Würfel 1	1	2	3	4	5	6	7
	2	3	4	5	6	7	8
	3	4	5	6	7	8	9
	4	5	6	7	8	9	10
	5	6	7	8	9	10	11
	6	7	8	9	10	11	12

Bei zwei Würfeln sind als Augensumme alle (natürlichen) Zahlen von 2 bis 12 möglich.

Lösungsweg 2:

Die kleinste Augensumme ist 2 (1 + 1), die größte ist 12 (6 + 6).
Alle dazwischen liegenden Werte sind ebenfalls möglich, denn:

- Eine Eins auf dem ersten Würfel ergibt mit dem anderen Würfel zusammen die Summen 2 (1 + 1) bis 7 (1 + 6).
- Eine Sechs auf dem ersten Würfel ergibt mit dem anderen Würfel zusammen die Summen 7 (6 + 1) bis 12 (6 + 6).

c) Erstelle eine Tabelle, die zu jeder Kombination der Würfel die Summe der Augenzahlen enthält.
Ermittle, wie viele Fälle insgesamt auftreten können und in wie vielen Fällen die Augensumme 7 beträgt.

Die Tabelle steht im Aufgabenteil b bei *Lösungsweg 1*.

Wahrscheinlichkeit für die Augensumme 7:

$$P(7) = \frac{\text{Anzahl der günstigen Ergebnisse}}{\text{Anzahl aller möglichen Ergebnisse}} = \frac{6}{36} = \underline{\underline{\frac{1}{6}}} = \underline{\underline{0{,}167}} = \underline{\underline{16{,}7\ \%}}$$

d) Augensummen, die gleich häufig in der Tabelle vorkommen, haben die gleiche Wahrscheinlichkeit.

Die Augensummen 6 und 8 haben die gleiche Wahrscheinlichkeit $\left(\text{je } \frac{5}{36}\right)$.

Hinweis:
Die gleiche Wahrscheinlichkeit haben auch …

… die Augensummen 5 und 9 $\left(\text{je } \frac{4}{36}\right)$

… die Augensummen 4 und 10 $\left(\text{je } \frac{3}{36}\right)$

… die Augensummen 3 und 11 $\left(\text{je } \frac{2}{36}\right)$

… die Augensummen 2 und 12 $\left(\text{je } \frac{1}{36}\right)$

Pflichtaufgabe 4

a) Für die Mantelfläche einer Pyramide musst du zuerst die Höhe einer Seitenfläche berechnen.
Skizziere die Pyramide und hebe wichtige Strecken hervor (Grundkante, Körperhöhe, Höhe einer Seitenfläche).

Entdecke das rechtwinklige Dreieck, zu dem die Körperhöhe und die Höhe einer Seitenfläche gehören.

Bezeichne die Grundkante, die Körperhöhe und die Höhe einer Seitenfläche mit Variablen, damit du sie in Formeln einfacher verwenden kannst.

Höhe h_a einer Seitenfläche:

$$h_a^2 = h^2 + \left(\frac{a}{2}\right)^2 \quad \text{(Satz des Pythagoras)}$$

$$h_a = \sqrt{h^2 + \left(\frac{a}{2}\right)^2}$$

$$h_a = \sqrt{(21{,}6\ \text{m})^2 + \left(\frac{34{,}2\ \text{m}}{2}\right)^2}$$

$$\underline{h_a = 27{,}55\ \text{m}}$$

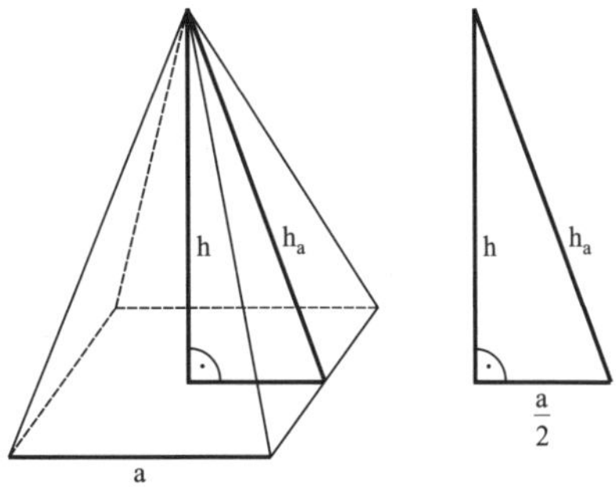

Skizzen (nicht maßstäblich)

Inhalt A_1 einer Seitenfläche:

$$A_1 = \frac{a \cdot h_a}{2}$$

$$A_1 = \frac{34{,}2\ \text{m} \cdot 27{,}55\ \text{m}}{2} = \underline{471{,}1\ \text{m}^2}$$

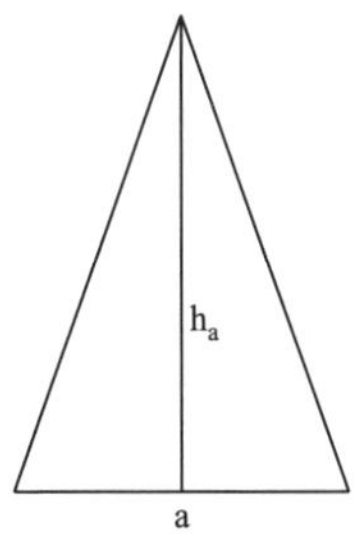

Skizze (nicht maßstäblich)

Inhalt A der gesamten Glasfläche:

$$A = 4 \cdot A_1$$

$$A = 4 \cdot 471{,}1\ \text{m}^2 = \underline{\underline{1\,884{,}4\ \text{m}^2}}$$

b) *Lösungsweg 1:*
Stell dir vor, dass die gesamte Glasfläche aus 1 884,4 Glasplatten mit je 1 m² Flächeninhalt zusammengesetzt ist.
Berechne das Volumen einer Glasplatte, dann ihre Masse und daraus die Masse aller Platten.

Volumen einer Glasplatte mit 1 m² Fläche:

$$V = A_G \cdot h \quad \text{(Volumen eines Prismas)}$$

$$V = 1\ \text{m}^2 \cdot 20\ \text{mm} \quad \left|\, 1\ \text{m}^2 = 10\,000\ \text{cm}^2;\ 20\ \text{mm} = 2\ \text{cm}\right.$$

$$V = 10\,000\ \text{cm}^2 \cdot 2\ \text{cm}$$

$$\underline{V = 20\,000\ \text{cm}^3}$$

Masse einer solchen Glasplatte:
$20\,000 \cdot 2{,}2\text{ g} = 44\,000\text{ g} = \underline{44\text{ kg}}$

Masse von 1 884,4 Glasplatten:
$1\,884{,}4 \cdot 44\text{ kg} = 82\,913{,}6\text{ kg} \approx \underline{\underline{82{,}9\text{ t}}}$

Es wurden ungefähr 82,9 t Glas verbaut.

Lösungsweg 2:
Stell dir vor, dass die vier Seitenflächen der Pyramide flach auf den Boden gelegt werden.

Es ergibt sich ein riesiges Prisma mit einer Grundfläche von 1 884,4 m² und einer Höhe von 20 mm.

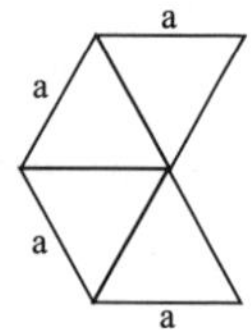

Skizze (nicht maßstäblich)

Volumen der Glasplatten:

$V = A_G \cdot h$	$A_G = 1\,884{,}4\text{ m}^2 = 18\,844\,000\text{ cm}^2$
$V = 18\,844\,000\text{ cm}^2 \cdot 2\text{ cm}$	$h = 20\text{ mm} = 2\text{ cm}$
$\underline{V = 37\,688\,000\text{ cm}^3}$	

Masse der Glasplatten:
$37\,688\,000 \cdot 2{,}2\text{ g} = 82\,913\,600\text{ g} = 82\,913{,}6\text{ kg} \approx \underline{\underline{82{,}9\text{ t}}}$

Es wurden ungefähr 82,9 t Glas verbaut.

Pflichtaufgabe 5

a)
b)

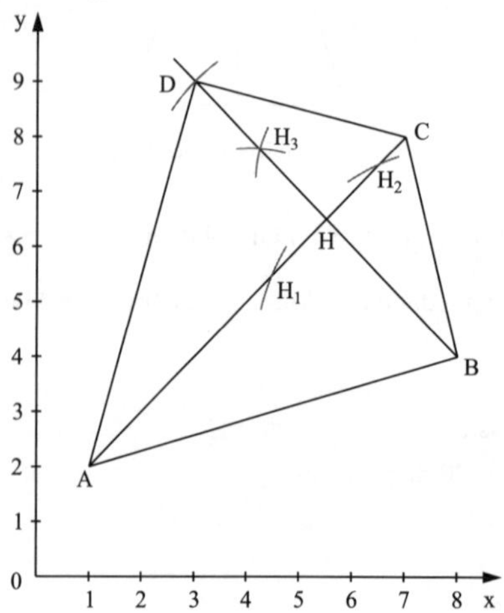

Ablauf:

1. Konstruiere das Lot vom Punkt B auf die Gerade AC. Dabei entstehen die Hilfspunkte H_1, H_2 und H_3. Der Fußpunkt des Lotes sei H.
2. Verlängere das Lot über den Punkt H hinaus und trage auf diesem Strahl von H aus die Entfernung $\overline{BH}$ ab. So erhältst du den Bildpunkt D.

c) Nutze zur Begründung:
- die Eigenschaften des Lotes oder
- die Eigenschaften einer Spiegelung.

Begründung:

Möglichkeit 1:

Die Strecke $\overline{BH}$ ist das Lot vom Punkt B aus auf die Gerade durch $\overline{AC}$. Da das Lot senkrecht auf der Geraden steht, stehen auch die Diagonalen $\overline{AC}$ und $\overline{BD}$ senkrecht zu einander.

Möglichkeit 2:

Der Punkt D ist der Bildpunkt von B bei der Spiegelung an der Geraden durch $\overline{AC}$. Bei einer Spiegelung an einer Geraden steht die Verbindungsstrecke von Original- und Bildpunkt immer senkrecht auf der Spiegelgerade.

Weitere Eigenschaften solcher Vierecke:

Leite aus der Symmetrie der Figur Aussagen über Seiten oder Winkel des Vierecks ab.

- Es gibt zwei Paare von benachbarten Seiten, die gleich lang sind (erstes Paar $\overline{AB}$ und $\overline{AD}$, zweites Paar $\overline{BC}$ und $\overline{CD}$).
- Das Viereck hat eine Symmetrieachse (hier AC).
- Die Diagonale, die die Symmetrieachse ist, halbiert die zugehörigen Innenwinkel des Vierecks ($\overline{AC}$ halbiert den Winkel BAD und den Winkel DCB).
- Die Diagonale, die die Symmetrieachse ist, halbiert die andere Diagonale ($\overline{AC}$ halbiert $\overline{BD}$).
- Es gibt ein Paar gegenüberliegender Innenwinkel, die gleich groß sind (die Winkel CBA und ADC sind gleich groß).

d) Diese Forderungen gelten nur für zwei Vierecksarten:
1. Rhombus (Raute)
2. Quadrat

Wahlaufgabe 1

a) Die graue Fläche besteht aus zwei schräg nach unten verlaufenden Rechtecken und einem horizontal verlaufenden Rechteck.
Von den schräg nach unten verlaufenden Rechtecken ist die vordere Kantenlänge noch nicht bekannt. Suche ein geeignetes rechtwinkliges Dreieck.

Länge ℓ der schräg verlaufenden Kante:

$$\ell^2 = (25\text{ mm})^2 + (50\text{ mm})^2 \quad |\sqrt{\ }$$

$$\ell = \sqrt{(25\text{ mm})^2 + (50\text{ mm})^2}$$

$$\underline{\ell = 56\text{ mm}}$$

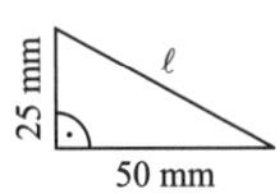

Flächeninhalt A_1 von einer schrägen Fläche:

$A_1 = 56\text{ mm} \cdot 50\text{ mm}$

$\underline{A_1 = 2\,800\text{ mm}^2}$

Flächeninhalt A_2 von der horizontalen Fläche:

$A_2 = 50\text{ mm} \cdot 50\text{ mm}$

$\underline{A_2 = 2\,500\text{ mm}^2}$

Flächeninhalt der grauen Fläche:

$2 \cdot A_1 + A_2 = 2 \cdot 2\,800\text{ mm}^2 + 2\,500\text{ mm}^2 = \underline{\underline{8\,100\text{ mm}^2}}$

b) Um das Volumen des Prismas mit der Formel $V = A_G \cdot h$ berechnen zu können, benötigst du den Flächeninhalt der Frontfläche, denn sie stellt die eigentliche Grundfläche des Prismas dar.
Zerlege die Frontfläche in Rechtecke und Trapeze oder rechtwinklige Dreiecke.

Flächeninhalt A_3 von einem Trapez:

$A_3 = \frac{1}{2} \cdot (50\text{ mm} + 25\text{ mm}) \cdot 50\text{ mm}$

$\underline{A_3 = 1\,875\text{ mm}^2}$

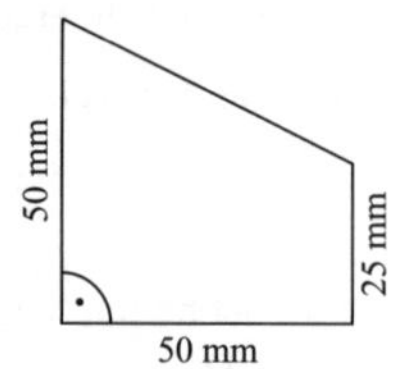

Skizze (nicht maßstäblich)

Flächeninhalt A_4 des Rechteckes:

$A_4 = 25\text{ mm} \cdot 50\text{ mm}$

$\underline{A_4 = 1\,250\text{ mm}^2}$

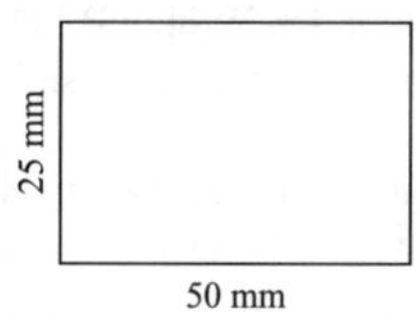

Skizze (nicht maßstäblich)

Flächeninhalt A_G der Frontfläche:

$A_G = 2 \cdot A_3 + A_4$

$A_G = 2 \cdot 1\,875\text{ mm}^2 + 1\,250\text{ mm}^2$

$\underline{A_G = 5\,000\text{ mm}^2}$

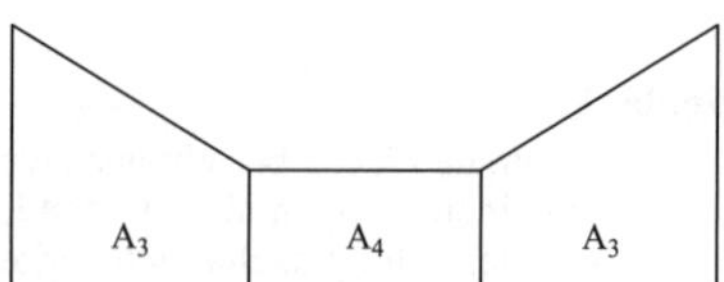

Skizze (nicht maßstäblich)

Volumen des Werkzeuges:

$V = A_G \cdot h$

$V = 5\,000\ \text{mm}^2 \cdot 50\ \text{mm}$

$V = 250\,000\ \text{mm}^3 \qquad |\,1\,000\ \text{mm}^3 = 1\ \text{cm}^3$

$\underline{\underline{V = 250\ \text{cm}^3}}$

Hinweis auf weitere Möglichkeiten der Zerlegung der Frontfläche:

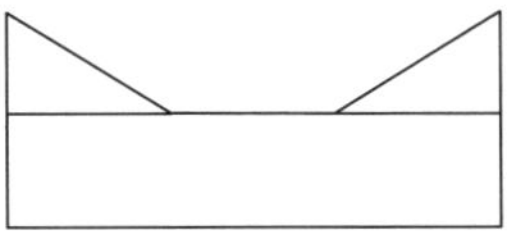

$A_G = A_{Rechteck} + 2 \cdot A_{Dreieck}$

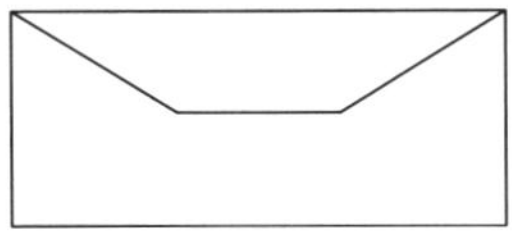

$A_G = A_{Rechteck} - A_{Trapez}$

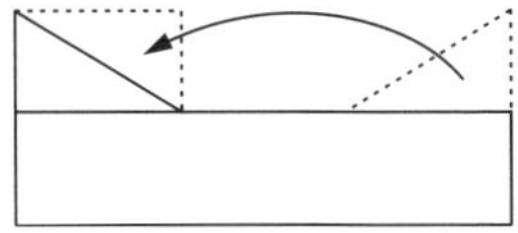

$A_G = A_{großes\ Rechteck} + A_{kleines\ Rechteck}$

c) =x 4x Verwende die Formeln aus dem Aufgabenteil b.
Ersetze dabei 50 mm immer durch die Variable a.

Flächeninhalt A_3 von einem Trapez:

$A_3 = \frac{1}{2} \cdot \left(a + \frac{a}{2} \right) \cdot a$

$A_3 = \frac{1}{2} \cdot \frac{3}{2} a \cdot a$

$\underline{A_3 = \frac{3}{4} a^2}$

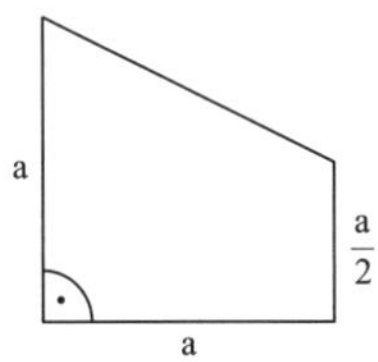

Skizze (nicht maßstäblich)

Flächeninhalt A_4 des Rechteckes:

$A_4 = \frac{a}{2} \cdot a$

$\underline{A_4 = \frac{1}{2} a^2}$

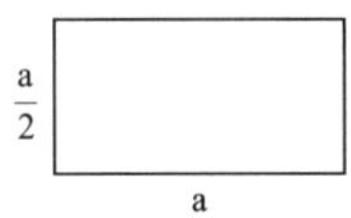

Skizze (nicht maßstäblich)

Flächeninhalt A_G der Frontfläche:

$A_G = 2 \cdot A_3 + A_4$

$A_G = 2 \cdot \frac{3}{4} a^2 + \frac{1}{2} a^2$

$A_G = \frac{3}{2} a^2 + \frac{1}{2} a^2$

$A_G = \frac{4}{2} a^2 = \underline{2a^2}$

Volumen des Werkzeuges:

$V = A_G \cdot h$

$V = 2a^2 \cdot a = \underline{\underline{2a^3}}$

Hinweis auf eine phantasievolle Lösung:

Diese Formel kannst du viel einfacher erhalten, wenn du das Prisma zerteilst und die Teile wie in der Abbildung zusammensetzt.
Es entsteht ein Quader mit den Kantenlängen a, a und 2a.

$V = a \cdot a \cdot 2a = \underline{\underline{2a^3}}$

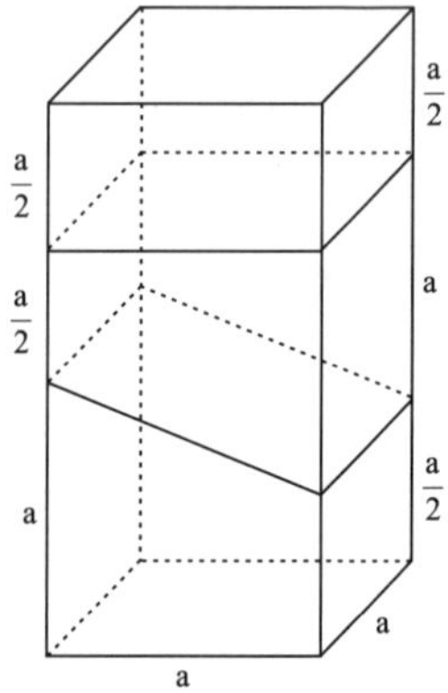

Skizze (nicht maßstäblich)

Wahlaufgabe 2

a) Das Dreieck ERL ist unregelmäßig. Suche im Tafelwerk eine Formel für allgemeine Dreiecke, in der nur die Dreiecksseiten und *genau ein* Winkel vorkommen. (Im Sinussatz kommen *zwei* Winkel vor).

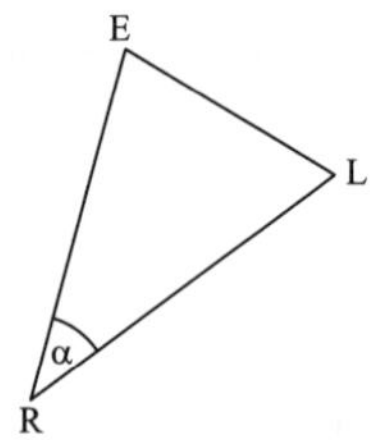

Skizze (nicht maßstäblich)

Entfernung $\overline{EL}$ (Elsterberg – Losa):

$\overline{EL}^2 = \overline{ER}^2 + \overline{LR}^2 - 2 \cdot \overline{ER} \cdot \overline{LR} \cdot \cos\alpha \qquad |\sqrt{} \quad \text{(Kosinussatz)}$

$\overline{EL} = \sqrt{\overline{ER}^2 + \overline{LR}^2 - 2 \cdot \overline{ER} \cdot \overline{LR} \cdot \cos\alpha}$

$\overline{EL} = \sqrt{(4{,}5\text{ km})^2 + (4{,}2\text{ km})^2 - 2 \cdot 4{,}5\text{ km} \cdot 4{,}2\text{ km} \cdot \cos 35°}$

$\underline{\overline{EL} = 2{,}6\text{ km}}$

Länge der Wanderstrecke A:

$4{,}5\text{ km} + 4{,}2\text{ km} + 2{,}6\text{ km} = \underline{\underline{11{,}3\text{ km}}}$

b) Das Dreieck ELB ist rechtwinklig. Verwende zur Berechnung der Strecken $\overline{BL}$ bzw. $\overline{BE}$ die Definition des Tangens bzw. des Kosinus im rechtwinkligen Dreieck.

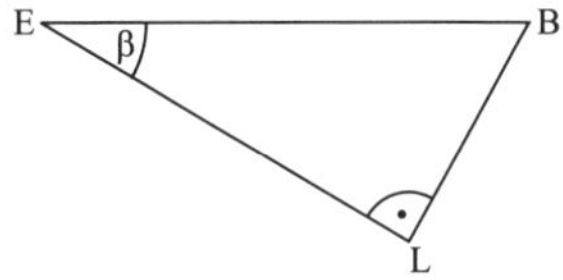

Skizze (nicht maßstäblich)

Entfernung $\overline{BL}$ (Brockau – Losa):

$$\frac{\overline{BL}}{\overline{EL}} = \tan\beta \qquad |\cdot \overline{EL}$$

$$\overline{BL} = \overline{EL}\cdot \tan\beta$$

$$\overline{BL} = 2{,}6\text{ km}\cdot \tan 40^\circ = \underline{2{,}2\text{ km}}$$

Entfernung $\overline{BE}$ (Brockau – Elsterberg):

$$\frac{\overline{EL}}{\overline{BE}} = \cos\beta \qquad |\cdot \overline{BE}$$

$$\overline{EL} = \overline{BE}\cdot \cos\beta \qquad |:\cos\beta$$

$$\frac{\overline{EL}}{\cos\beta} = \overline{BE}$$

$$\overline{BE} = \frac{2{,}6\text{ km}}{\cos 40^\circ} = \underline{3{,}4\text{ km}}$$

Gesamtlänge der Wanderstrecke B:

$$4{,}5\text{ km} + 4{,}2\text{ km} + 2{,}2\text{ km} + 3{,}4\text{ km} = \underline{\underline{14{,}3\text{ km}}}$$

c) Bei einem Maßstab von 1 : 50 000 erhältst du die Länge einer Strecke in der Zeichnung, indem du die Originallänge durch 50 000 teilst.

Längen der Strecken $\overline{ER}$ und $\overline{RL}$ im Bild:

$$\overline{ER} = 4{,}5\text{ km} : 50\,000 = 0{,}00009\text{ km} = 0{,}09\text{ m} = \underline{9\text{ cm}}$$

$$\overline{RL} = 4{,}2\text{ km} : 50\,000 = 0{,}000084\text{ km} = 0{,}084\text{ m} = \underline{8{,}4\text{ cm}}$$

Konstruktion des Dreiecks ERL:

- Strecke $\overline{ER} = 9$ cm, zeichnen
- im Punkt R den Winkel LRE = 35° antragen
- Kreisbogen um R mit Radius $\overline{RL} = 8,4$ cm schneidet den Strahl im Punkt L

Konstruktion des Dreiecks ELB:

- im Punkt E den Winkel LEB = 40° antragen
- im Punkt L den Winkel BLE = 90° antragen, beide Strahlen schneiden sich im Punkt B

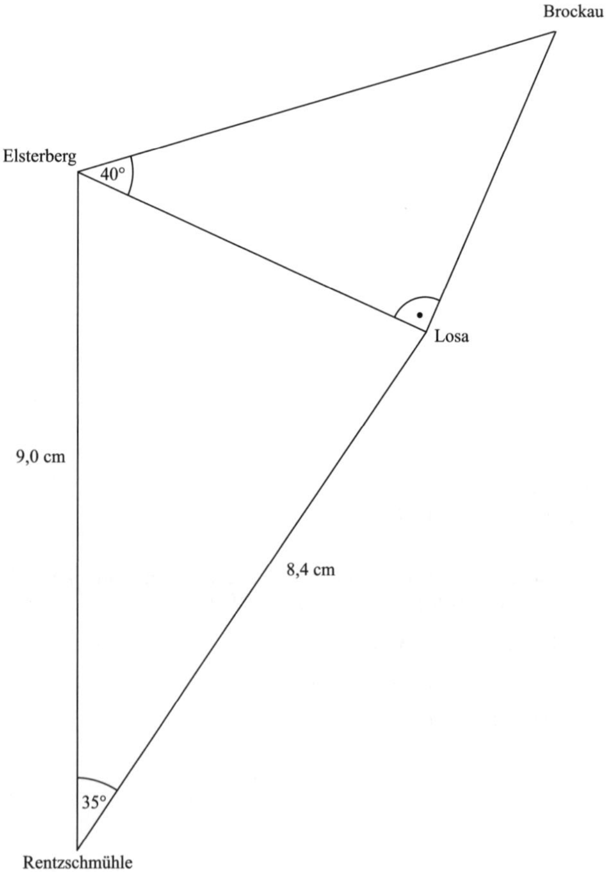

Wahlaufgabe 3

a) **Inhalt der Grundfläche des Hauses:**

$12\,\text{m} \cdot 8\,\text{m} = \underline{\underline{96\,\text{m}^2}}$

b) Bezeichne die kürzere Grundstücksseite mit x.
Bilde einen Term für die längere Grundstücksseite.
Stelle eine Gleichung auf, die den Flächeninhalt des Grundstücks ausdrückt.

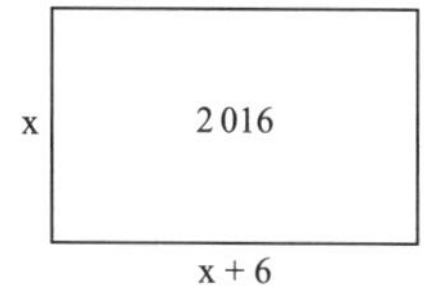

Skizze (nicht maßstäblich)

kürzere Grundstücksseite (in Meter): x

längere Grundstücksseite (in Meter): x + 6

Gleichung für den Flächeninhalt:

$$x \cdot (x+6) = 2\,016$$

$$x^2 + 6x = 2\,016 \qquad | -2\,016$$

$$x^2 + 6x - 2\,016 = 0$$

Du musst eine quadratische Gleichung der Form $x^2 + px + q = 0$ lösen.
Bestimme p und q und nutze die Lösungsformel für quadratische Gleichungen.

In diesem Fall ist $p = 6$ und $q = -2\,016$.

$$x_{1,2} = -\frac{p}{2} \pm \sqrt{\frac{p^2}{4} - q}$$

$$x_{1,2} = -\frac{6}{2} \pm \sqrt{\frac{6^2}{4} - (-2\,016)}$$

$$x_{1,2} = -3 \pm 45$$

$$\underline{\underline{x_1 = 42}} \qquad x_2 = -48 \text{ (entfällt)}$$

Die kürzere Seite ist 42 m lang.
Die andere Seite ist dann 48 m lang ($42 + 6 = 48$).

Probe: $42\,\text{m} \cdot 48\,\text{m} = 2\,016\,\text{m}^2$ stimmt

Gesamtlänge der Grundstücksgrenzen:

$2 \cdot (42\,\text{m} + 48\,\text{m}) = \underline{\underline{180\,\text{m}}}$

c) **bebaute Fläche (das Haus):** $\underline{96\,\text{m}^2}$

unbebaute Fläche (der Rest): $2\,016\,\text{m}^2 - 96\,\text{m}^2 = \underline{1\,920\,\text{m}^2}$

Kosten: $96 \cdot 6{,}94\,€ + 1\,920 \cdot 1{,}04\,€ = \underline{\underline{2\,663{,}04\,€}}$

Der Beitrag für den Anschluss an das Abwassernetz beträgt 2 663,04 €.

d) **Abstand x des Hauses von der Straße:**

Lösungsweg 1 (mit Gleichungen für die Grundstücksseiten):

Der Abstand zur Straße bezieht sich auf die anderen Abstände. Skizziere das Grundstück und trage alle bekannten Längen ein.

Bezeichne den Abstand zur Straße als Variable x. Bilde für jede Grundstücksseite eine Gleichung.

Da nicht angegeben ist, ob das Grundstück mit der kurzen oder langen Grundstücksseite parallel zur Straße liegt, musst du beide Fälle ausprobieren.

1. Fall (kurze Grundstücksseite parallel zur Straße):

Aus der Skizze ergeben sich zwei Gleichungen für x:

I $x + 12 + 2x = 48$

$3x + 12 = 48 \quad |-12$

$3x = 36 \quad |:3$

$\underline{x = 12}$

II $2x + 8 + 2x = 42$

$4x + 8 = 42 \quad |-8$

$4x = 34 \quad |:4$

$\underline{x = 8{,}5}$

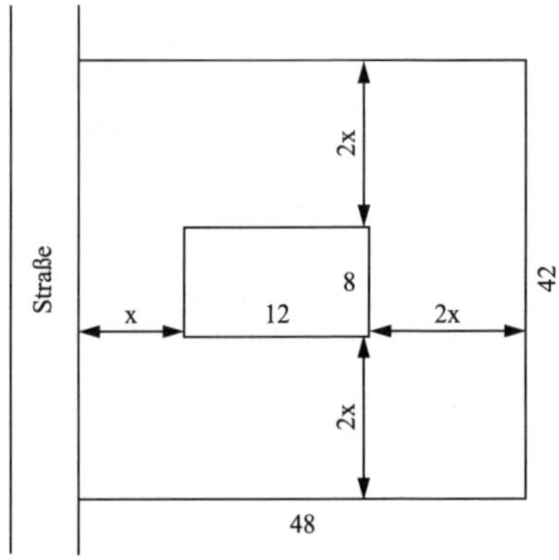

Skizze (nicht maßstäblich)

Die Entfernung zur Straße kann nicht gleichzeitig 12 m und 8,5 m sein.

Dieser Widerspruch bedeutet:
Bei dieser Lage des Grundstückes ist die Aufgabe nicht lösbar.

2. Fall (lange Grundstücksseite parallel zur Straße):

Aus der Skizze ergibt sich:

I $x + 12 + 2x = 42$

$3x + 12 = 42 \quad |-12$

$3x = 30 \quad |:3$

$\underline{x = 10}$

II $2x + 8 + 2x = 48$

$4x + 8 = 48 \quad |-8$

$4x = 40 \quad |:4$

$\underline{x = 10}$

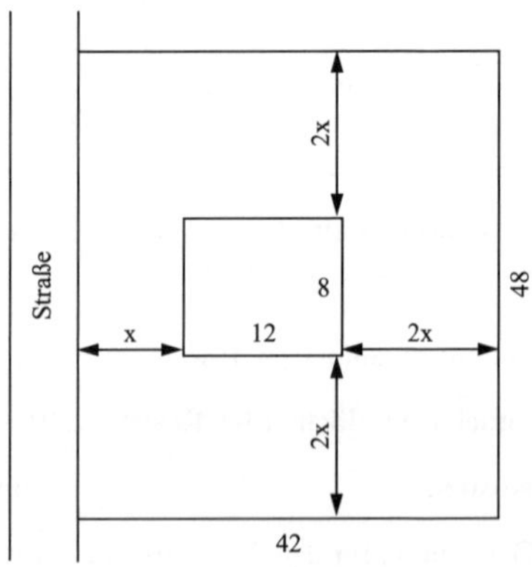

Skizze (nicht maßstäblich)

Beide Gleichungen ergeben übereinstimmend, dass der Abstand des Hauses von der Straße 10 m beträgt.

Kosten für die kürzeste Verbindung:

$10 \cdot 53{,}00\ € = \underline{\underline{530{,}00\ €}}$

Lösungsweg 2 (mit Gleichung für die Grundstücksfläche):

Der Abstand zur Straße bezieht sich auf die anderen Abstände.
Skizziere das Grundstück und trage alle bekannten Längen ein.

Bezeichne den Abstand zur Straße als Variable x.
Bilde für jede Grundstücksseite einen Term.
Bilde eine Gleichung für die Grundstücksfläche.

senkrecht zur Straße liegende
Grundstücksseite: $x+12+2x$
zusammengefasst $3x+12$

parallel zur Straße liegende
Grundstücksseite: $2x+8+2x$
zusammengefasst $4x+8$

Gleichung für den Flächeninhalt des Grundstücks:

$$(3x+12)\cdot(4x+8)=2\,016$$

$$12x^2+24x+48x+96=2\,016 \quad |-2\,016$$

$$12x^2+72x-1\,920=0 \quad |\text{ausklammern}$$

$$12\cdot(x^2+6x-160)=0 \quad |:12$$

$$x^2+6x-160=0$$

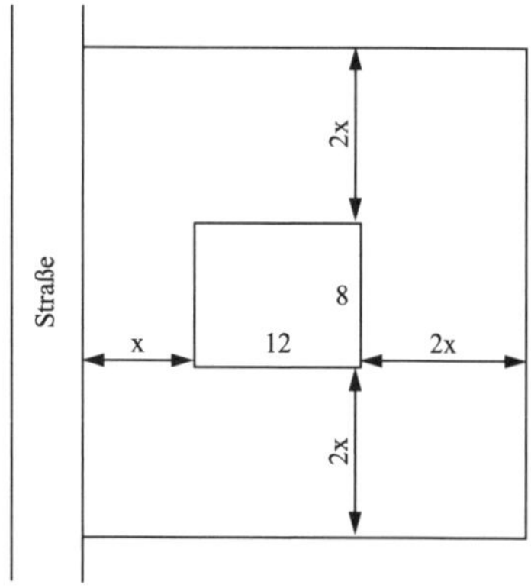

Skizze (nicht maßstäblich)

Du musst eine quadratische Gleichung der Form $x^2+px+q=0$ lösen.
Bestimme p und q und nutze die Lösungsformel für quadratische Gleichungen.

In diesem Fall ist $p=6$ und $q=-160$.

$$x_{1,2}=-\frac{p}{2}\pm\sqrt{\frac{p^2}{4}-q}$$

$$x_{1,2}=-\frac{6}{2}\pm\sqrt{\frac{6^2}{4}-(-160)}$$

$$x_{1,2}=-3\pm 13$$

$$\underline{\underline{x_1=10}} \qquad x_2=-16 \text{ (entfällt)}$$

Der Abstand des Hauses zur Straße beträgt 10 m.

Kosten für die kürzeste Verbindung:
$10\cdot 53{,}00\text{ €}=\underline{\underline{530{,}00\text{ €}}}$

Leerseiten verbilligen in diesem Fall die Herstellung des Buches!

Leerseiten verbilligen in diesem Fall die Herstellung des Buches!

Leerseiten verbilligen in diesem Fall die Herstellung des Buches!

Realschulabschluss 2008 Sachsen
Mathematik

Teil A (30 Minuten, ohne Taschenrechner und Formelsammlung)

1. Berechnen Sie.

   a) $5\frac{3}{4}\,\text{h} - 40\,\text{min} - 300\,\text{s} =$

   b) $17{,}4 \cdot 8 =$

   c) 75 % von 30 Liter sind

   d) $\left(\frac{2}{5} + \frac{3}{10}\right) \cdot \frac{5}{7} =$

2. Zwei gleich große Streichholzschachteln werden so aneinander gestellt, dass sich die folgende Ansicht von vorn ergibt. Skizzieren Sie die dazugehörige Ansicht von oben.

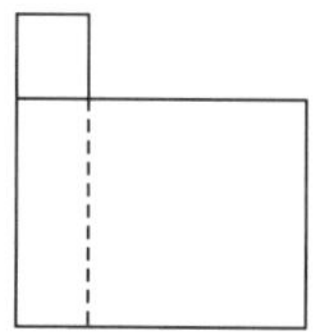

3. Jana kauft Tomaten zu 2,50 €, Brot für 1,50 € und drei Kiwis zu je 0,40 €. Sie bekommt für sechs Pfandflaschen je 25 Cent zurück.
   Wie viel Euro muss Jana noch bezahlen?

4. Begründen Sie, dass der Winkel β eine Größe von 30° haben muss.

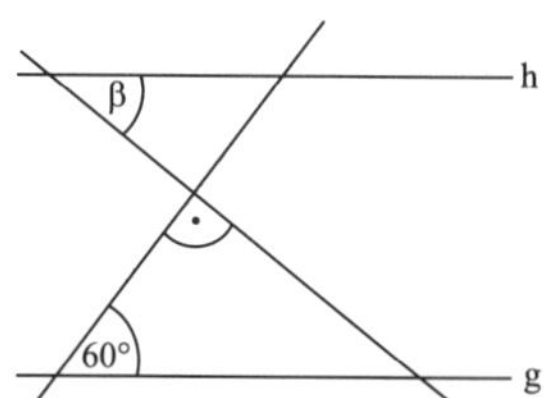

g∥h

Abbildung (nicht maßstäblich)

5. Auf einem Würfel mit der Kantenlänge 15 cm krabbelt ein Käfer von der Ecke A zur Ecke B entlang des in der Zeichnung markierten Weges.
   Wie lang ist der Weg? Kreuzen Sie an.

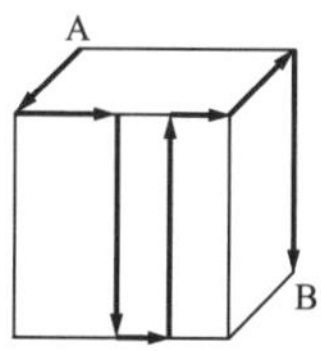

☐	☐	☐	☐
75 cm	90 cm	120 cm	kann nicht bestimmt werden

6. Geben Sie die passende Einheit an.

Volumen einer Streichholzschachtel	Masse eines Elefanten	Größe eines Menschen
12 _____	3,9 _____	182 _____

7. Tragen Sie einen Punkt D so ein, dass ein Trapez ABCD mit einem Flächeninhalt von 12 cm^2 entsteht (Längeneinheit im Koordinatensystem: 1 cm).

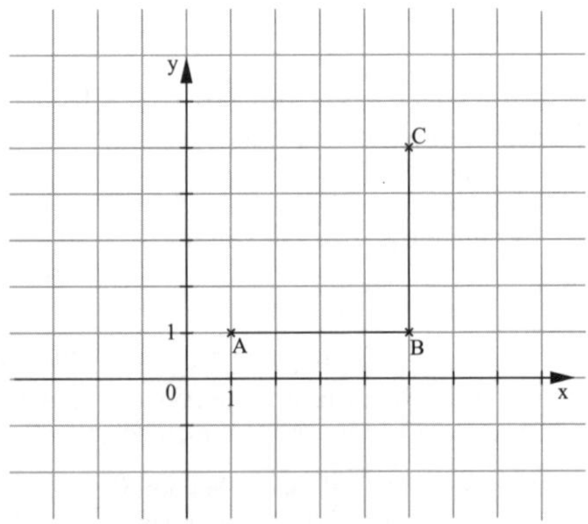

8. Skizzieren Sie das Netz eines quadratischen Pyramidenstumpfes.

Für Teil A erreichbare BE: 12

Pflichtaufgabe 1

Der 15-jährige Fritz möchte sein Zimmer neu einrichten. In einem Möbelhaus hat er sich zwei Schränke, einen Schreibtisch und ein Bett zu einem Endpreis von insgesamt 835,50 € ausgesucht. Das Möbelhaus bietet ihm einen Ratenkauf zu den folgenden Konditionen an.

Unsere Konditionen

- Zinsen auf den Endpreis mit einem Zinssatz von 4,75 % für ein Jahr
- Einmalige feste Bearbeitungsgebühr von 32,50 €
- Zahlungsdauer – ein Jahr in zwölf gleichen Monatsraten

a) Berechnen Sie, wie viel Euro Zinsen das Möbelhaus von Fritz verlangt.

b) Ermitteln Sie den Betrag einer monatlichen Rate entsprechend der Konditionen.

c) Um wie viel Prozent ist der Gesamtbetrag beim Ratenkauf gegenüber dem ursprünglichen Endpreis von 835,50 € gestiegen?

Für Pflichtaufgabe 1 erreichbare BE: 5

Pflichtaufgabe 2

Gegeben ist eine Funktion f mit der Gleichung $y = f(x) = (x-3)^2 - 2$.

a) Zeichnen Sie den Graphen der Funktion f mindestens im Intervall $0 \leq x \leq 6$ in ein Koordinatensystem.
Geben Sie die Koordinaten des Scheitelpunktes S an.

b) Prüfen Sie rechnerisch, ob $x = 4{,}5$ eine Nullstelle der Funktion f ist.

c) Berechnen Sie alle Argumente der Funktion f, für die der zugehörige Funktionswert gleich 2 ist.

Für Pflichtaufgabe 2 erreichbare BE: 7

Pflichtaufgabe 3

Die Abbildung zeigt den Ausschnitt eines Sägeblattes, wie es in Sägewerken verwendet wird. Die gleich großen Sägezähne sind einzeln mit dem Blatt verbunden.

a) Zeichnen Sie einen Sägezahn im Maßstab 3 : 1.

b) Berechnen Sie die Länge der Verbindung für einen Sägezahn.

c) Wie viele Sägezähne sind auf einem Blatt von 1,14 m Länge vorhanden, wenn sie lückenlos nebeneinander angebracht sind?

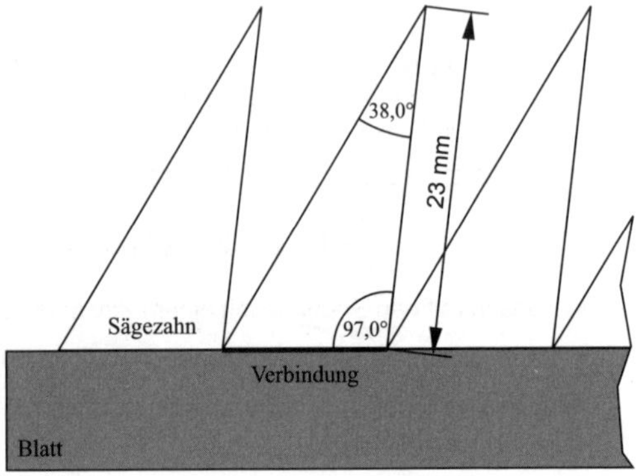

Abbildung (nicht maßstäblich)

Für Pflichtaufgabe 3 erreichbare BE: 6

Pflichtaufgabe 4

Aus fünf Karten mit Bildern von Flächen und Körpern werden verdeckt nacheinander zwei Karten gezogen. Es interessiert, welches Bild auf der ersten Karte und welches auf der zweiten Karte zu sehen ist.

Für die Versuchsdurchführung werden zwei Varianten (I) und (II) vereinbart.

(I) Die zuerst gezogene Karte wird vor der Ziehung der zweiten Karte wieder zurückgelegt. Vor der Ziehung der zweiten Karte werden die Karten gemischt. Die Ergebnismenge des Zufallsexperiments sei S_1.

(II) Die zuerst gezogene Karte wird vor der Ziehung der zweiten Karte nicht wieder zurückgelegt. Die Ergebnismenge des Zufallsexperiments sei S_2.

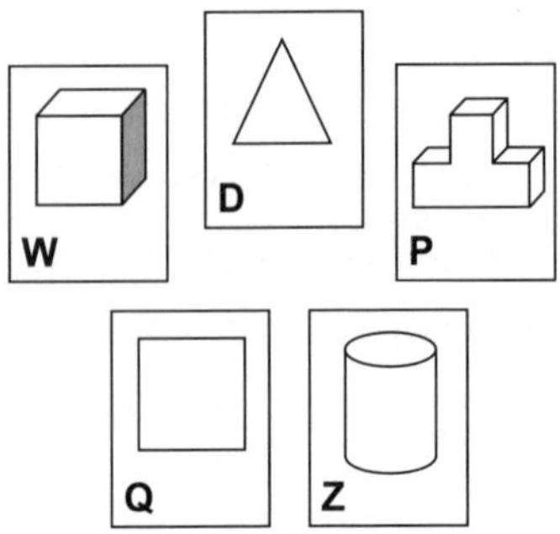

a) Wie viele Ergebnisse enthält die Ergebnismenge S_1 und wie viele S_2?

b) Geben Sie ein Ergebnis von S_1 an, das nicht in S_2 enthalten ist.

c) Gegeben ist bei der Versuchsdurchführung (II) das Ereignis E.
E: „Auf beiden Karten sind entweder nur Flächen oder nur Körper abgebildet.“

– Geben Sie alle Ergebnisse an, die zum Ereignis E gehören.
– Berechnen Sie die Wahrscheinlichkeit von E.

Für Pflichtaufgabe 4 erreichbare BE: 5

Pflichtaufgabe 5

Gegeben ist ein Parallelogramm ABCD mit $\overline{AB} = 6{,}0\,\text{cm}$; $h_{\overline{AB}} = 3{,}2\,\text{cm}$ und $\measuredangle\, BAD = 70{,}0°$.

a) Konstruieren Sie das Parallelogramm ABCD.

b) Berechnen Sie den Flächeninhalt des Parallelogramms ABCD.

c) – Zeichnen Sie das Bild $A_1B_1C_1D_1$ des Parallelogramms ABCD bei der Verschiebung $\overrightarrow{AD}$.
– Durch die Punkte ABC_1D_1 wird ein weiteres Viereck bestimmt.
Berechnen Sie den Umfang des Vierecks ABC_1D_1.

Für Pflichtaufgabe 5 erreichbare BE: 7

Wahlaufgabe 1

Um den Standort von einem Handy festzustellen, wird es von zwei Funktürmen A und B aus angepeilt (siehe Abbildung).

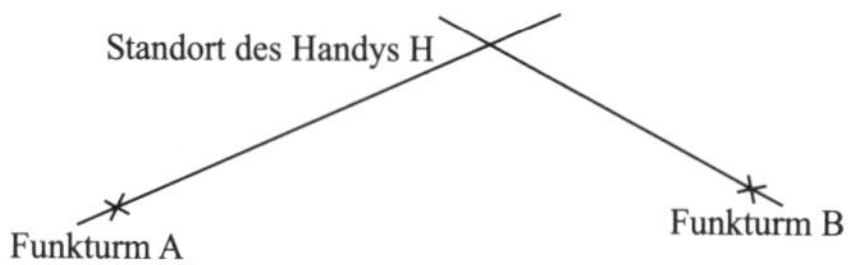

Abbildung (nicht maßstäblich)

Dieser Sachverhalt kann vereinfacht in ein Koordinatensystem übertragen werden. Die Peilung vom Punkt A aus verläuft auf einer Geraden mit der Gleichung $y = 2{,}5x + 3$ und die Peilung vom Punkt B aus verläuft auf einer Geraden mit der Gleichung $y = -1{,}5x + 11$.
Der Schnittpunkt der beiden Geraden ist der Standort H des Handys.

a) Stellen Sie die beiden Geraden in einem Koordinatensystem dar und geben Sie die Koordinaten des Standortes H an.

b) Berechnen Sie die Koordinaten des Standortes H.

c) Die Punkte A und B haben die Koordinaten A(–2; –2) und B(6; 2) im Koordinatensystem.
– Zeichnen Sie durch A und B eine Gerade und ermitteln Sie die zugehörige Gleichung.
– Berechnen Sie den Abstand der Funktürme A und B voneinander, wenn eine Einheit im Koordinatensystem fünf Kilometern in der Natur entspricht.

Für Wahlaufgabe 1 erreichbare BE: 8

Wahlaufgabe 2

Franz setzt aus acht jeweils 400 mm langen geraden Stäben eine gerade quadratische Pyramide zusammen, um so ein Modell der Cheops-Pyramide für den Geschichtsunterricht herzustellen (siehe Abbildung).

Die Enden der jeweils an den Ecken bzw. an der Spitze zusammenlaufenden Stäbe berühren sich. Bei den folgenden Berechnungen wird die Dicke der Stäbe nicht berücksichtigt.

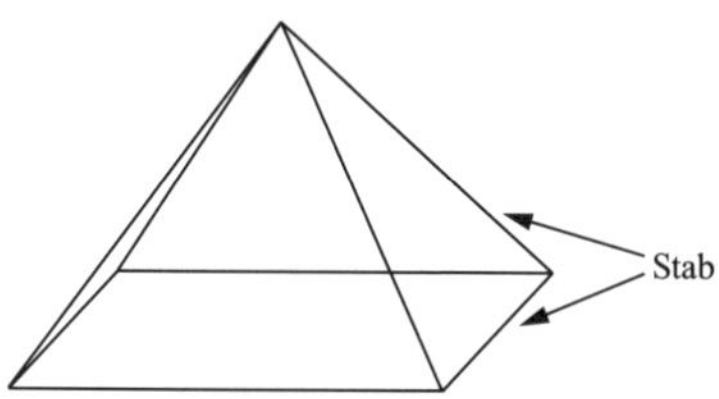

Abbildung (nicht maßstäblich)

a) Berechnen Sie die Länge einer Diagonale der Grundfläche des Pyramidenmodells.

b) Berechnen Sie die Höhe des Modells.

c) Bei der Cheops-Pyramide wird die Neigung einer Seitenfläche zur Grundfläche mit einer Winkelgröße von 51,7° angegeben.
Berechnen Sie, um wie viel Grad die entsprechende Neigung im Modell gegenüber der angegebenen Neigung im Original abweicht.

d) Franz möchte für sein Modell die Seitenflächen herstellen. Jede Seitenfläche soll aus einem Stück bestehen. Er hat einen rechteckigen Pappstreifen von 36 cm Breite und 110 cm Länge zur Verfügung.
Reicht dieser Streifen für das Vorhaben von Franz aus?
Begründen Sie Ihre Entscheidung.

Für Wahlaufgabe 2 erreichbare BE: 8

Wahlaufgabe 3

Die Theke eines Messestandes wird aus fünf gleich großen Schränken zusammengestellt (siehe Abbildung). Jeder Schrank ist jeweils 80 cm breit, 30 cm tief und 130 cm hoch. Um die entstandenen drei gleich großen Lücken auf der Theke zu schließen, müssen vom Tischler dreieckige Platten angefertigt werden.

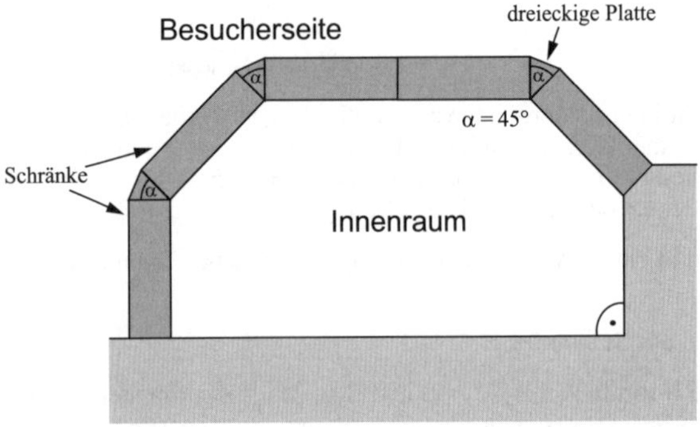

Abbildung (nicht maßstäblich)

a) Berechnen Sie die fehlende Seitenlänge der dreieckigen Deckfläche einer Platte.

b) An der Besucherseite soll über die gesamte Höhe und die gesamte Länge der Theke eine durchgehende Werbeplane gespannt werden. Ein Versandhandel bietet Werbeplanen in den nebenstehenden Größen an.
Berechnen Sie den zu zahlenden Betrag für die am besten geeignete Plane.

Werbeplanen
Aktions-Wochen 2008

400 x 100 cm	€ 74,90
400 x 130 cm	€ 99,90
500 x 100 cm	€ 119,90
500 x 130 cm	€ 139,90
600 x 100 cm	€ 154,90
600 x 130 cm	€ 179,90

- alle Preise sind Nettopreise
- 19 % Mehrwertsteuer auf Nettopreise

c) Im Innenraum des Messestandes soll der Fußboden mit Laminat ausgelegt werden.
Berechnen Sie den Flächeninhalt des Fußbodens.

Für Wahlaufgabe 3 erreichbare BE: 8

Lösungen

Teil A

1. a) Rechne die Dreiviertelstunde und die 300 Sekunden in Minuten um.

$$5\frac{3}{4}\text{ h} = 5\text{h } 45\text{ min}, \quad 300\text{ s} = 5\text{ min}, \quad 5\text{ h } 45\text{ min} - 40\text{ min} - 5\text{ min} = \underline{\underline{5\text{ h}}}$$

b) Multipliziere zuerst ohne das Komma zu beachten. Das Ergebnis muss so viele Nachkommastellen haben wie beide Faktoren zusammen (hier: 1).

$$17{,}4 \cdot 8 = \underline{\underline{139{,}2}}$$

c) Gib 75 % als Bruch an (bequemer Prozentsatz).

$$75\,\% = \frac{3}{4}, \quad \frac{3}{4} \cdot 30 = \frac{90}{4} = \underline{\underline{22{,}5}}$$

75 % von 30 Liter sind 22,5 Liter.

d) Mache die Brüche in der Klammer gleichnamig, damit du sie addieren kannst. Kürze vor dem Multiplizieren.

$$\left(\frac{2}{5} + \frac{3}{10}\right) \cdot \frac{5}{7} = \left(\frac{4}{10} + \frac{3}{10}\right) \cdot \frac{5}{7} = \frac{{}^{1}\cancel{7}}{{}_{2}\cancel{10}} \cdot \frac{\cancel{5}^{1}}{\cancel{7}_{1}} = \underline{\underline{\frac{1}{2}}}$$

2. Die gestrichelte Linie zeigt, dass die aufrecht stehende Schachtel sich hinten befindet. Möglicherweise hilft es dir, wenn du zuerst ein Schrägbild zeichnest (oder dir vorstellst).

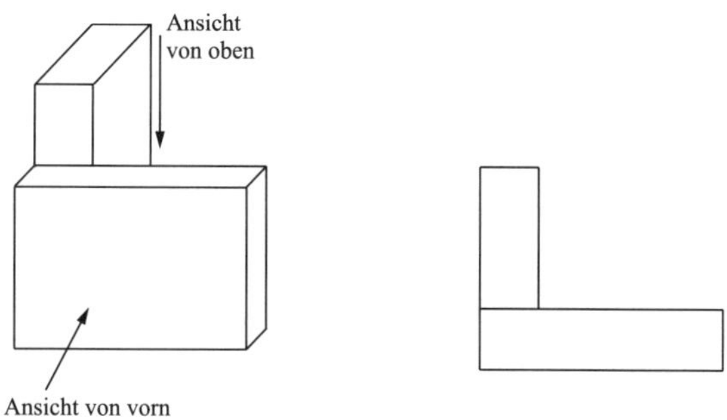

Schrägbild (ohne verdeckte Kanten) Ansicht von oben

Skizzen (nicht maßstäblich)

3. 3 Kiwis: $3 \cdot 0{,}40\text{ €} = 1{,}20\text{ €}$
Pfand: $6 \cdot 0{,}25\text{ €} = 1{,}50\text{ €}$

Tomaten + Brot + Kiwis – Pfand:
$2{,}50\text{ €} + 1{,}50\text{ €} + 1{,}20\text{ €} - 1{,}50\text{ €} = \underline{\underline{3{,}70\text{ €}}}$

Jana muss noch 3,70 € zahlen.

4. Bezeichne alle relevanten Winkel mit Buchstaben.
Nutze die Beziehungen zwischen Winkeln an geschnittenen Parallelen.

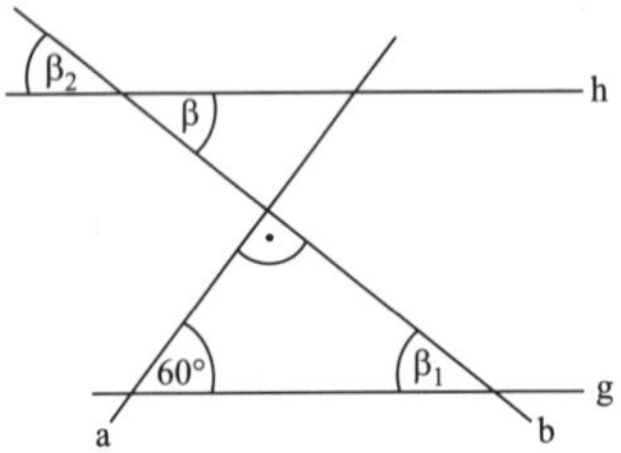

Skizze (nicht maßstäblich)

1. $\beta_1 = 180° - 60° - 90°$ Die Summe der Innenwinkel im Dreieck beträgt 180°.
$\beta_1 = 30°$
2. $\beta = \beta_1$ Wechselwinkel an geschnittenen Parallelen sind gleich groß.
$\beta = 30°$

Alternative Lösungsmöglichkeit:
Falls dir die Bezeichnung „Wechselwinkel" nicht einfällt, kannst du auch Stufenwinkel und Scheitelwinkel verwenden:

2. $\beta_2 = \beta_1$ Stufenwinkel an geschnittenen Parallelen sind gleich groß.
$\beta_2 = 30°$
3. $\beta = \beta_2$ Scheitelwinkel sind gleich groß.
$\beta = 30°$

5. Überlege wie lang die drei kurzen Strecken a, b und c zusammen sind.

Die drei kurzen Strecken sind zusammen genau so lang wie eine Kante.

$a + b + c = 15$ cm

Die anderen fünf Strecken sind jeweils genau so lang wie eine Kante. Der Gesamtweg ist also sechs mal so lang wie die Kantenlänge des Würfels.

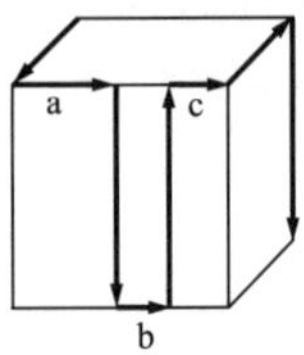

Gesamtlänge des Weges: $6 \cdot 15 \text{ cm} = \underline{\underline{90 \text{ cm}}}$

6. Volumen einer Streichholzschachtel: 12 cm^3
Masse eines Elefanten: 3,9 t
Größe eines Menschen: 182 cm

7. Wenn die Strecke $\overline{AB}$ als Grundseite des Trapezes verwendet wird, dann muss die Seite $\overline{CD}$ parallel zu ihr verlaufen.

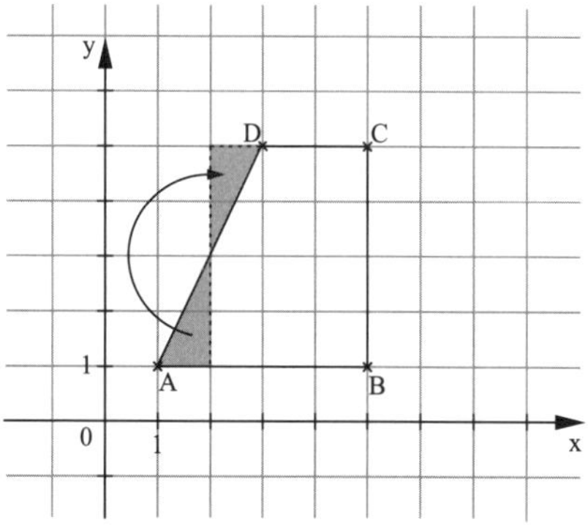

Wenn das untere graue Dreieck abgeschnitten und oben angelegt wird, dann sieht man, dass der Flächeninhalt 12 cm^2 beträgt.

Alternative Lösungsmöglichkeit:

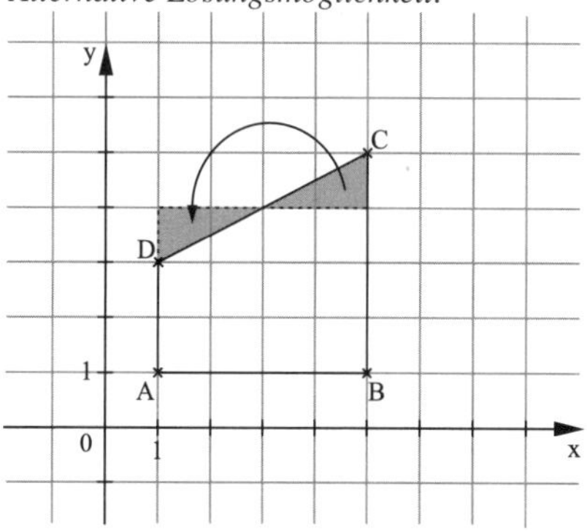

Der Punkt D kann auch die Koordinaten (1; 3) haben. Dann sind die Seiten $\overline{BC}$ und $\overline{AD}$ parallel zueinander. Der Flächeninhalt beträgt ebenfalls 12 cm^2.

8. Grundfläche und Deckfläche eines quadratischen Pyramidenstumpfes sind Quadrate. Die Seitenflächen sind gleichschenklige Trapeze.

Netz:

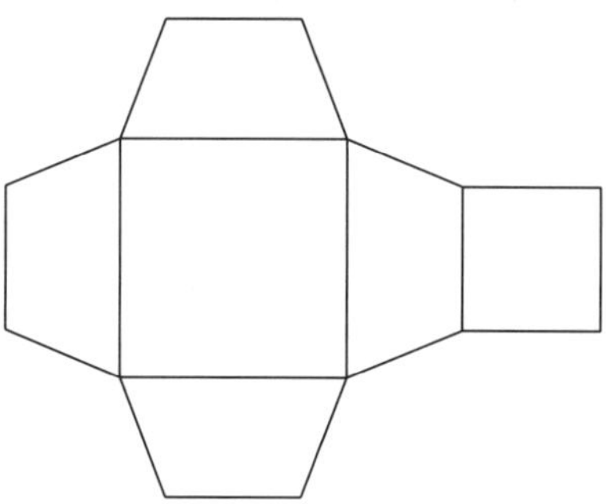

Pflichtaufgabe 1

a) **Zinsen auf den Endpreis:**

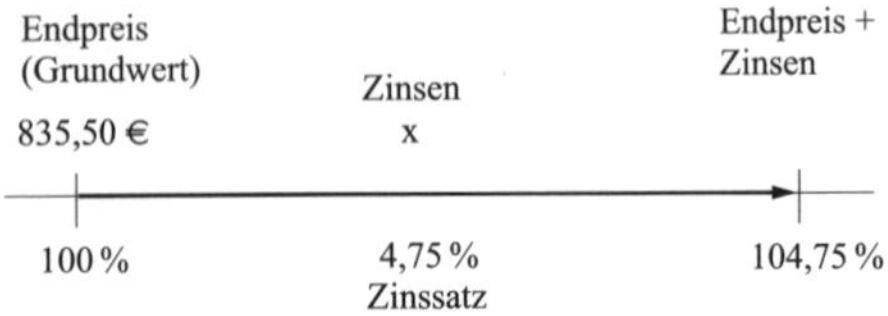

Lösung mit Dreisatz:

$$\begin{aligned} &:100 \quad & 100\ \% &\mathrel{\hat{=}} 835{,}50\ € &\quad :100 \\ &\cdot 4{,}75 \quad & 1\ \% &\mathrel{\hat{=}} \frac{835{,}50\ €}{100} &\quad \cdot 4{,}75 \\ && 4{,}75\ \% &\mathrel{\hat{=}} \frac{4{,}75 \cdot 835{,}50\ €}{100} \\ && 4{,}75\ \% &\mathrel{\hat{=}} \underline{\underline{39{,}69\ €}} \end{aligned}$$

Lösung mit Verhältnisgleichung:

$$\frac{x}{4{,}75\ \%} = \frac{835{,}50\ €}{100\ \%} \quad |\cdot 4{,}75\ \%$$

$$x = \frac{4{,}75\ \% \cdot 835{,}50\ €}{100\ \%}$$

$$x = \underline{\underline{39{,}69\ €}}$$

Lösung mit Zinsformeln:

Kapital: $K = 835{,}50\ €$

Zinssatz: $p\ \% = 4{,}75\ \%$

Zinsen: $Z = \frac{K \cdot p}{100} = \frac{835{,}50\ € \cdot 4{,}75}{100} = \underline{\underline{39{,}69\ €}}$

Lösung mit Dezimalbruch:

Zinssatz: $p\ \% = 4{,}75\ \% = 0{,}0475$

Zinsen: $0{,}0475 \cdot 835{,}50\ € = \underline{\underline{39{,}69\ €}}$

Das Möbelhaus verlangt 39,69 € Zinsen.

b) Beachte die einmalig zu zahlende Bearbeitungsgebühr.

Gesamtbetrag (Endpreis + Zinsen + Bearbeitungsgebühr):

$835{,}50\ € + 39{,}69\ € + 32{,}50\ € = \underline{907{,}69\ €}$

monatliche Rate:

$907{,}69\ € : 12 = \underline{\underline{75{,}64\ €}}$

Die monatliche Rate beträgt 75,64 €.

c) **Prozentualer Anstieg des Gesamtbetrags beim Ratenkauf:**

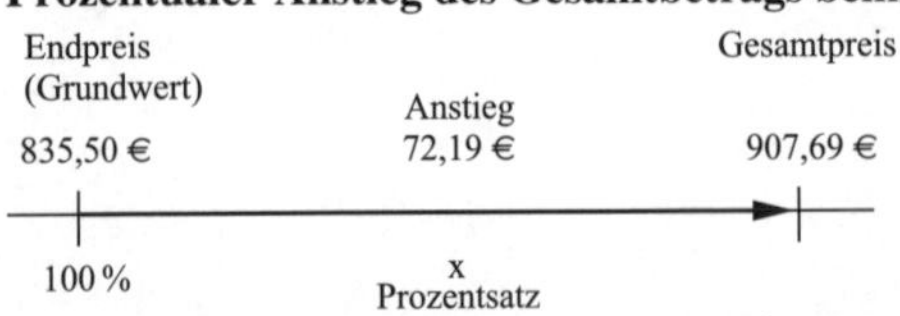

Lösung mit Dreisatz:

$$\begin{aligned} &: 835{,}50 \quad 835{,}50\,€ \mathrel{\hat{=}} 100\,\% \quad : 835{,}50 \\ &\cdot 72{,}19 \quad 1\,€ \mathrel{\hat{=}} \frac{100\,\%}{835{,}50} \quad \cdot 72{,}19 \\ &72{,}19\,€ \mathrel{\hat{=}} \frac{72{,}19 \cdot 100\,\%}{835{,}50} \\ &72{,}19\,€ \mathrel{\hat{=}} \underline{\underline{8{,}64\,\%}} \end{aligned}$$

Lösung mit Verhältnisgleichung:

$$\frac{x}{72{,}19\,€} = \frac{100\,\%}{835{,}50\,€} \quad |\cdot 72{,}19\,€$$

$$x = \frac{72{,}19\,€ \cdot 100\,\%}{835{,}50\,€}$$

$$x = \underline{\underline{8{,}64\,\%}}$$

Lösung mit Prozentformeln:

Grundwert: $G = 835{,}50\,€$

Prozentwert: $W = 72{,}19\,€$

Prozentsatz: $p\,\% = \frac{W \cdot 100\,\%}{G} = \frac{72{,}19\,€ \cdot 100\,\%}{835{,}50\,€} = \underline{\underline{8{,}64\,\%}}$

Lösung mit Dezimalbruch:

Prozentsatz: $\frac{72{,}19\,€}{835{,}50\,€} = 0{,}0864 = \underline{\underline{8{,}64\,\%}}$

Beim Ratenkauf ist der Gesamtbetrag um 8,64 % höher als der ursprüngliche Endpreis.

Hinweis:
Bei einer monatlichen Rate von 75,64 € zahlt Fritz in 12 Monaten nur $12 \cdot 75{,}64\,€ = 907{,}68\,€$, also einen Cent weniger als bisher angenommen. Das ändert aber nur so wenig, dass sich (gerundet) die gleiche prozentuale Steigerung ergibt.

Pflichtaufgabe 2

a) Die Funktion $y = f(x) = (x-3)^2 - 2$ ist eine quadratische Funktion.
Die Funktionsgleichung liegt in der Scheitelpunktsform $y = (x+d)^2 + e$ vor.

$d = -3$, $e = -2$, Scheitelpunkt $S(-d;\, e)$, also $S(3;\, -2)$

Graph:

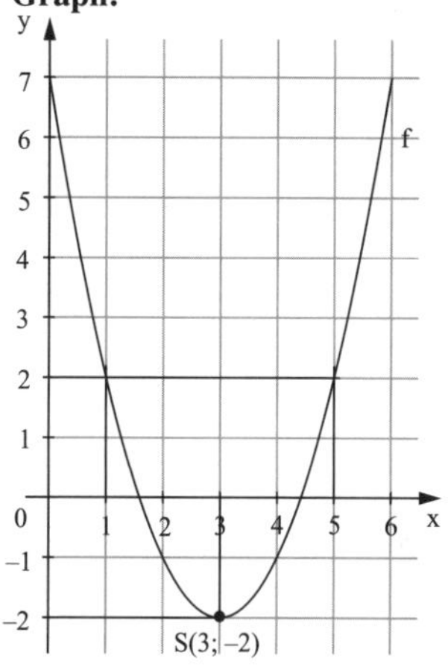

b) Wenn $x = 4{,}5$ eine Nullstelle ist, muss $f(4{,}5) = 0$ sein.

$f(4{,}5) = (4{,}5 - 3)^2 - 2 = 0{,}25$
$x = 4{,}5$ ist keine Nullstelle der Funktion f.

c) Wenn der Funktionswert 2 ist, kann das in der Funktionsgleichung für y eingesetzt werden.

$y = (x-3)^2 - 2 \quad | \, y = 2$

$2 = (x-3)^2 - 2$

$2 = x^2 - 6x + 9 - 2 \quad | -2$

$0 = x^2 - 6x + 5$

Die entstandene quadratische Gleichung der Form $0 = x^2 + px + q$ mit $p = -6$ und $q = 5$ wird mit der Lösungsformel gelöst.

$$x_{1,2} = -\frac{p}{2} \pm \sqrt{\frac{p^2}{4} - q}$$

$$x_{1,2} = -\frac{-6}{2} \pm \sqrt{\frac{(-6)^2}{4} - 5}$$

$x_{1,2} = 3 \pm 2$

$x_1 = 5 \quad x_2 = 1$

Die Funktion f hat den Funktionswert 2 an der Stelle $x_1 = 5$ und an der Stelle $x_2 = 1$.

Pflichtaufgabe 3

a) Der Maßstab 3 : 1 bedeutet, dass 3 cm im Bild 1 cm im Original entsprechen.
Die 23 mm lange Seite muss also 69 mm lang gezeichnet werden.

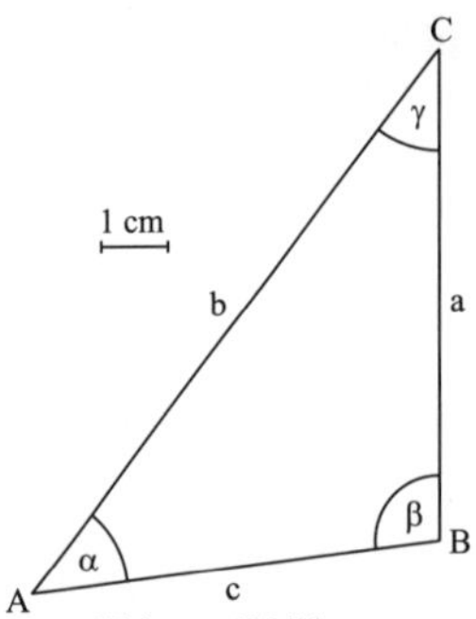

verkleinerte Abbildung

Maße in der Zeichnung:
$a = 69$ mm
$\beta = 97°$
$\gamma = 38°$

b) Bezeichne alle Seiten und Winkel des Dreiecks. Kennzeichne die gegebenen und die gesuchten Stücke.

Winkel α:

$\alpha = 180° - \beta - \gamma$ Innenwinkelsumme 180° im Dreieck
$\alpha = 180° - 97° - 38°$
$\alpha = \underline{45°}$

Seite c:

$$\frac{c}{\sin\gamma} = \frac{a}{\sin\alpha} \qquad \text{Sinussatz}$$

$$c = \frac{a \cdot \sin\gamma}{\sin\alpha}$$

$$c = \frac{23\text{ mm} \cdot \sin 38°}{\sin 45°}$$

$$c = \underline{\underline{20\text{ mm}}}$$

Die Verbindung ist 20 mm lang.

c) Gib beide Längen in der gleichen Einheit an.

$114\text{ cm} : 2\text{ cm} = \underline{\underline{57}}$

Das Sägeblatt hat 57 Zähne.

Pflichtaufgabe 4

a) Stelle alle möglichen Ergebnisse in einer Tabelle zusammen.
Beachte: Wenn die zuerst gezogene Karte wieder zurückgelegt wird, kann sie als zweite Karte wieder gezogen werden.

Tabelle der möglichen Ergebnisse bei Variante I (mit Zurücklegen):

		zweite Karte				
		W	D	P	Q	Z
erste Karte	W	WW	WD	WP	WQ	WZ
	D	DW	DD	DP	DQ	DZ
	P	PW	PD	PP	PQ	PZ
	Q	QW	QD	QP	QQ	QZ
	Z	ZW	ZD	ZP	ZQ	ZZ

Die Ergebnismenge S_1 enthält 25 Ergebnisse.

Tabelle der möglichen Ergebnisse bei Variante II (ohne Zurücklegen):

		zweite Karte				
		W	D	P	Q	Z
erste Karte	W	–	WD	WP	WQ	WZ
	D	DW	–	DP	DQ	DZ
	P	PW	PD	–	PQ	PZ
	Q	QW	QD	QP	–	QZ
	Z	ZW	ZD	ZP	ZQ	–

Die Ergebnismenge S_2 enthält 20 Ergebnisse.

b) Das Ergebnis (WW) gehört zur Menge S_1, aber nicht zur Menge S_2.

c) Karten mit Flächen sind: D und Q
Ergebnisse, die nur Flächen enthalten sind: (DQ) und (QD)

Karten mit Körpern sind: W, P und Z
Ergebnisse, die nur Körper enthalten sind: (WP), (WZ), (PW), (PZ), (ZW) und (ZP)

Das Ereignis E enthält also 8 Ergebnisse:
E={(DQ), (QD), (WP), (WZ), (PW), (PZ), (ZW), (ZP)}

Da alle 20 Ergebnisse gleich wahrscheinlich sind, gilt für die Wahrscheinlichkeit des Ereignisses E:

$$P(E) = \frac{\text{Anzahl der günstigen Ergebnisse}}{\text{Anzahl der möglichen Ergebnisse}} = \frac{8}{20} = \frac{2}{5} = 0{,}4 = 40\ \%$$

Die Wahrscheinlichkeit des Ereignisses E beträgt $\frac{2}{5}$ (oder 0,4 oder 40 %).

Pflichtaufgabe 5

a) Skizziere das Parallelogramm und kennzeichne die gegebenen Größen.
Zeichne die Höhe so ein, dass sie im Eckpunkt D endet.
Konstruiere zuerst das Dreieck, das die Höhe mit den Punkten A, D und E bildet.

Da das Dreieck AED rechtwinklig ist, und der Winkel ∢ BAD 70° beträgt, beträgt der Winkel ∢ ADE 20°.

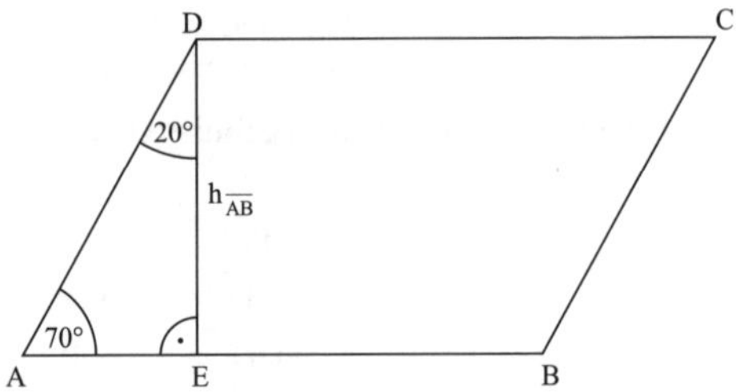

Skizze (nicht maßstäblich)

Konstruktion des Dreiecks AED:
- Zeichne die Strecke $\overline{ED} = 3{,}2$ cm.
- Trage im Punkt E den Winkel 90° und im Punkt D den Winkel 20° ab.
- Die beiden freien Schenkel schneiden sich im Punkt A des Parallelogramms.

Vervollständigung des Parallelogramms:
- Verlängere die Strecke $\overline{AE}$ über den Punkt E hinaus.
- Zeichne um den Punkt A einen Kreisbogen mit dem Radius 6,0 cm. Er schneidet die Verlängerung der Strecke $\overline{AE}$ im Punkt B.
- Zeichne um den Punkt D einen Kreisbogen mit dem Radius 6,0 cm und um den Punkt B einen Kreisbogen mit dem Radius $\overline{AD}$. Diese Kreisbögen schneiden sich im Punkt C.

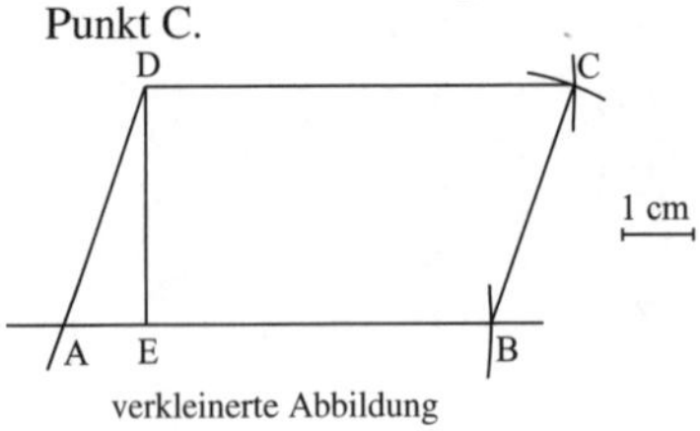

verkleinerte Abbildung

b) **Flächeninhalt des Parallelogramms ABCD:**

$A = a \cdot h_a = 6{,}0\ \text{cm} \cdot 3{,}2\ \text{cm} = \underline{\underline{19{,}2\ \text{cm}^2}}$

c) **Verschiebung des Parallelogramms:**

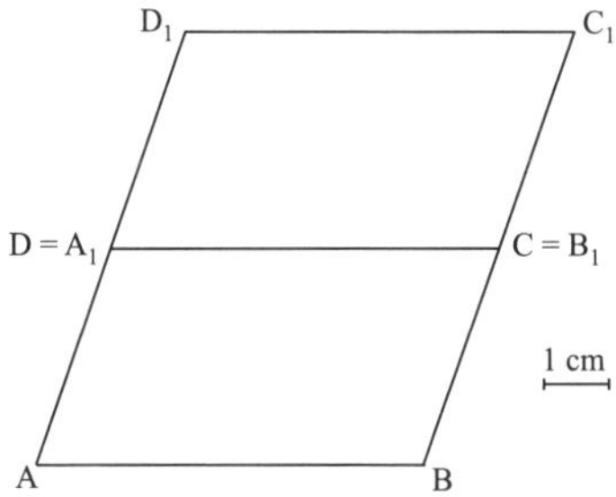

verkleinerte Abbildung

Länge der Seite $\overline{AD}$:

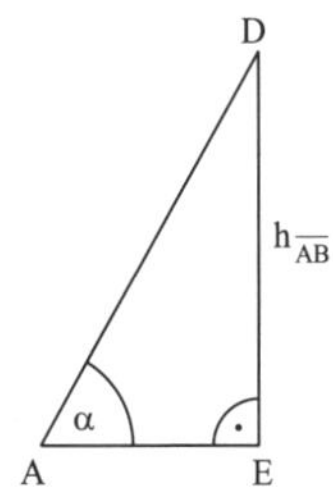

Skizze (nicht maßstäblich)

$\sin\alpha = \frac{\overline{DE}}{\overline{AD}} \qquad |\cdot \overline{AD} \quad |:\sin\alpha$

$\overline{AD} = \frac{\overline{DE}}{\sin\alpha}$

$\overline{AD} = \frac{3{,}2\ \text{cm}}{\sin 70°}$

$\overline{AD} = \underline{3{,}4\ \text{cm}}$

Umfang des Vierecks ABC_1D_1:

$2 \cdot 6{,}0\ \text{cm} + 4 \cdot 3{,}4\ \text{cm} = \underline{\underline{25{,}6\ \text{cm}}}$

Wahlaufgabe 1

a)

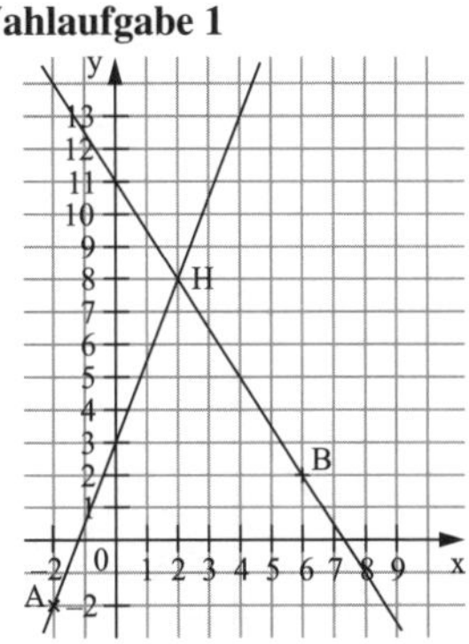

Der Schnittpunkt H hat die Koordinaten H(2; 8).

b) Der Schnittpunkt wird durch Gleichsetzen der Funktionsterme berechnet.

$$2{,}5x+3=-1{,}5x+11 \quad |+1{,}5x \quad |-3$$
$$4x=8 \quad |:4$$
$$\underline{\underline{x=2}}$$

In einer der beiden Funktionsgleichungen wird für x der Wert 2 eingesetzt.

$y=2{,}5x+3$ oder $y=-1{,}5x+11$

$y=2{,}5\cdot 2+3$ $\quad$ $y=-1{,}5\cdot 2+11$

$\underline{\underline{y=8}}$ $\quad$ $\underline{\underline{y=8}}$

c) **Funktionsgleichung der Geraden:**

Die Gerade durch die Punkte A und B hat den Anstieg $\frac{1}{2}$ und schneidet die y-Achse an der Stelle –1.
Die Funktionsgleichung lautet also
$y=\frac{1}{2}x-1.$

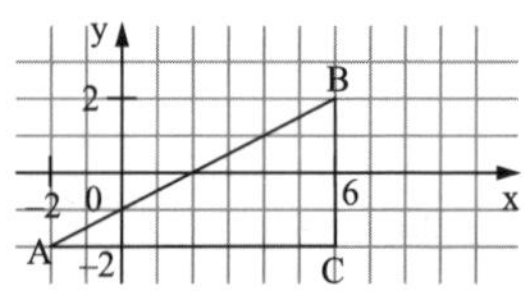

Abstand der Punkte A und B:

$\overline{AC}=8\cdot 5\text{ km}=\underline{40\text{ km}}$

$\overline{BC}=4\cdot 5\text{ km}=\underline{20\text{ km}}$

Das Dreieck ACB ist rechtwinklig. Es gilt der Satz des Pythagoras.

$$\overline{AB}^2=\overline{AC}^2+\overline{BC}^2$$
$$\overline{AB}=\sqrt{\overline{AC}^2+\overline{BC}^2}$$
$$\overline{AB}=\sqrt{(40\text{ km})^2+(20\text{ km})^2}$$
$$\underline{\underline{\overline{AB}=44{,}72\text{ km}}}$$

Wahlaufgabe 2

a) **Länge der Diagonale des Quadrates:**

$a\cdot\sqrt{2}=400\text{ mm}\cdot\sqrt{2}=\underline{\underline{566\text{ mm}}}$

b) Zeichne den Mittelpunkt der Grundfläche und die Höhe im Schrägbild ein. Die Höhe ist eine Seite in einem rechtwinkligen Dreieck.

Länge der Seite $\overline{AE}$:

$\overline{AE}=\frac{\overline{AC}}{2}=\frac{566\text{ mm}}{2}=\underline{283\text{ mm}}$

Länge der Seite $\overline{AS}$:

$\overline{AS}=a=\underline{400\text{ mm}}$

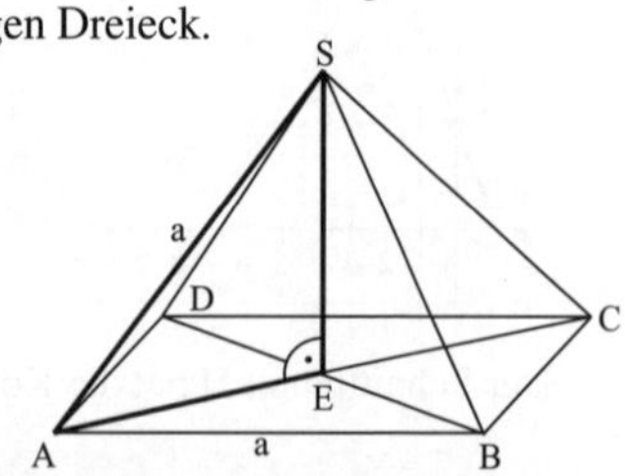

Skizze (nicht maßstäblich)

Höhe $\overline{ES}$ der Pyramide:

$\overline{ES}^2 + \overline{AE}^2 = \overline{AS}^2$ Satz des Pythagoras

$$\overline{ES} = \sqrt{\overline{AS}^2 - \overline{AE}^2}$$

$$\overline{ES} = \sqrt{(400\text{ mm})^2 - (283\text{ mm})^2}$$

$$\overline{ES} = \underline{\underline{283\text{ mm}}}$$

c) Zeichne den gesuchten Winkel im Schrägbild ein.
Der Winkel liegt in einem rechtwinkligen Dreieck.

Länge der Seite $\overline{EF}$:

$\overline{EF} = \frac{a}{2} = \underline{200\text{ mm}}$

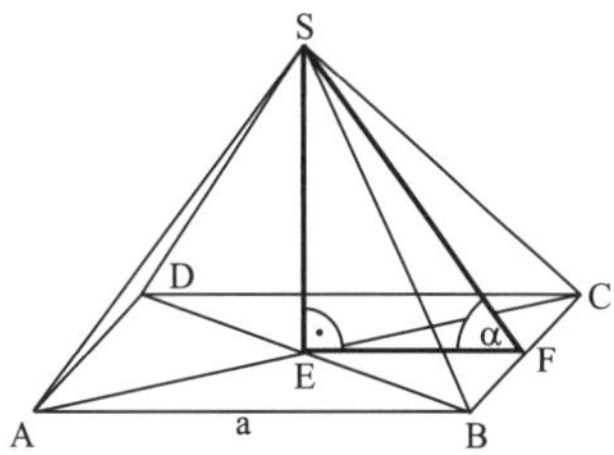

Skizze (nicht maßstäblich)

Neigungswinkel α:

$\tan\alpha = \frac{\overline{\overline{ES}}}{\overline{EF}}$ Tangens im rechtwinkligen Dreieck

$$\tan\alpha = \frac{283\text{ mm}}{200\text{ mm}}$$

$$\tan\alpha = 1{,}415$$

$$\alpha = \underline{54{,}8°}$$

Abweichung der Neigung im Vergleich zum Original:

$54{,}8° - 51{,}7° = \underline{\underline{3{,}1°}}$

Im Modell ist die Neigung der Seitenflächen um 3,1° größer als im Original.

d) Zeichne die platzsparendste Anordnung der vier Dreiecke auf einem Streifen.

erforderliche Länge des Pappstreifens:

$2{,}5 \cdot a = 2{,}5 \cdot 400\text{ mm} = 1\,000\text{ mm} = \underline{100\text{ cm}}$

Der Streifen ist lang genug.

erforderliche Breite des Pappstreifens:

$h_a{}^2 + \left(\frac{a}{2}\right)^2 = a^2$ Satz des Pythagoras

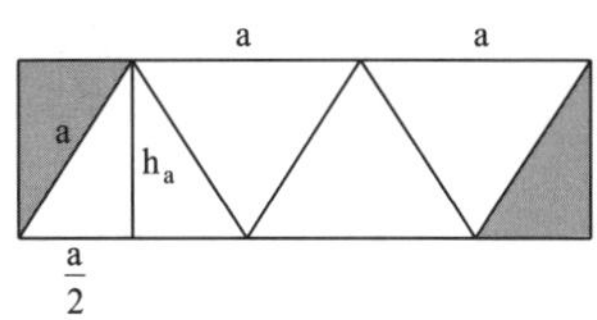

Skizze (nicht maßstäblich)

$$h_a = \sqrt{a^2 - \left(\frac{a}{2}\right)^2}$$

$$h_a = \sqrt{(400\text{ mm})^2 - (200\text{ mm})^2}$$

$$h_a = 346\text{ mm} = \underline{34{,}6\text{ cm}}$$

Der Streifen ist auch breit genug.

Wahlaufgabe 3

a) **Länge $\overline{BC}$ der dritten Seite:**
Im Dreieck ABC gilt der Kosinussatz.

$$\overline{BC}^2 = \overline{AB}^2 + \overline{AC}^2 - 2 \cdot \overline{AB} \cdot \overline{AC} \cdot \cos\alpha$$

$$\overline{BC} = \sqrt{\overline{AB}^2 + \overline{AC}^2 - 2 \cdot \overline{AB} \cdot \overline{AC} \cdot \cos\alpha}$$

$$\overline{BC} = \sqrt{(30\text{ cm})^2 + (30\text{ cm})^2 - 2 \cdot 30\text{ cm} \cdot 30\text{ cm} \cdot \cos 45°}$$

$$\overline{BC} = \underline{\underline{23{,}0\text{ cm}}}$$

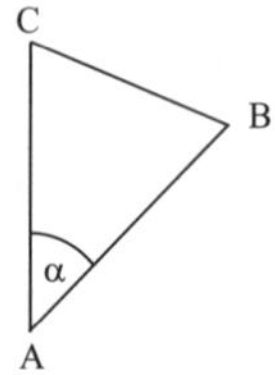

$\overline{AB} = 30$ cm
$\overline{AC} = 30$ cm
$\alpha = 45°$

Skizze (nicht maßstäblich)

b) **Länge der Theke:**
$3 \cdot 23\text{ cm} + 5 \cdot 80\text{ cm} = \underline{469\text{ cm}}$

Auswahl der Plane:
Da die Schränke 130 cm hoch sind, ist die Plane mit den Maßen 500 cm · 130 cm für netto 139,90 € am besten geeignet.

zu zahlender Betrag (brutto):

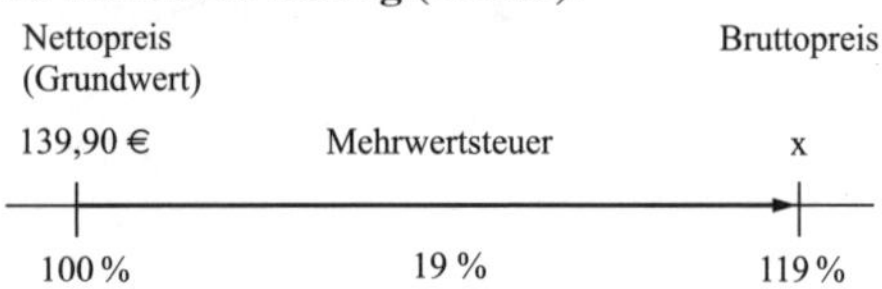

Lösung mit Dreisatz:

$$\begin{aligned} 100\,\% &\mathrel{\hat=} 139{,}90\text{ €} && :100 \\ 1\,\% &\mathrel{\hat=} \frac{139{,}90\text{ €}}{100} && \cdot 119 \\ 119\,\% &\mathrel{\hat=} \frac{119 \cdot 139{,}90\text{ €}}{100} \\ 119\,\% &\mathrel{\hat=} \underline{\underline{166{,}48\text{ €}}} \end{aligned}$$

Lösung mit Verhältnisgleichung:

$$\frac{x}{119\,\%} = \frac{139{,}90\text{ €}}{100\,\%} \qquad |\cdot 119\,\%$$

$$x = \frac{119\,\% \cdot 139{,}90\text{ €}}{100\,\%}$$

$$x = \underline{\underline{166{,}48\text{ €}}}$$

Lösung mit Zinsformeln:
Grundwert: $G = 139{,}90$ €
Prozentsatz: $p\,\% = 119\,\%$

Prozentwert: $W = \frac{G \cdot p}{100}$

$$= \frac{139{,}90\text{ €} \cdot 119}{100}$$

$$= \underline{\underline{166{,}48\text{ €}}}$$

Lösung mit Dezimalbruch:
Prozentsatz: $p\,\% = 119\,\% = 1{,}19$
Prozentwert: $1{,}19 \cdot 139{,}90\text{ €} = \underline{\underline{166{,}48\text{ €}}}$

Für die Plane sind 166,48 € zu zahlen.

Hinweis:
Du kannst auch die 19 % Mehrwertsteuer ausrechnen und zum Nettopreis addieren.

c) Zerlege die Fläche in einfach zu berechnende Teilflächen.

Länge der Strecke x:
Das rechtwinklige Dreieck mit der Hypotenuse a hat zwei Katheten der Länge x.

$$x^2 + x^2 = a^2$$

$$x^2 = \frac{a^2}{2}$$

$$x = \frac{a}{\sqrt{2}}$$

$$x = \frac{80\text{ cm}}{\sqrt{2}}$$

$$x = \underline{56{,}6\text{ cm}}$$

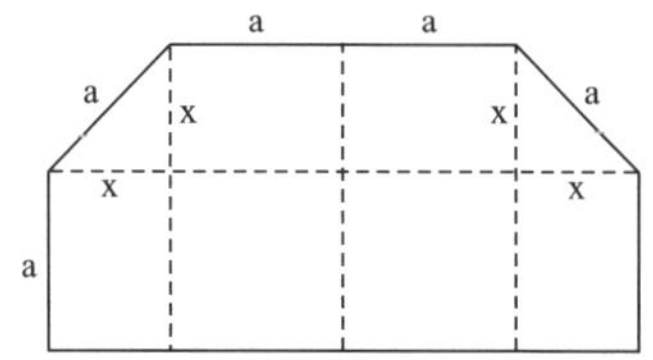

a = 80 cm

Skizze (nicht maßstäblich)

Flächeninhalt A_1 des Trapezes FCDE:

$$\overline{FC} = 2 \cdot 80\text{ cm} + 2 \cdot 56{,}6\text{ cm} = \underline{273{,}2\text{ cm}}$$

$$\overline{ED} = 2 \cdot 80\text{ cm} = \underline{160\text{ cm}}$$

$$A_1 = \frac{273{,}2\text{ cm} + 160\text{ cm}}{2} \cdot 56{,}6\text{ cm}$$

$$= \underline{12\,260\text{ cm}^2}$$

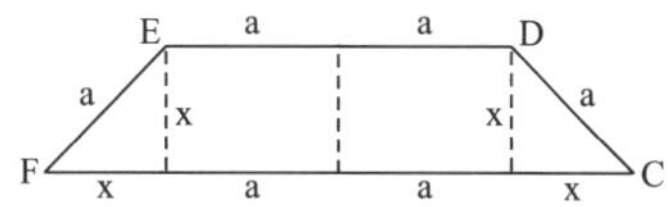

a = 80 cm, x = 56,6 cm

Skizze (nicht maßstäblich)

Flächeninhalt A_2 des Rechtecks ABCF:

$$A_2 = 273{,}2\text{ cm} \cdot 80\text{ cm} = \underline{21\,856\text{ cm}^2}$$

Flächeninhalt des Fußbodens:

$$12\,260\text{ cm}^2 + 21\,856\text{ cm}^2 = 34\,116\text{ cm}^2$$

$$\approx \underline{\underline{3{,}41\text{ m}^2}}$$

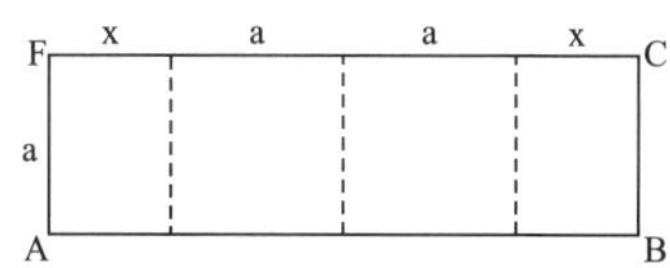

a = 80 cm

Skizze (nicht maßstäblich)

Der Fußboden hat einen Flächeninhalt von annähernd 3,41 m^2.

Realschulabschluss 2009 Sachsen
Mathematik

Teil A (30 Minuten, ohne Taschenrechner und Formelsammlung)

1. a) $12{,}8 - 3{,}5 \cdot 3 =$
   b) $1\,092 : 7 =$
   c) $79\text{ cm} + 240\text{ mm} - 0{,}4\text{ m} =$
   d) 45 m^2 von 180 m^2 sind _____ Prozent.

2. In einem Rechteck sind die Seiten 6 cm und 8 cm lang. Ermitteln Sie die Länge einer Diagonalen.

3. Stellen Sie die Formel nach $\cos\gamma$ um.
   $c^2 = a^2 + b^2 - 2ab\cos\gamma$

4. Zwei Gläser werden gleichmäßig mit Wasser gefüllt. Die Graphen zeigen, wie sich die Höhe h des Wasserspiegels beim Befüllen eines Glases in Abhängigkeit von der Zeit t ändert.

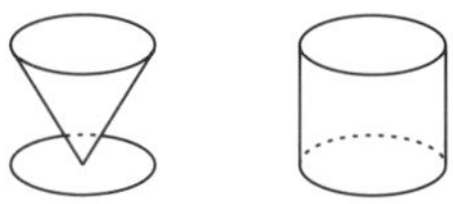

Glas 1 Glas 2

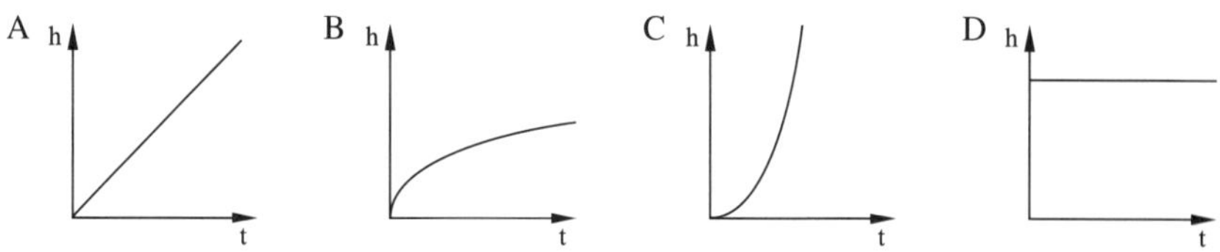

Ordnen Sie jedem Glas den entsprechenden Graphen zu.

Glas 1 ☐ Glas 2 ☐

5. Konstruieren Sie das Dreieck ABC mit den gegebenen Seitenlängen:
   a = 4,7 cm
   b = 4,2 cm
   c = 65 mm

6. Wenn die Anzahl oder der Einzelpreis geändert werden, aktualisiert das Tabellenkalkulationsprogramm die Werte in Spalte C.
   Geben Sie eine Formel an, die in Zelle C7 stehen kann.

	A	B	C
1	Rechnung		
2			
3	Anzahl	Einzelpreis in Euro	Einzelpreis in Euro
4	2	24,56	49,12
5	5	1,99	9,95
6	1	3,76	3,76
7		Gesamtbetrag	62,83
8			

7. Der Aussichtsturm „Josephskreuz“ im Harz ist 38 Meter hoch. Schätzen Sie, wie viele Treppenstufen der Turm von der Bodenfläche bis zur Aussichtsplattform hat.

8. Gegeben ist die Funktion g mit der Gleichung
   $y = g(x) = 2^x \quad (x \in \mathbb{R})$

   Wahr oder falsch?
   Kreuzen Sie an.

	wahr	falsch
Die Funktion g hat eine Nullstelle bei $x = 1$.	☐	☐
Die Funktion g ist monoton fallend.	☐	☐
Das geordnete Paar (3; 8) gehört zur Funktion g.	☐	☐

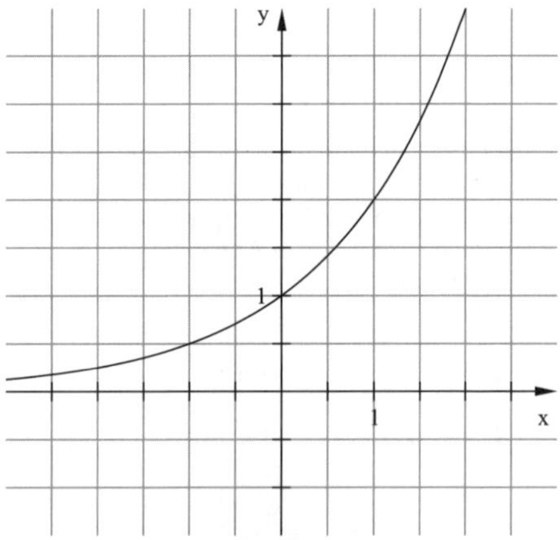

9. Der nebenstehende Körper besteht aus fünf kleinen Würfeln.

   Eine Abbildung zeigt keine Ansicht des Körpers.
   Kreuzen Sie diese an.

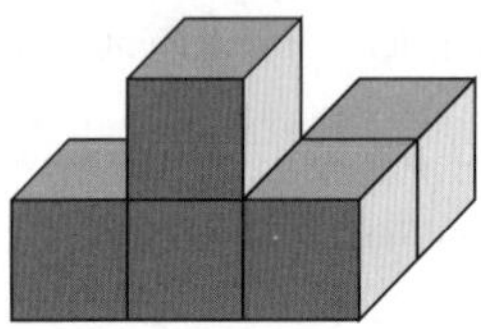

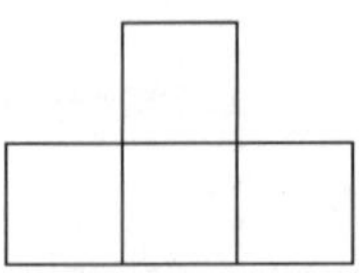
☐

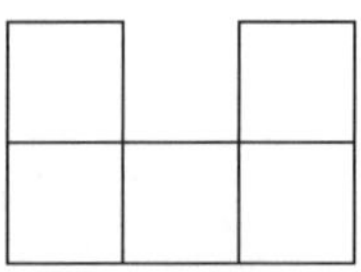
☐

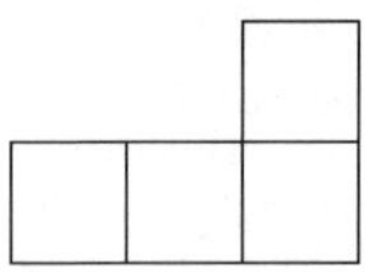
☐

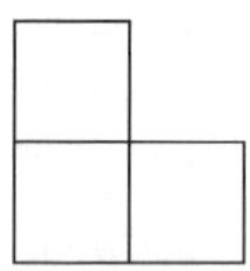
☐

Für Teil A erreichbare BE: 12

Pflichtaufgabe 1

Im nebenstehenden Zeitungsartikel wurde über die Pflanzung von sogenannten Stammbäumen in der Gemeinde Hansbach berichtet.

a) Berechnen Sie, für wie viel Prozent der im Jahr 2008 in Hansbach geborenen Kinder ein Stammbaum gepflanzt wurde.

b) Stellen Sie in einem Kreisdiagramm die Anteile der verschiedenen Arten der gepflanzten Bäume dar.

c) Die Bäume wurden in einer Baumschule zu den abgebildeten Preisen und Bedingungen bestellt. Berechnen Sie den Preis einer Sommerlinde, wenn die gesamte Rechnungssumme für die Bäume und die Versandkosten 343,10 € beträgt.

Neue „Stammbäume" in Hansbach

Für im Jahr 2008 in Hansbach geborene Kinder wurden am Samstag, dem 04.04.2009, Stammbäume am Rande des Burghofes gepflanzt.
Die Eltern von 18 Kindern beteiligten sich an der Pflanzung von zehn Süßkirschen, vier Eichen, drei Sommerlinden und einer Blutbuche.
In der Gemeinde Hansbach wurden im Jahr 2008 insgesamt 25 Kinder geboren.

Sommerlinde	[illegible] €
Süßkirsche	19,90 €
Eiche	14,90 €
Blutbuche	18,90 €

- Alle Preise verstehen sich einschließlich Mehrwertsteuer.
- Die Versandkosten der Bestellung betragen pauschal 5,90 €, unabhängig von der Anzahl der Pakete, Größe und Masse.

Für Pflichtaufgabe 1 erreichbare BE: 6

Pflichtaufgabe 2

Gegeben ist die Funktion f durch die Gleichung $y = f(x) = 3 \cdot \sin(2 \cdot x)$.

a) Zeichnen Sie den Graphen der Funktion f mindestens im Intervall $0 \leq x \leq 2\pi$ in ein Koordinatensystem.

b) Geben Sie für die Funktion f die kleinste Periode und den Wertebereich an.

c) Geben Sie eine Nullstelle der Funktion f im Intervall $\frac{\pi}{4} \leq x \leq \frac{5\pi}{4}$ an.

Für Pflichtaufgabe 2 erreichbare BE: 5

Pflichtaufgabe 3

Im Rahmen der „Europäischen Gradmessung 1864“ wurde auch das Königreich Sachsen vermessen. Dazu wurden 157 Messpunkte und die sogenannte „Großenhainer Grundlinie“ festgelegt.
Die gesamte weitere Vermessung erfolgte mittels Winkelmessungen und Berechnungen weiterer Längen.

Die Abbildung zeigt vereinfacht vier Messpunkte Valtenberg **V**, Lausche **L**, Jauernick **J** und Nostitzhöhe **N**. Der Schnittpunkt der Strecken $\overline{VJ}$ und $\overline{LN}$ ist der Punkt S.

Zu den vier Messpunkten wurden die folgenden Werte ermittelt.

$\overline{VL} = 35{,}2\text{ km}$

$\sphericalangle LVJ = 47{,}0°$

$\sphericalangle JVN = 32{,}0°$

$\sphericalangle NLV = 51{,}0°$

$\sphericalangle JLN = 28{,}0°$

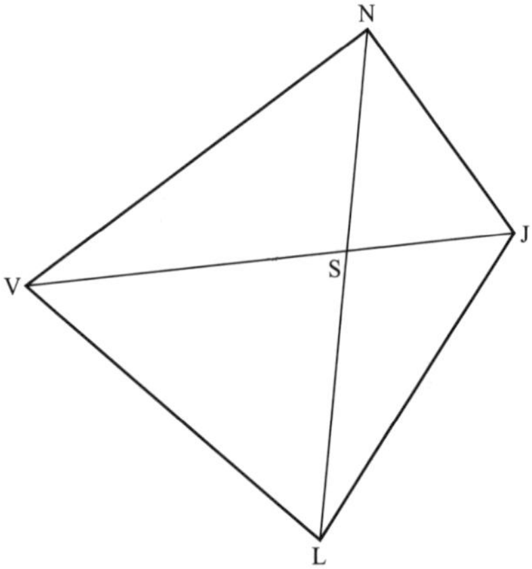

Abbildung (nicht maßstäblich)

a) Skizzieren Sie die gegebene Abbildung und tragen Sie die ermittelten Werte ein. Berechnen Sie die Größe des Winkels $\sphericalangle VSL$ und die Entfernung $\overline{VS}$.

b) Um aus den gegebenen Werten die Entfernung $\overline{JN}$ zu bestimmen, wurden weitere Streckenlängen berechnet. So wurden die Streckenlängen $\overline{SN} = 19{,}1\text{ km}$ und $\overline{SJ} = 15{,}1\text{ km}$ ermittelt. Berechnen Sie die Entfernung $\overline{JN}$.

Für Pflichtaufgabe 3 erreichbare BE: 6

Pflichtaufgabe 4

Gegeben sind die Gleichungen

(A) $x(x+1)-4=2$ und (B) $x^2-8x+q=0$ $(q \in \mathbb{R})$.

a) Formulieren Sie die Gleichung (A) für ein Zahlenrätsel in Worten, wobei x eine natürliche Zahl sein soll.

b) Ermitteln Sie für die Gleichung (A) die Lösungen im Bereich der reellen Zahlen und führen Sie die Probe durch.

c) Bestimmen Sie für die Gleichung (B) den Wert für q so, dass die Gleichung genau eine Lösung hat. Begründen Sie die Wahl dieses Wertes.

Für Pflichtaufgabe 4 erreichbare BE: 6

Pflichtaufgabe 5

Ein Hotel erhält einen neuen Anbau, dessen drei Außenflächen aus Glas bestehen. Der Anbau hat die Form einer halbierten quadratischen Pyramide. Die Länge einer Grundkante und die Höhe der quadratischen Pyramide betragen jeweils 9,80 m.
Hotel und Anbau haben die dreieckige Schnittfläche M_1M_2S der quadratischen Pyramide gemeinsam.

a) Zeichnen Sie ein senkrechtes Zweitafelbild vom Anbau und geben Sie den verwendeten Maßstab an.

b) Der Fußboden des Anbaus wird mit Marmorplatten ausgelegt. Ermitteln Sie den Inhalt der Fußbodenfläche.

c) Berechnen Sie den Inhalt der zu verglasenden Außenflächen des Anbaus.

M_1 und M_2 sind Mittelpunkte der Grundkanten der quadratischen Pyramide.

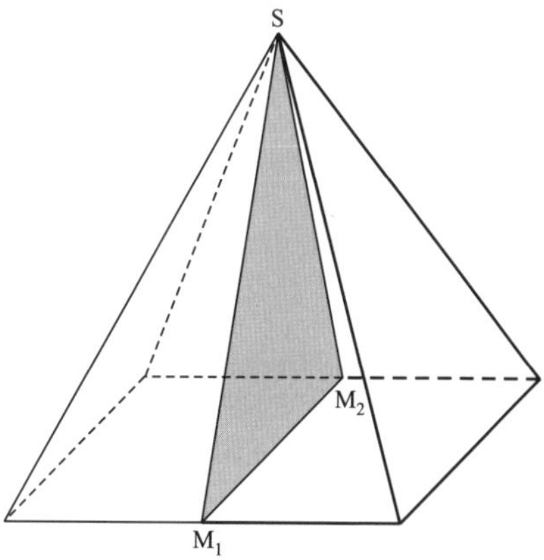

Abbildung (nicht maßstäblich)

Für Pflichtaufgabe 5 erreichbare BE: 7

Wahlaufgabe 1

Eine Münze wird 3-mal nacheinander geworfen. Es interessiert das jeweils oben liegende Bild Wappen oder Zahl. Die Eintrittschancen für Wappen und Zahl sind gleich.
Die Zufallsgröße X ordnet jedem Ergebnis dieses dreistufigen Zufallsexperiments die Anzahl der Wappen zu.

a) Fertigen Sie für dieses Zufallsexperiment ein Baumdiagramm an. Geben Sie die Ergebnismenge S des Zufallsexperiments an.

b) – Welche Werte kann die Zufallsgröße X annehmen?
   – Geben Sie für jeden Wert von X die zugehörige Wahrscheinlichkeit an.
   – Veranschaulichen Sie die Wahrscheinlichkeiten der Werte von X in einem Säulendiagramm.

c) In einem anderen Zufallsexperiment wird die Münze 6-mal nacheinander geworfen. Die Zufallsgröße Y ordnet jedem Ergebnis dieses Zufallsexperiments die Anzahl der Wappen zu. Welche Anzahl von Werten hat die Zufallsgröße Y?

Für Wahlaufgabe 1 erreichbare BE: 8

Wahlaufgabe 2

Mit dem City-Tunnel soll eine Verkehrsverbesserung innerhalb der Stadt Leipzig erreicht werden. Die Gesamtkosten des Projektes wurden ursprünglich mit 571,62 Millionen Euro geplant.
Die Stadt Leipzig soll 6,56 % der Gesamtkosten aufbringen.

Es wurden zwei Tunnelröhren mit der Tunnelbohrmaschine „Leonie" gebohrt. Sie werden vereinfacht als zylinderförmig angenommen. Jede Röhre hat eine Länge von 1 438,00 m und einen Durchmesser von 9,00 m (Abb. 1).

Zur Stabilisierung der Tunnelröhren ist der Einsatz von Tübbings aus Beton (Abb. 2) und das Einbringen einer 15 cm dicken Füllschicht notwendig.

Ein vollständiger Tübbingring besteht aus acht Tübbings.

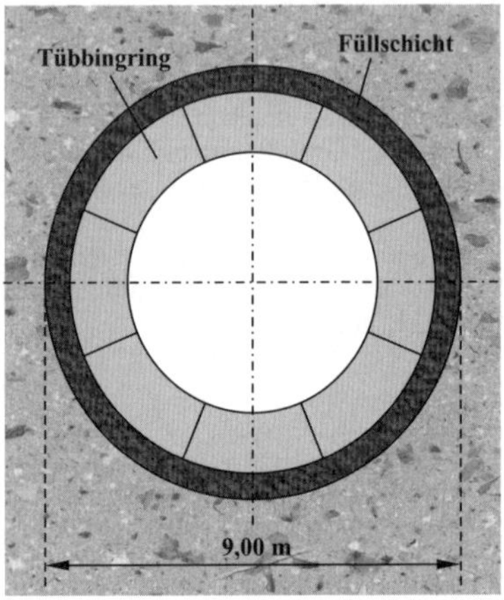

Abbildung 1 (nicht maßstäblich)

a) Wie viel Euro sollte die Stadt Leipzig ursprünglich für den City-Tunnel aufbringen?

b) Berechnen Sie das Gesamtvolumen der beiden gebohrten Tunnelröhren.

c) Ermitteln Sie die Anzahl der insgesamt benötigten Tübbings.

d) Berechnen Sie, wie viel Kubikmeter Beton für die Herstellung eines Ringes aus Tübbings benötigt wurden.

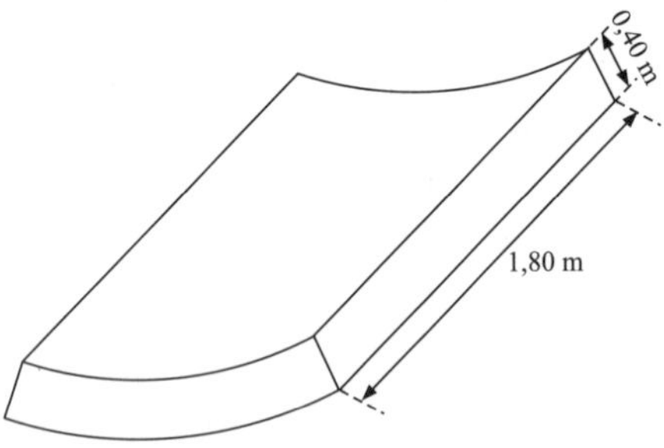

Abbildung 2 (nicht maßstäblich)

Für Wahlaufgabe 2 erreichbare BE: 8

Wahlaufgabe 3

Am 4. Februar 2004 ging mit der Einweihung der 6,4 km langen Ortsumgehungsstraße für die Einwohner der Stadt Eilenburg ein lang gehegter Wunsch in Erfüllung. Diese Straße verläuft auf einem Damm mit insgesamt fünf Brücken.

Die längste Brücke führt über die Mulde und wurde als Bogenbrücke gebaut. Der Brückenbogen hat eine Spannweite von 54,30 m und eine Scheitelhöhe von 15,00 m.

Im Koordinatensystem kann der Brückenbogen vereinfacht als nach unten geöffnete Parabel mit der Funktionsgleichung $y = f(x) = a \cdot x^2 + 15$ $(a \in \mathbb{R})$ dargestellt werden.

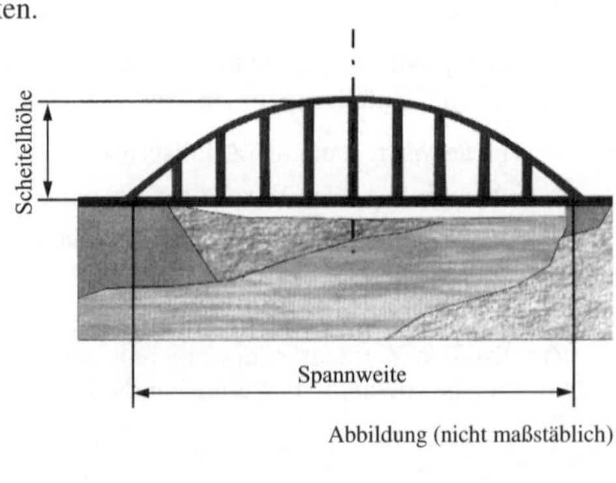

Abbildung (nicht maßstäblich)

a) Skizzieren Sie diese nach unten geöffnete Parabel in einem Koordinatensystem. Kennzeichnen Sie den Scheitelpunkt mit S und die Schnittpunkte der Parabel mit der x-Achse mit P_1 und P_2.
Geben Sie die Koordinaten der drei Punkte S, P_1 und P_2 an.

b) Berechnen Sie den Wert von a in der Gleichung $y = a \cdot x^2 + 15$ und geben Sie diesen auf Hundertstel genau an.

c) Die Spannweite des Brückenbogens wird durch neun Verstrebungen in zehn gleichbreite Abschnitte unterteilt.
   - Geben Sie die Länge der längsten Verstrebung an.
   - Berechnen Sie die Länge der kürzesten Verstrebung.

Für Wahlaufgabe 3 erreichbare BE: 8

Lösungen

Teil A

1. a) $12{,}8 - 3{,}5 \cdot 3 = 12{,}8 - 10{,}5 = \underline{\underline{2{,}3}}$

   b) $1\,092 : 7 = \underline{\underline{156}}$

   c) Rechne alle Längen in cm um.

   $79\text{ cm} + 240\text{ mm} - 0{,}4\text{ m} = 79\text{ cm} + 24\text{ cm} - 40\text{ cm} = \underline{\underline{63\text{ cm}}}$

   d) 45 m^2 von 180 m^2 sind ein Viertel, also 25 Prozent.

2. Die Diagonale teilt das Rechteck in zwei rechtwinklige Dreiecke.
   Nutze den Satz des Pythagoras.

   $d^2 = (6\text{ cm})^2 + (8\text{ cm})^2 = 36\text{ cm}^2 + 64\text{ cm}^2 = 100\text{ cm}^2$

   $d = \sqrt{100\text{ cm}^2} = \underline{\underline{10\text{ cm}}}$

3. $$\begin{aligned} c^2 &= a^2 + b^2 - 2ab\cos\gamma && \mid + 2ab\cos\gamma \\ c^2 + 2ab\cos\gamma &= a^2 + b^2 && \mid - c^2 \\ 2ab\cos\gamma &= a^2 + b^2 - c^2 && \mid : 2ab \\ \cos\gamma &= \frac{a^2 + b^2 - c^2}{2ab} \end{aligned}$$

4. Betrachte den Anstieg der Graphen.

   Beim Glas 1 steigt das Wasser erst schnell und dann immer langsamer. → Graph B
   Beim Glas 2 steigt das Wasser immer gleich schnell. → Graph A

5. 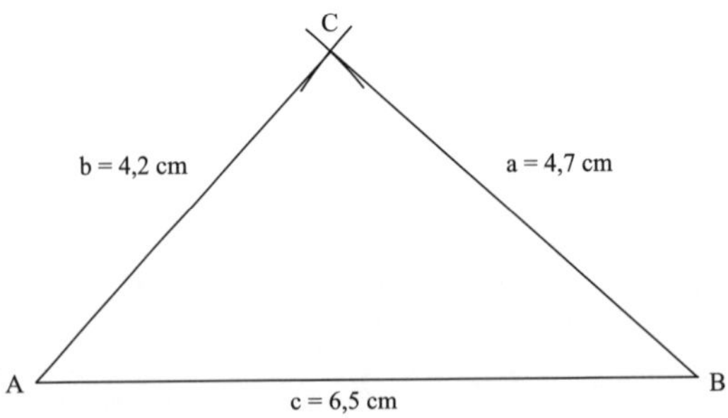

6. =C4+C5+C6 oder =SUMME(C4:C6)

7. Eine Stufe ist ungefähr 20 cm hoch. Das sind 5 Stufen pro Meter.
   $5 \cdot 38 = 190 \approx 200$
   Der Turm hat ungefähr 200 Stufen.

8.

	wahr	falsch	
Die Funktion g hat eine Nullstelle bei $x = 1$.	☐	☒	
Die Funktion g ist monoton fallend.	☐	☒	
Das geordnete Paar (3; 8) gehört zur Funktion g.	☒	☐	(denn $2^3 = 8$)

9. Die angekreuzte Abbildung zeigt *keine* Ansicht des Körpers.

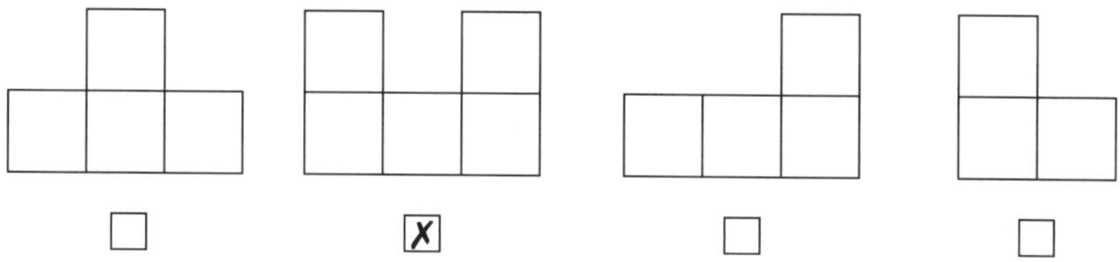

Teil B

Pflichtaufgabe 1

a) Wie viel Prozent sind 18 Kinder von 25 Kindern?

Lösung mit Dreisatz:

$$\begin{aligned} 25 &\mathrel{\hat{=}} 100\,\% \\ 1 &\mathrel{\hat{=}} \frac{100\,\%}{25} \\ 18 &\mathrel{\hat{=}} \frac{18 \cdot 100\,\%}{25} \\ 18 &\mathrel{\hat{=}} \underline{\underline{72\,\%}} \end{aligned}$$

(Umformungsschritte: $:25$, dann $\cdot 18$)

Lösung mit Verhältnisgleichung:

$$\frac{x}{18} = \frac{100\,\%}{25} \qquad |\cdot 18$$

$$x = \frac{18 \cdot 100\,\%}{25}$$

$$x = \underline{\underline{72\,\%}}$$

Lösung mit Prozentformeln:

Grundwert: $G = 25$

Prozentwert: $W = 18$

Prozentsatz: $p\,\% = \frac{W \cdot 100}{G}\,\% = \frac{18 \cdot 100}{25}\,\% = \underline{\underline{72\,\%}}$

Lösung mit Dezimalbruch:

$$\frac{18}{25} = 0{,}72 = \underline{\underline{72\,\%}}$$

Für 72 % der Kinder wurde ein Stammbaum gepflanzt.

b)

	Anzahl	Winkel
Süßkirsche	10	$\frac{10}{18} \cdot 360° = 200°$
Eiche	4	$\frac{4}{18} \cdot 360° = 80°$
Sommerlinde	3	60°
Blutbuche	1	20°
Summe	18	360°

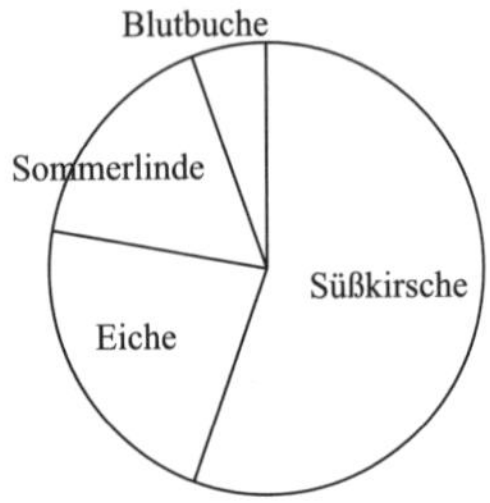

c) **Kosten für 10 Süßkirschen, 4 Eichen, eine Blutbuche und den Versand:**

$10 \cdot 19{,}90\,€ + 4 \cdot 14{,}90\,€ + 18{,}90\,€ + 5{,}90\,€ = \underline{283{,}40\,€}$

Kosten für 3 Sommerlinden:

$343{,}10\,€ - 283{,}40\,€ = \underline{59{,}70\,€}$

Kosten für eine Sommerlinde:

$59{,}70\,€ : 3 = \underline{\underline{19{,}90\,€}}$

Eine Sommerlinde kostet 19,90 €.

Pflichtaufgabe 2

a) 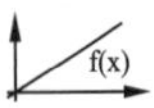

Der Faktor 3 streckt den Funktionsgraphen in y-Richtung, sodass der größte y-Wert 3 ist. Der Faktor 2 vor dem x staucht den Funktionsgraphen in x-Richtung, sodass das erste Maximum bereits bei $x = \frac{\pi}{4}$ entsteht.

Graph:

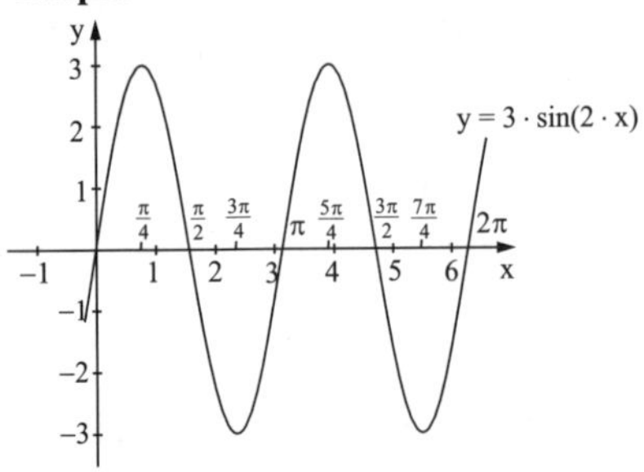

b) kleinste Periode: π
Wertebereich: W = [–3; 3]

c) Nullstellen sind $\dfrac{\pi}{2}$ und π.

Pflichtaufgabe 3

a) **Größe des Winkels ∢VSL:**

$\sphericalangle VSL = 180° - 47° - 51° = \underline{\underline{82°}}$

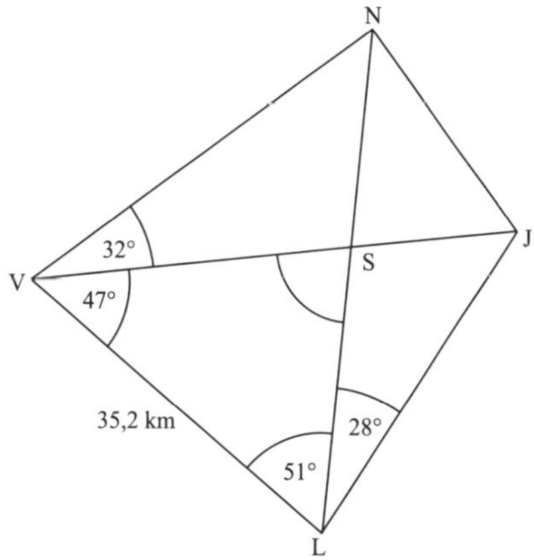

Skizze (nicht maßstäblich)

Entfernung $\overline{VS}$:

Sinussatz im Dreieck VLS:

$$\frac{\overline{VS}}{\sin 51°} = \frac{35{,}2\ \text{km}}{\sin 82°} \qquad |\cdot \sin 51°$$

$$\overline{VS} = \frac{35{,}2\ \text{km} \cdot \sin 51°}{\sin 82°}$$

$$\overline{VS} = \underline{\underline{27{,}6\ \text{km}}}$$

b) **Entfernung $\overline{JN}$:**

$\sphericalangle JSN = 82°$ (Scheitelwinkel)

Kosinussatz im Dreieck SJN:

$$\overline{JN}^2 = (19{,}1^2 + 15{,}1^2 - 2 \cdot 19{,}1 \cdot 15{,}1 \cdot \cos 82°)\ \text{km}^2$$

$$\overline{JN}^2 = 512{,}54\ \text{km}^2 \qquad |\sqrt{}$$

$$\overline{JN} = \underline{\underline{22{,}6\ \text{km}}}$$

Die Entfernung $\overline{JN}$ beträgt 22,6 km.

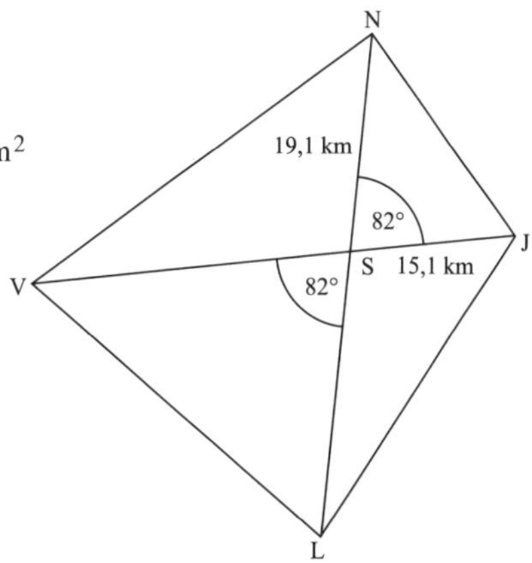

Skizze (nicht maßstäblich)

Pflichtaufgabe 4

a) Wenn das Produkt aus einer natürlichen Zahl und ihrem Nachfolger um 4 vermindert wird, ergibt sich 2.

b) Multipliziere die Klammer aus, fasse zusammen und löse die quadratische Gleichung.

$$x \cdot (x+1) - 4 = 2$$
$$x^2 + x - 4 = 2 \quad |-2$$
$$x^2 + x - 6 = 0$$

Es ist eine quadratische Gleichung in Normalform mit $p=1$ und $q=-6$ entstanden.

$$x_{1,2} = -\frac{1}{2} \pm \sqrt{\frac{1^2}{4} - (-6)}$$

$$x_{1,2} = -\frac{1}{2} \pm \sqrt{\frac{25}{4}}$$

$$x_{1,2} = -\frac{1}{2} \pm \frac{5}{2}$$

$x_1 = 2 \quad x_2 = -3$

Probe für $x_1 = 2$: $\quad 2 \cdot (2+1) - 4 = 2 \quad ?$
$2 = 2$ wahr

Probe für $x_2 = -3$: $\quad -3 \cdot (-3+1) - 4 = 2 \quad ?$
$2 = 2$ wahr

Lösungsmenge: $\underline{\underline{L = \{2; -3\}}}$

c) Überlege, wann die Lösungsformel $x_{1,2} = -\frac{p}{2} \pm \sqrt{\frac{p^2}{4} - q}$ genau eine Lösung ergibt.

Nur dann, wenn der Ausdruck unter der Wurzel null ist, gibt es genau eine Lösung.
Mit $p=-8$ ergibt sich:

$$\frac{(-8)^2}{4} - q = 0$$
$$16 - q = 0 \quad |+q$$
$$16 = q$$

Für $q = 16$ ergibt sich genau eine Lösung.

Pflichtaufgabe 5

a) Das Zweitafelbild besteht aus dem Aufriss (Ansicht von vorn) und dem Grundriss (Ansicht von oben).

	im Original	im Bild	
		Maßstab 1:100	Maßstab 1:200
Länge der Grundkante	9,80 m	9,8 cm	4,9 cm

Zweitafelbild im Maßstab 1 : 200

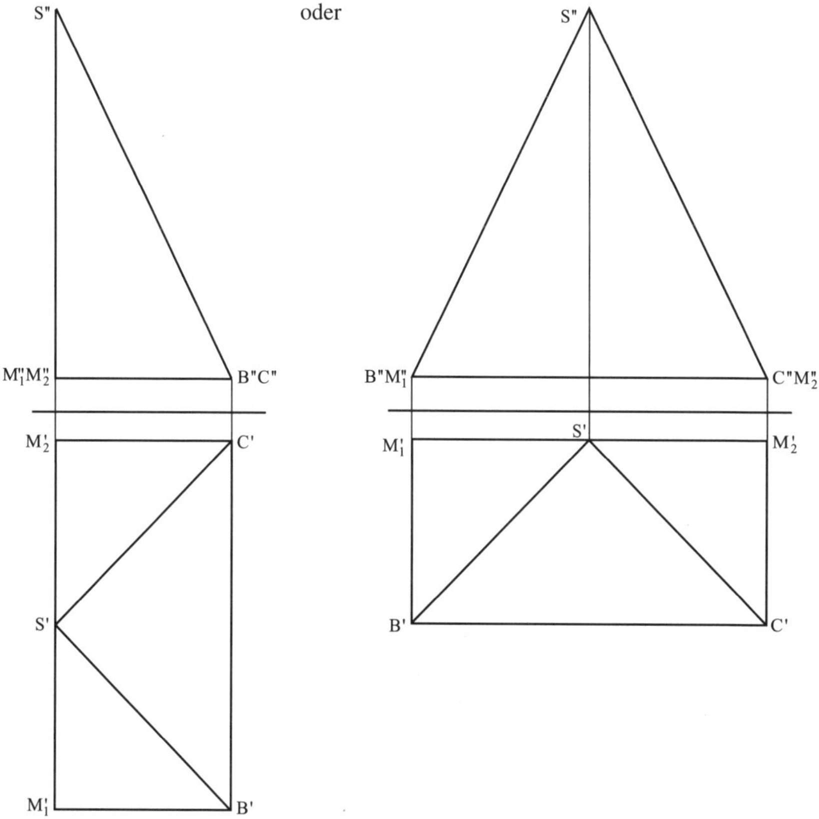

b) Die Grundfläche ist ein Rechteck.

$9{,}80\text{ m} \cdot 4{,}90\text{ m} = \underline{\underline{48{,}02\text{ m}^2}}$

c)  Das Dreieck M_1BS ist am Punkt M_1 rechtwinklig.
Die zu verglasende Fläche ist viermal so groß wie die Fläche des Dreiecks M_1BS.

Länge der Strecke $\overline{M_1S}$:

$\overline{M_1S} = \sqrt{(9{,}80\text{ m})^2 + (4{,}90\text{ m})^2}$

$\overline{M_1S} = \underline{10{,}96\text{ m}}$

Flächeninhalt des Dreiecks M_1BS:

$\frac{1}{2} \cdot 4{,}90\text{ m} \cdot 10{,}96\text{ m} \approx \underline{26{,}85\text{ m}^2}$

Inhalt der insgesamt zu verglasenden Fläche:

$4 \cdot 26{,}85\text{ m}^2 = \underline{\underline{107{,}4\text{ m}^2}}$

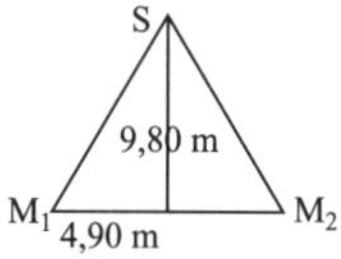

Skizze (nicht maßstäblich)

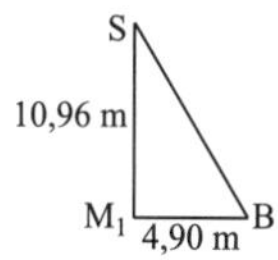

Skizze (nicht maßstäblich)

Wahlaufgabe 1

a) **Baumdiagramm**:

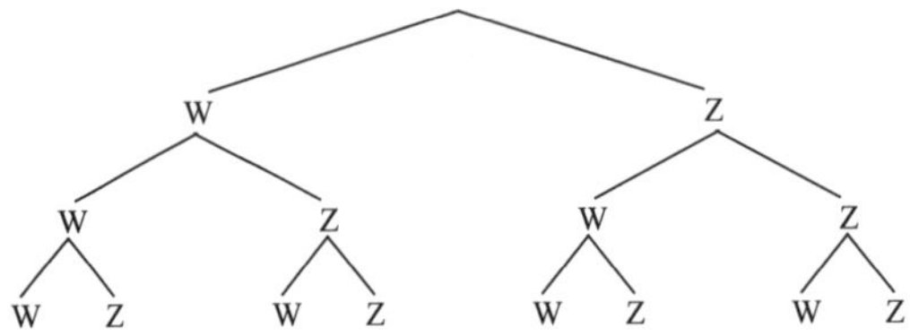

Ergebnismenge:

S = {(WWW); (WWZ); (WZW); (WZZ); (ZWW); (ZWZ); (ZZW); (ZZZ)}

b) Stelle die Anzahl der Wappen und die zugehörigen Ergebnisse des Zufallsversuchs in einer Tabelle zusammen.

Die Zufallsgröße X (Anzahl der Wappen) kann die Werte 0, 1, 2 und 3 annehmen.

X	zugehörige Ergebnisse des Zufallsversuchs	Anzahl der Ergebnisse	Wahrscheinlichkeit
0	(ZZZ)	1	$\frac{1}{8} = 0{,}125 = 12{,}5\ \%$
1	(WZZ); (ZWZ); (ZZW)	3	$\frac{3}{8} = 0{,}375 = 37{,}5\ \%$
2	(WWZ); (WZW); (ZWW)	3	37,5 %
3	(WWW)	1	12,5 %
	Summe:	8	100 %

Säulendiagramm:

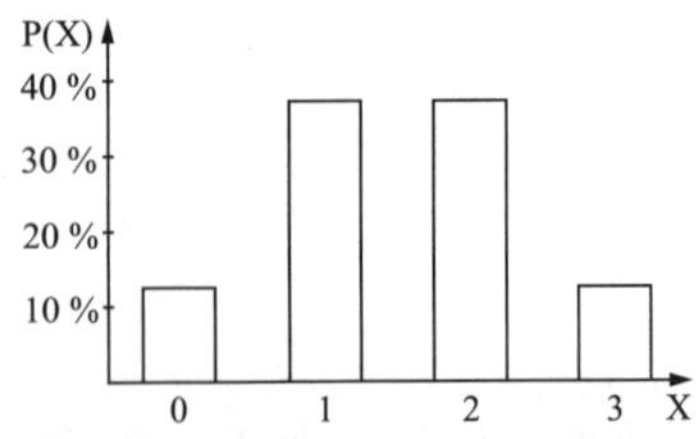

c) Wie viele natürliche Zahlen sind es von null bis sechs?

Bei 6-maligem Münzwurf hat die Zufallsgröße Y (Anzahl der Wappen) 7 Werte.

Wahlaufgabe 2

a) Gesucht sind 6,56 % von 571,62 Millionen Euro. Für die Rechnung kannst du die Einheit (Millionen Euro) vorübergehend weglassen.

Lösung mit Dreisatz:

$$\begin{aligned} &100\,\% \mathrel{\hat{=}} 571{,}62 \\ :100 \quad &\qquad\qquad\qquad :100 \\ &1\,\% \mathrel{\hat{=}} \frac{571{,}62}{100} \\ \cdot 6{,}56 \quad &\qquad\qquad\qquad \cdot 6{,}56 \\ &6{,}56\,\% \mathrel{\hat{=}} \frac{6{,}56 \cdot 571{,}62}{100} \\ &6{,}56\,\% \mathrel{\hat{=}} \underline{37{,}498} \end{aligned}$$

Lösung mit Verhältnisgleichung:

$$\frac{x}{6{,}56} = \frac{571{,}62}{100} \qquad |\cdot 6{,}56$$

$$x = \frac{6{,}56 \cdot 571{,}62}{100}$$

$$x = \underline{37{,}498}$$

Lösung mit Prozentformeln:

Grundwert: $G = 571{,}62$

Prozentsatz: $p\,\% = 6{,}56\,\%$

Prozentwert: $W = \frac{p \cdot G}{100}$

$$= \frac{6{,}56 \cdot 571{,}62}{100}$$

$$= \underline{37{,}498}$$

Lösung mit Dezimalbruch:

$0{,}0656 \cdot 571{,}62 = \underline{37{,}498}$

Die Stadt Leipzig sollte ursprünglich rund 37,5 Millionen Euro für den City-Tunnel aufbringen.

b) Jede Röhre ist ein Zylinder mit einem Radius von 4,50 m und einer Länge von 1 438,00 m.

Volumen einer Röhre:

$V = \pi r^2 h = \pi \cdot (4{,}5\text{ m})^2 \cdot 1\,438\text{ m} = \underline{91\,481{,}6\text{ m}^3}$

Gesamtvolumen der beiden Röhren:

$2 \cdot 91\,481{,}6\text{ m}^3 = 182\,963{,}2\text{ m}^3 \approx \underline{\underline{183\,000\text{ m}^3}}$

c) Bestimme zuerst, wie viele Tübbingringe für eine Röhre benötigt werden.

Anzahl der kompletten Tübbingringe für eine Röhre:

$1\,438\text{ m} : 1{,}80\text{ m} = 798{,}88889 \approx \underline{799}$

Anzahl der Tübbings für eine Röhre:

$8 \cdot 799 = \underline{6\,392}$

Gesamtzahl der Tübbings für beide Röhren:

$2 \cdot 6\,392 = \underline{\underline{12\,784}}$

d) Ein Tübbingring ist ein 1,80 m langer Hohlzylinder. Um den Außen- und den Innenradius zu ermitteln, musst du vom Radius der Röhre (4,50 m) die Dicke der Füllschicht (15 cm) und die Wandstärke des Tübbings (0,40 m) abziehen.

Außenradius r_a des Tübbingrings:
$r_a = 4{,}50\text{ m} - 0{,}15\text{ m} = \underline{4{,}35\text{ m}}$

Innenradius r_i des Tübbingrings:
$r_i = 4{,}50\text{ m} - 0{,}15\text{ m} - 0{,}40\text{ m} = \underline{3{,}95\text{ m}}$

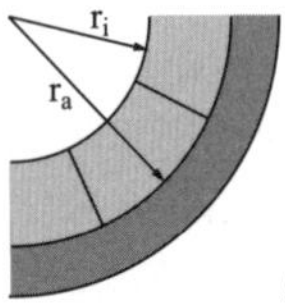

Skizze (nicht maßstäblich)

Volumen eines Tübbingrings: (alle Angaben in m bzw. m^3)
$V = \pi h(r_a^2 - r_i^2) = \pi \cdot 1{,}8 \cdot (4{,}35^2 - 3{,}95^2) = 18{,}774 \approx \underline{18{,}8}$
Für einen Tübbingring werden rund 18,8 Kubikmeter Beton benötigt.

Wahlaufgabe 3

a) Da die Spannweite 54,30 m beträgt, liegen die Enden der Brücke 27,15 m von der Brückenmitte entfernt.

Skizze des Graphen:

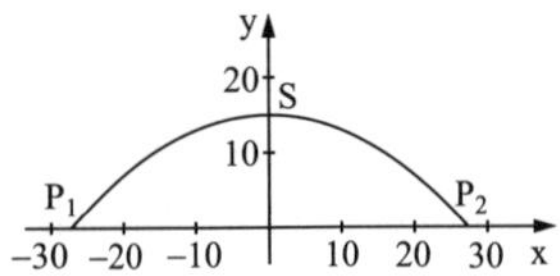

Koordinaten: S(0; 15), P_1(–27,15; 0), P_2(27,15; 0)

b) Setze die Koordinaten des Punktes P_2 in die Funktionsgleichung ein.

$$\begin{aligned} y &= a \cdot x^2 + 15 && |\, x = 27{,}15;\ y = 0 \\ 0 &= a \cdot 27{,}15^2 + 15 && |-15 \\ -15 &= a \cdot 737{,}12 && |:737{,}12 \\ \underline{\underline{-0{,}02}} &= a \end{aligned}$$

Auf Hundertstel gerundet hat a den Wert –0,02.

c) Die längste Verstrebung ist 15 m lang.

Die Länge der kürzesten Verstrebung entspricht dem Funktionswert y an dieser Stelle. Zuerst musst du aber den x-Wert für die kürzeste Verstrebung ermitteln.

Länge eines Abschnitts (10 Abschnitte auf 54,30 m):
$54{,}30\text{ m} : 10 = \underline{5{,}43\text{ m}}$

Entfernung der vierten Verstrebung von der Mitte:
$4 \cdot 5{,}43\text{ m} = \underline{21{,}72\text{ m}}$

y-Wert an der Stelle x = 21,72:
$y = -0{,}02 \cdot 21{,}72^2 + 15 = \underline{5{,}56}$

Die kürzeste Verstrebung hat eine Länge von 5,56 m.

Realschulabschluss 2010 Sachsen
Mathematik

Teil A (30 Minuten, ohne Taschenrechner und Formelsammlung)

1. Berechnen Sie.
   a) $15{,}9 + 0{,}328 + 149 =$
   b) $\frac{2}{5} : \frac{4}{15} =$
   c) $10^{x} = 10\,000$
      $x =$
   d) 15 € sind 5 % von ________ €.

2. Johanna hat in einem Ordner Sammelblätter. Die Hälfte davon schenkt sie ihrer kleinen Schwester und von den restlichen Sammelblättern im Ordner gibt sie ein Drittel ihrem kleinen Bruder. Nun hat sie noch 6 Sammelblätter übrig.
   Wie viele Sammelblätter hatte Johanna im Ordner?

3. Ein Rechteck besteht aus drei Quadraten.
   Die beiden kleinen Quadrate sind gleich groß.
   Welchen Flächeninhalt hat das Rechteck, wenn die Seitenlänge eines kleinen Quadrates 4 cm beträgt?

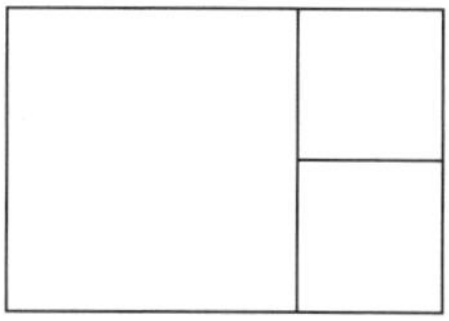

4. In welcher der folgenden Datenreihen beträgt das arithmetische Mittel genau 3?
   Kreuzen Sie an.

☐	☐	☐	☐	☐
1; 3	1; 6	0; 1; 2	1; 1; 7	3; 4; 5; 6; 7

5. Geben Sie näherungsweise die Länge und die Breite der abgebildeten Aufbewahrungsbox an.

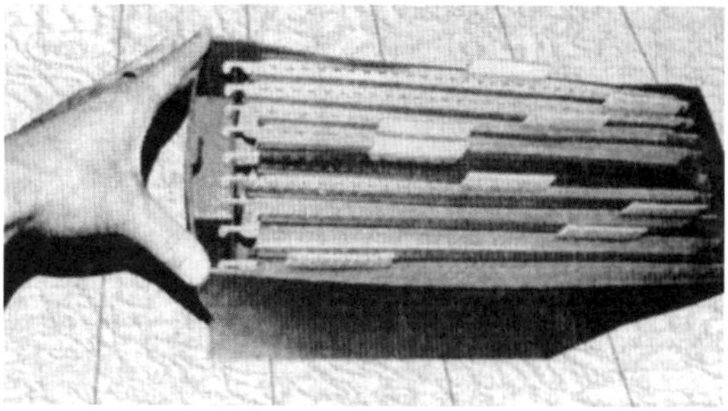

6. Zeichnen Sie alle Symmetrieachsen in die abgebildete Figur ein.

7. Geben Sie die Lösung der Gleichung an.

$$\frac{12}{x} = \frac{20}{50}$$

8. Gegeben ist der nebenstehende Körper. Welche der folgenden Abbildungen zeigt die Ansicht von rechts? Kreuzen Sie an.

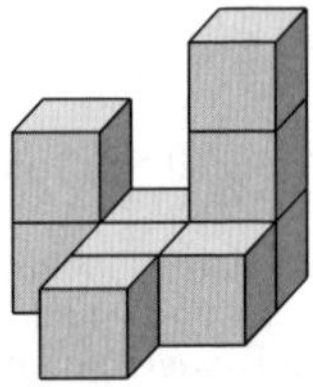

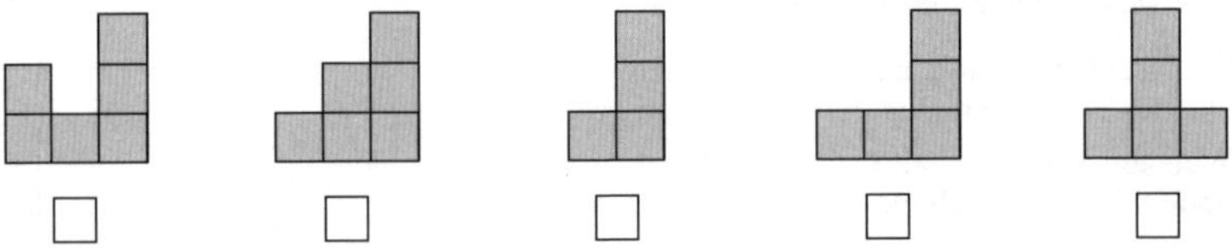

9. Geben Sie für die nebenstehende Funktion f den Wertebereich an.

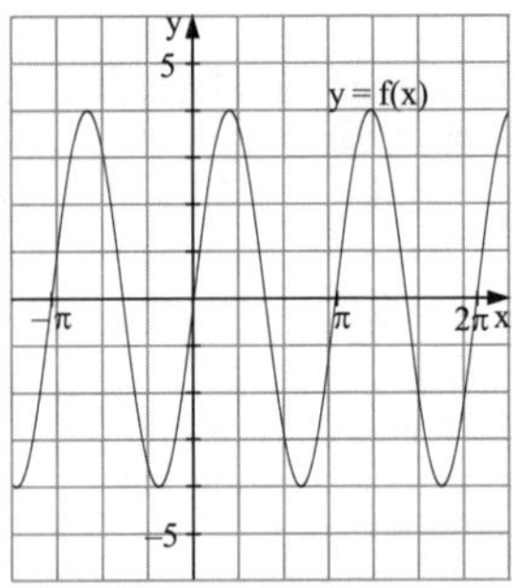

Für Teil A erreichbare BE: 12

Pflichtaufgabe 1

Tabea hat in ihrem letzten Ferienjob 280,00 € verdient. Sie legt dieses Geld und ihre bisherigen Ersparnisse von 2 320,00 € zusammen in einem Junior-Sparplan bei einer Bank für vier Jahre zu den folgenden Konditionen fest an.

Jahr	1.	2.	3.	4.
Zinssatz	1,5 %	1,8 %	2,4 %	3,0 %

Die Zinsen werden nach jedem Jahr dem Guthaben hinzugefügt und im folgenden Jahr mitverzinst.

a) Berechnen Sie die Zinsen für das erste Jahr.

b) Berechnen Sie das Guthaben, über das Tabea nach vier Jahren insgesamt verfügen kann.

c) Auf wie viel Prozent ist das Guthaben am Ende der Laufzeit gestiegen?

Für Pflichtaufgabe 1 erreichbare BE: 5

Pflichtaufgabe 2

Für die Zeit der Baumaßnahmen in einem Einkaufszentrum muss ein Ersatzparkplatz geschaffen werden. Die nebenstehende Abbildung zeigt den geplanten Ersatzparkplatz. Die folgenden Werte wurden ermittelt.

$\overline{AD} = 21{,}5\text{ m}$

$\overline{BD} = 172{,}5\text{ m}$

$\overline{CD} = 126{,}5\text{ m}$

$\sphericalangle ADB = \delta = 66{,}0°$

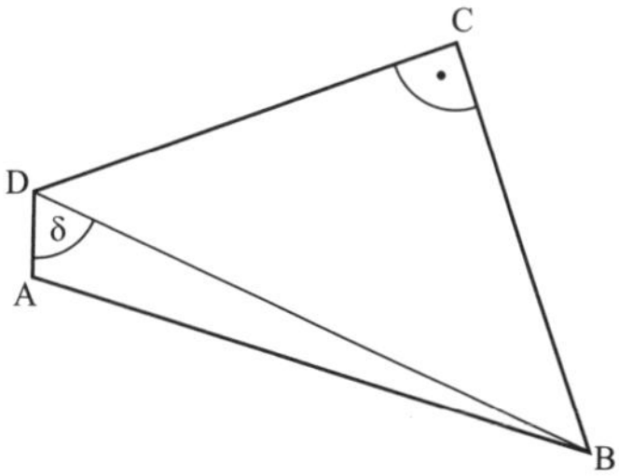

Abbildung (nicht maßstäblich)

a) Der Parkplatz soll entlang der Seite $\overline{BC}$ durch einen Bauzaun gesichert werden. Berechnen Sie die Länge des Bauzauns.

b) Die ansässigen Firmen wollen entlang der Seite $\overline{AB}$ Werbung anbringen. Berechnen Sie die Länge dieser Seite.

c) Der Betreiber des Einkaufszentrums wünscht, dass der Ersatzparkplatz etwa die Größe von 1 Hektar haben soll.
Berechnen Sie den Flächeninhalt des Ersatzparkplatzes und vergleichen Sie diesen Wert mit dem Wunsch des Betreibers.

Für Pflichtaufgabe 2 erreichbare BE: 7

Pflichtaufgabe 3

Gegeben sind die linearen Funktionen $y = f(x) = -3x + 6$ und $y = g(x)$. Der Graph der Funktion g verläuft durch die Punkte $P_1(0; -3)$ und $P_2(3; 0)$.

a) Zeichnen Sie die Graphen der Funktionen f und g mindestens im Intervall $0 \le x \le 4$ in ein und dasselbe Koordinatensystem.

b) Geben Sie die Gleichung der Funktion g an.

c) Die Graphen der Funktionen f und g schneiden einander im Punkt S.
Berechnen Sie die Koordinaten vom Punkt S.

Für Pflichtaufgabe 3 erreichbare BE: 6

Pflichtaufgabe 4

In modernen chemischen Anlagen werden kugelförmige Gasbehälter mit einem Außendurchmesser von 16,00 m verwendet. Die Hülle eines Behälters hat eine Wandstärke von 2 cm.

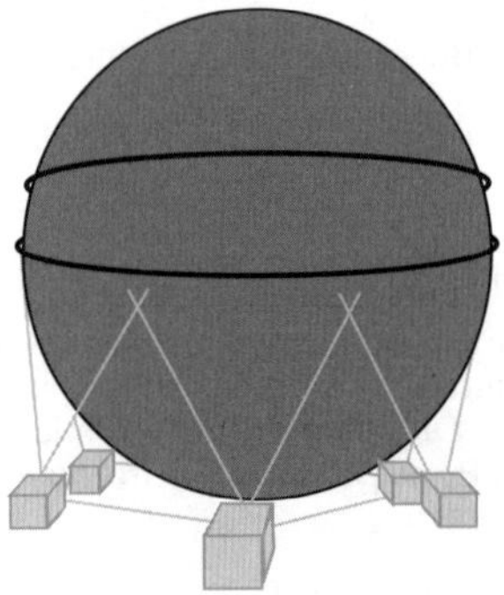

a) Berechnen Sie den Oberflächeninhalt eines solchen Gasbehälters.

b) Geben Sie den Innendurchmesser und das Fassungsvermögen des Gasbehälters an.

c) Die Hülle des Gasbehälters besteht aus Stahl mit einer Dichte von $7{,}89\,\frac{g}{cm^3}$.

Berechnen Sie die Masse der Hülle.

Für Pflichtaufgabe 4 erreichbare BE: 6

Pflichtaufgabe 5

Gegeben ist das Rechteck ABCD mit den Seitenlängen $\overline{AB} = 7{,}0\text{ cm}$ und $\overline{BC} = 6{,}0\text{ cm}$.

a) Zeichnen Sie das Rechteck ABCD und die Diagonale $\overline{AC}$.

b) Berechnen Sie die Größe des Winkels DCA.

c) – Zeichnen Sie in das Dreieck ACD die Höhe $h_{\overline{AC}}$ ein. Beschriften Sie den Fußpunkt der Höhe mit E.
   – Begründen Sie, dass die Dreiecke ACD und ECD zueinander ähnlich sind.

Für Pflichtaufgabe 5 erreichbare BE: 6

Wahlaufgabe 1

Die Schüler der 10a bauen für ein Fest ihrer Patenklasse ein Glücksrad mit 15 gleich großen Feldern. Ein Drittel der Felder ist grün (g) gefärbt und der Rest ist weiß (w). Die Eintrittschancen sind für alle Felder gleich.

Ein Spielteilnehmer muss das Glücksrad nacheinander fünfmal drehen. Als Spielergebnis werden die Farben in der Reihenfolge der Drehungen auf einem Spielschein notiert, zum Beispiel | g | w | w | w | g |.

a) Geben Sie für die folgenden Spielergebnisse je ein Beispiel an.

(A) höchstens zweimal weiß

(B) mindestens einmal grün

(C) nicht die gleiche Farbe bei 1. und 5. Drehung

b) Wie viele unterschiedliche Spielergebnisse gibt es insgesamt?

c) Berechnen Sie die Wahrscheinlichkeit dafür, dass ein Spieler | w | w | w | w | w | erreicht.

d) Einen Trostpreis bekommt man für ein Spielergebnis, das genau viermal die gleiche Farbe enthält.

- Wie viele solcher Spielergebnisse gibt es?
- Berechnen Sie die Wahrscheinlichkeit dafür, diesen Trostpreis zu erhalten.

Für Wahlaufgabe 1 erreichbare BE: 8

Wahlaufgabe 2

Ein Metallbaubetrieb wird mit der Herstellung eines Werkstücks beauftragt, das die Form eines Prismas hat (siehe Abbildung). Die beiden gleichgroßen zylinderförmigen Bohrungen gehen durch das gesamte Werkstück.

Maßangaben in Millimeter
Abbildung (nicht maßstäblich)

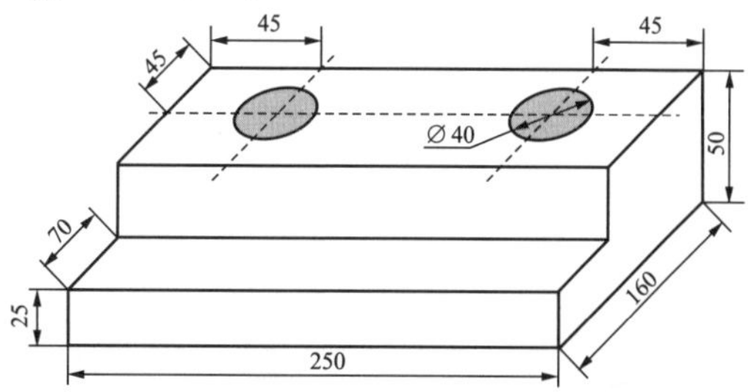

a) Zeichnen Sie ein senkrechtes Zweitafelbild des Werkstücks in einem geeigneten Maßstab und geben Sie diesen an.

b) Das Werkstück wird aus Werkzeugstahl mit einer Dichte von $7{,}92\,\frac{\text{g}}{\text{cm}^3}$ hergestellt. Berechnen Sie die Masse des Werkstücks.

Für Wahlaufgabe 2 erreichbare BE: 8

Wahlaufgabe 3

Felix beginnt eine Lehre in Dresden. Er will eine kleine Wohnung mieten. Von der Wohnung fertigte er die folgende nicht maßstäbliche Skizze an.

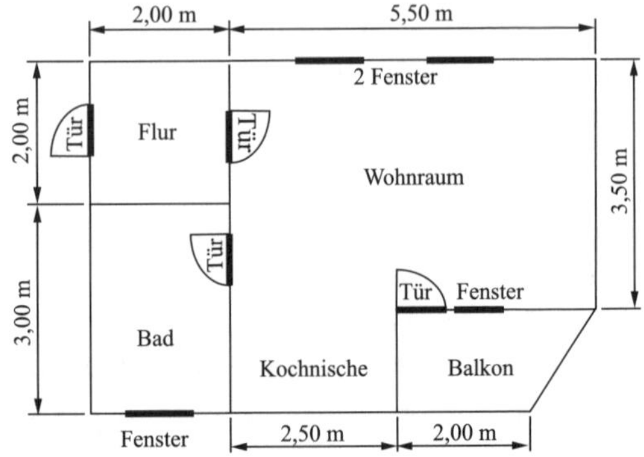

Für die monatliche Kaltmiete werden die Grundflächeninhalte aller Räume und ein Viertel der Balkonfläche angerechnet. Zur Berechnung der Kaltmiete wird die Summe der Flächeninhalte auf ganze Quadratmeter aufgerundet.

Die monatliche Kaltmiete dieser Wohnung beträgt 3,40 € je Quadratmeter. Pro Monat veranschlagt der Vermieter für die Nebenkosten 65 % der Kaltmiete. Für elektrische Energie sind 25,00 € einzuplanen.

a) Berechnen Sie, wie viel Quadratmeter für die Berechnung der Kaltmiete dieser Wohnung zugrunde zu legen sind.

b) Berechnen Sie, wie viel Euro Felix insgesamt für Kaltmiete, Nebenkosten und Energie im Monat einplanen muss.

c) Felix legt sich in einem Tabellenkalkulationsprogramm ein Haushaltsbuch an. Er trägt regelmäßig das Datum, die Einnahmen und die Ausgaben in die entsprechenden Spalten ein.

	A	B	C	D	E	F	G	H
1	**Haushaltsbuch September**							
2								
3	**Datum**	**Einnahmen**	**Ausgaben**					**Stand**
4			Nahrung, Getränke	Miete, Nebenkosten, Energie	Bekleidung, Schuhe	Sonstiges	Summe der Ausgaben	
5	01.09.	340,00 €	15,49 €				15,49 €	324,51 €
6	04.09.	164,00 €	3,15 €	25,00 €	1,79 €	12,80 €	42,74 €	445,77 €
7	05.09.		21,34 €			10,00 €	31,34 €	414,43 €
8	07.09.					5,60 €	5,60 €	408,83 €
9								
10		**=SUMME(B5:B9)**	**39,98 €**	**25,00 €**	**1,79 €**	**28,40 €**		

– Geben Sie den Betrag an, der in der Zelle B10 berechnet wird.

– Geben Sie für die Zelle H6 eine Formel an.

Für Wahlaufgabe 3 erreichbare BE: 8

Lösungen

Teil A

1. a) Schreibe die Zahlen so untereinander, dass die Kommas an der gleichen Stelle sind, und fülle die Dezimalstellen mit Nullen auf.

$$\begin{array}{r} 15{,}900 \\ +\ \ \ 0{,}328 \\ +\ 149{,}000 \\ \hline \underline{\underline{165{,}228}} \end{array}$$

b) $\frac{2}{5} : \frac{4}{15} = \frac{2}{5} \cdot \frac{15}{4} = \frac{\cancel{2}^1 \cdot \cancel{15}^3}{\cancel{5}^1 \cdot \cancel{4}^2} = \underline{\underline{\frac{3}{2}}}$

c) Schreibe 10 000 als Potenz von 10.

$10\,000 = 10 \cdot 10 \cdot 10 \cdot 10 = 10^4$, also ist $\underline{\underline{x = 4}}$.

d) Überlege, wie viel Euro 1 % sind.

$15\ € \mathrel{\hat{=}} 5\ \% \Rightarrow 3\ € \mathrel{\hat{=}} 1\ \% \Rightarrow 300\ € \mathrel{\hat{=}} 100\ \%$

15 € sind 5 % von 300 €.

2. Skizziere die Aufteilung.

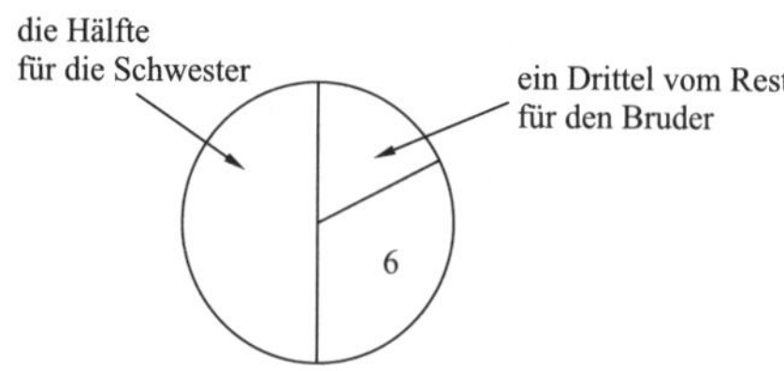

6 Blätter bleiben übrig, das sind zwei Drittel vom Rest. Also muss der Bruder 3 Blätter (ein Drittel vom Rest) bekommen haben, und die Schwester hat $3 + 6 = 9$ Blätter erhalten. Johanna hatte also 18 Sammelblätter in ihrem Ordner.

3. Ergänze die Skizze durch die Angaben aus dem Text.

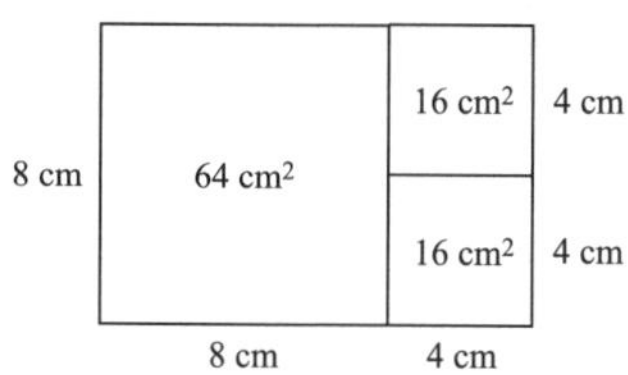

Das Rechteck hat einen Flächeninhalt von 96 cm^2.

4. Berechne für jede Datenreihe das arithmetische Mittel.

Datenreihe	arithmetisches Mittel
1; 3	$\overline{x} = \frac{1+3}{2} = \frac{4}{2} = 2$
1; 6	$\overline{x} = \frac{1+6}{2} = \frac{7}{2} = 3{,}5$
0; 1; 2	$\overline{x} = \frac{0+1+2}{3} = \frac{3}{3} = 1$
1; 1; 7	$\overline{x} = \frac{1+1+7}{3} = \frac{9}{3} = \underline{3}$
3; 4; 5; 6; 7	$\overline{x} = \frac{3+4+5+6+7}{5} = \frac{25}{5} = 5$

Nur die Datenreihe 1; 1; 7 hat das arithmetische Mittel 3.

5. Miss die Breite und die Länge der Box in der Abbildung.
Miss an deiner Hand die Entfernung zwischen Daumen und Zeigefinger.

	in der Abbildung	in Wirklichkeit
Breite der Box	2 cm	14 cm
Länge der Box	5 cm	

1 cm in der Abbildung entspricht 7 cm in der Wirklichkeit. Also ist die Box ungefähr $7 \cdot 5\text{ cm} = 35\text{ cm}$ lang.

6.

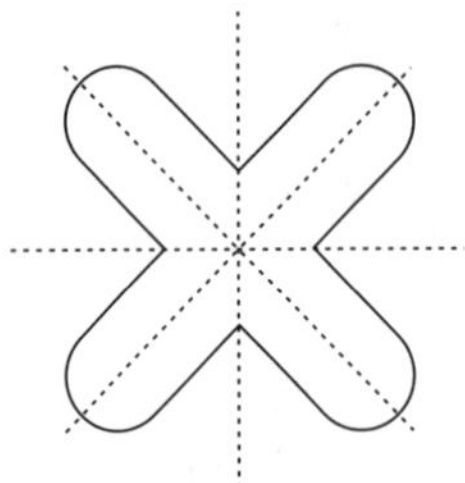

7. $\frac{12}{x} = \frac{20}{50}$ | das Reziproke bilden

$\frac{x}{12} = \frac{50}{20}$ | kürzen | $\cdot 12$

$x = \frac{5 \cdot 12}{2}$

$\underline{\underline{x = 30}}$

8. Betrachte das Schrägbild. Die beiden vorderen Reihen sind jeweils nur einen Würfel hoch, die hintere Reihe besteht in der Höhe aus maximal drei Würfeln.

   Diese Abbildung zeigt den Körper von rechts:

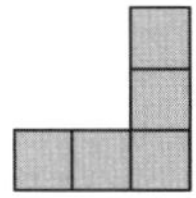

9. Der Wertebereich gibt an, welche y-Werte bei einer Funktion vorkommen können.

   $-4 \le y \le 4$ oder $W = [-4; 4]$

Teil B

Pflichtaufgabe 1

a) Berechne zunächst das Startkapital (Grundwert). Anschließend können die Zinsen berechnet werden.

Startkapital:

$280\,€ + 2\,320\,€ = \underline{2\,600\,€}$

Zinsen im ersten Jahr:

Lösung mit Dreisatz:

$$\begin{aligned} 100\,\% &\mathrel{\hat=} 2\,600\,€ && \big) :100 \\ 1\,\% &\mathrel{\hat=} \frac{2\,600\,€}{100} && \big) \cdot 1{,}5 \\ 1{,}5\,\% &\mathrel{\hat=} \frac{1{,}5 \cdot 2\,600\,€}{100} \\ 1{,}5\,\% &\mathrel{\hat=} \underline{\underline{39\,€}} \end{aligned}$$

Lösung mit Verhältnisgleichung:

$$\frac{x}{1{,}5\,\%} = \frac{2\,600\,€}{100\,\%} \quad |\cdot 1{,}5\,\%$$

$$x = \frac{1{,}5\,\% \cdot 2\,600\,€}{100\,\%}$$

$$x = \underline{\underline{39\,€}}$$

Lösung mit Prozentformeln:

Kapital: $G = 2\,600\,€$

Zinssatz: $p\,\% = 1{,}5\,\%$

$$\text{Zinsen: } W = \frac{p \cdot G}{100} = \frac{1{,}5 \cdot 2\,600\,€}{100} = \underline{\underline{39\,€}}$$

Lösung mit Dezimalbruch:

Zinssatz: $1{,}5\,\% = 0{,}015$

Zinsen: $0{,}015 \cdot 2\,600\,€ = \underline{\underline{39\,€}}$

Die Zinsen für das erste Jahr betragen 39,00 €.

b) Die Zinsen erhöhen nach jedem Jahr das zu verzinsende Kapital.

Jahr	Zinssatz	Kapital	Zinsen
1.	1,5 %	2 600,00 €	39,00 €
2.	1,8 %	2 639,00 €	47,50 €
3.	2,4 %	2 686,50 €	64,48 €
4.	3,0 %	2 750,98 €	82,53 €
Ende		2 833,51 €	

Nach vier Jahren kann Tabea über insgesamt 2 833,51 € verfügen.

c) Vergleiche das Guthaben am Ende der Laufzeit mit dem Grundwert.

$$\frac{2\,833{,}51\,€}{2\,600\,€} \approx 1{,}0898 = \underline{\underline{108{,}98\,\%}}$$

Das Guthaben ist auf 108,98 % gestiegen.

Pflichtaufgabe 2

a) Das Dreieck BCD ist rechtwinklig. Deshalb kannst du den Satz des Pythagoras anwenden.

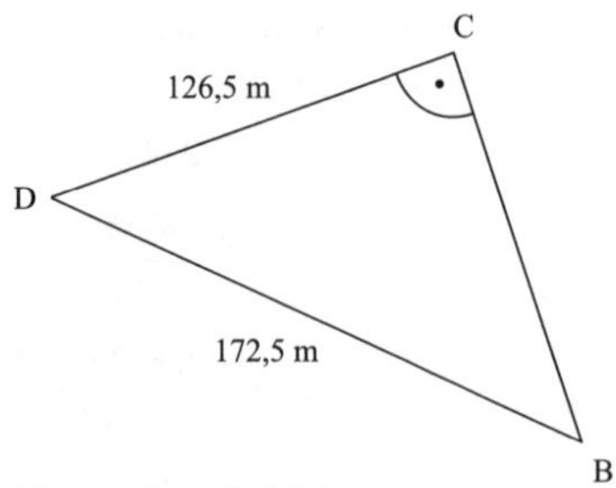

Skizze (nicht maßstäblich)

$$\overline{BC}^2 + \overline{CD}^2 = \overline{BD}^2 \qquad |-\overline{CD}^2$$

$$\overline{BC}^2 = \overline{BD}^2 - \overline{CD}^2 \qquad |\sqrt{}$$

$$\overline{BC} = \sqrt{\overline{BD}^2 - \overline{CD}^2}$$

$$\overline{BC} = \sqrt{172{,}5^2 - 126{,}5^2}\ \text{m}$$

$$\overline{BC} \approx \underline{\underline{117{,}3\ \text{m}}}$$

Der Bauzaun ist 117,3 m lang.

b) Das Dreieck ABD ist unregelmäßig. Gegeben sind zwei Seiten und der eingeschlossene Winkel. Die dritte Seite kannst du mit dem Kosinussatz berechnen.

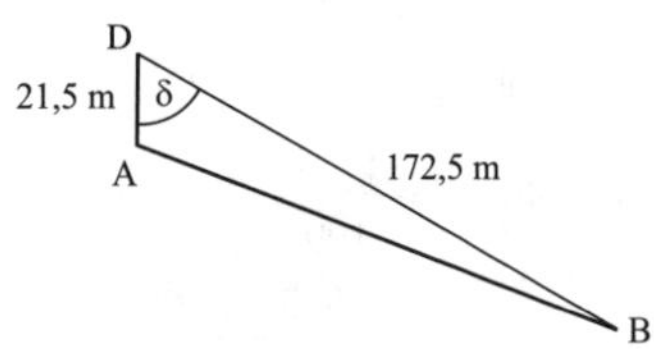

Skizze (nicht maßstäblich)

$$\overline{AB}^2 = \overline{AD}^2 + \overline{BD}^2 - 2 \cdot \overline{AD} \cdot \overline{BD} \cdot \cos\delta \qquad |\sqrt{}$$

$$\overline{AB} = \sqrt{\overline{AD}^2 + \overline{BD}^2 - 2 \cdot \overline{AD} \cdot \overline{BD} \cdot \cos\delta}$$

$$\overline{AB} = \sqrt{21{,}5^2 + 172{,}5^2 - 2 \cdot 21{,}5 \cdot 172{,}5 \cdot \cos 66^\circ}\ \text{m}$$

$$\overline{AB} \approx \underline{\underline{164{,}9\ \text{m}}}$$

Die Seite, an der die Werbung angebracht werden soll, ist 164,9 m lang.

c) Vom Dreieck ABD sind zwei Seiten und der eingeschlossene Winkel bekannt. Das Dreieck BCD ist rechtwinklig (ein „halbes Rechteck“).

Flächeninhalt des Dreiecks ABD:

$$\frac{1}{2}\cdot\overline{AD}\cdot\overline{BD}\cdot\sin\delta=\frac{1}{2}\cdot 21{,}5\text{ m}\cdot 172{,}5\text{ m}\cdot\sin 66°\approx\underline{1\,694\text{ m}^2}$$

Flächeninhalt des Dreiecks BCD:

$$\frac{1}{2}\cdot\overline{BC}\cdot\overline{CD}=\frac{1}{2}\cdot 117{,}3\text{ m}\cdot 126{,}5\text{ m}\approx\underline{7\,419\text{ m}^2}$$

Gesamtfläche:

$$1\,694\text{ m}^2+7\,419\text{ m}^2=9\,113\text{ m}^2=\underline{\underline{0{,}9113\text{ ha}}}$$

Der Flächeninhalt des Ersatzparkplatzes beträgt etwa 1 ha. Er entspricht dem Wunsch des Betreibers.

Pflichtaufgabe 3

a) Der Graph der Funktion $f(x)=-3x+6$ schneidet die y-Achse an der Stelle $n=6$ und hat den Anstieg $m=-3$.

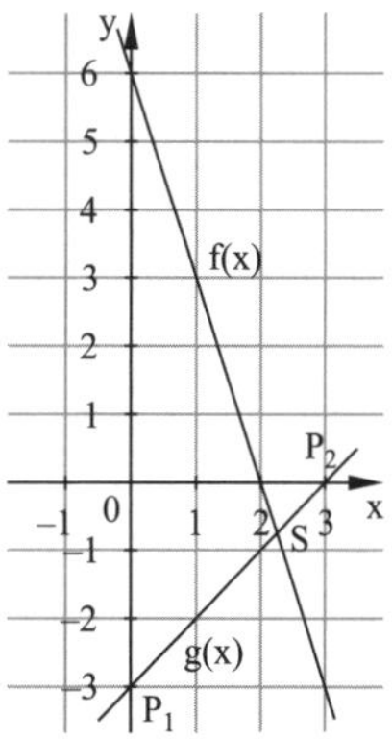

b) Der Graph der Funktion g(x) schneidet die y-Achse an der Stelle $n=-3$ und hat einen Anstieg von $m=1$. Die Funktionsgleichung lautet also
$y=g(x)=x-3$.

c) Den Schnittpunkt der Graphen der Funktionen erhält man durch Gleichsetzen der Funktionsterme.

$$f(x)=g(x)$$
$$-3x+6=x-3 \quad |+3x \quad |+3$$
$$9=4x \quad |:4$$
$$\frac{9}{4}=x$$

x in f(x) einsetzen:

$$y = f\left(\frac{9}{4}\right) = -3 \cdot \frac{9}{4} + 6 = -\frac{27}{4} + \frac{24}{4} = -\frac{3}{4}$$

x in g(x) einsetzen:

$$y = g\left(\frac{9}{4}\right) = \frac{9}{4} - 3 = \frac{9}{4} - \frac{12}{4} = -\frac{3}{4}$$

Der Schnittpunkt S hat die Koordinaten $x = \frac{9}{4}$ und $y = -\frac{3}{4}$.

Pflichtaufgabe 4

Fertige eine Skizze an.

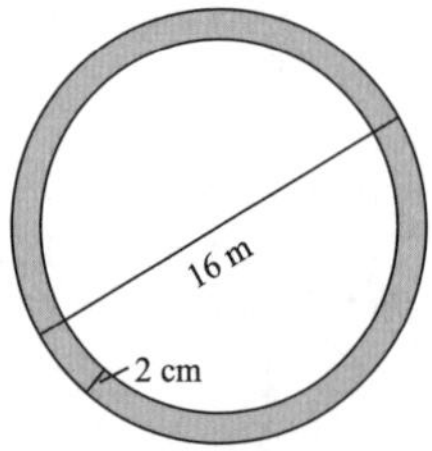

Skizze (nicht maßstäblich)

a) **Oberflächeninhalt A_O des Behälters (Kugel):**

$$A_O = \pi d^2 = \pi \cdot (16\text{ m})^2 \approx \underline{\underline{804{,}25\text{ m}^2}}$$

b) **Innendurchmesser d_i des Behälters:**

$$d_i = 16{,}00\text{ m} - 2 \cdot 0{,}02\text{ m} = \underline{\underline{15{,}96\text{ m}}}$$

Fassungsvermögen V_i des Behälters:

Das Innere des Behälters ist eine Kugel mit dem Durchmesser 15,96 m.

$$V_i = \frac{1}{6} \cdot \pi \cdot (15{,}96\text{ m})^3 \approx \underline{\underline{2\,128{,}6\text{ m}^3}}$$

c) **Volumen V der Kugel mit Durchmesser d = 16,00 m:**

$$V = \frac{1}{6} \cdot \pi \cdot (16{,}00\text{ m})^3 \approx \underline{2\,144{,}7\text{ m}^3}$$

Volumen der Hülle:

$$V - V_i = 2\,144{,}7\text{ m}^3 - 2\,128{,}6\text{ m}^3 = \underline{16{,}1\text{ m}^3}$$

Masse der Hülle:

Weil die Dichte in der Einheit $\frac{\text{g}}{\text{cm}^3}$ angegeben ist, muss das Volumen in cm^3 umgerechnet werden.

$$16{,}1\text{ m}^3 = 16\,100\,000\text{ cm}^3$$

$$16\,100\,000\text{ cm}^3 \cdot 7{,}89\,\frac{\text{g}}{\text{cm}^3} = 127\,029\,000\text{ g} \approx \underline{\underline{127\text{ t}}}$$

Die Hülle hat eine Masse von ungefähr 127 t.

Pflichtaufgabe 5

a)

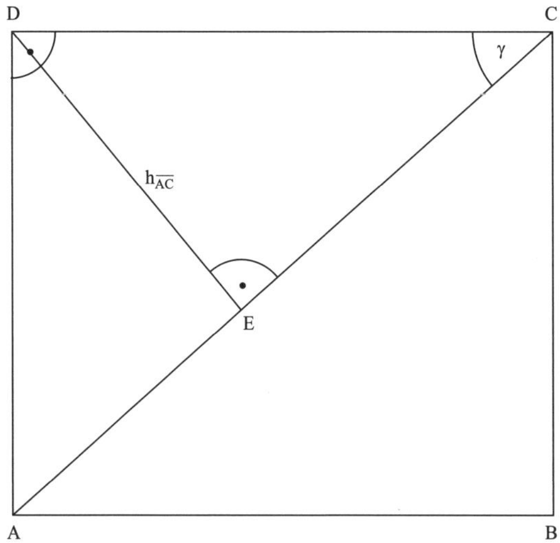

b) Das Dreieck ACD ist rechtwinklig. Deshalb kannst du die Definition des Tangens anwenden.

$$\tan\gamma = \frac{\overline{AD}}{\overline{CD}} = \frac{6\text{ cm}}{7\text{ cm}} \approx 0{,}8571 \quad |\tan^{-1}$$

$$\gamma \approx \underline{\underline{40{,}6°}}$$

Die Größe des Winkels DCA beträgt 40,6°.

c) – Die beiden Dreiecke haben jeweils einen rechten Innenwinkel (Winkel ADC und Winkel CED).

– Die beiden Dreiecke haben den Innenwinkel γ gemeinsam.

Da die beiden Dreiecke also in zwei Winkeln übereinstimmen, sind sie zueinander ähnlich (Hauptähnlichkeitssatz).

Wahlaufgabe 1

a) (A) g w g g w

(B) w w w g w

(C) w g w w g

b) Zeichne das Baumdiagramm.

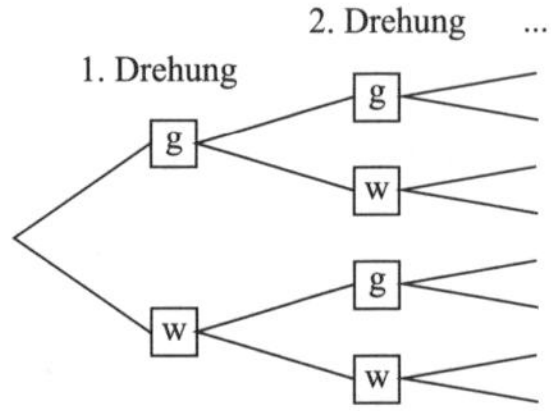

Für die erste Drehung gibt es zwei Möglichkeiten. Mit jeder weiteren Drehung verdoppelt sich die Anzahl der Möglichkeiten. Insgesamt gibt es also
$2 \cdot 2 \cdot 2 \cdot 2 \cdot 2 = 32$
unterschiedliche Spielergebnisse.

c) Ergänze im Baumdiagramm die Wahrscheinlichkeiten für die einzelnen Ereignisse.

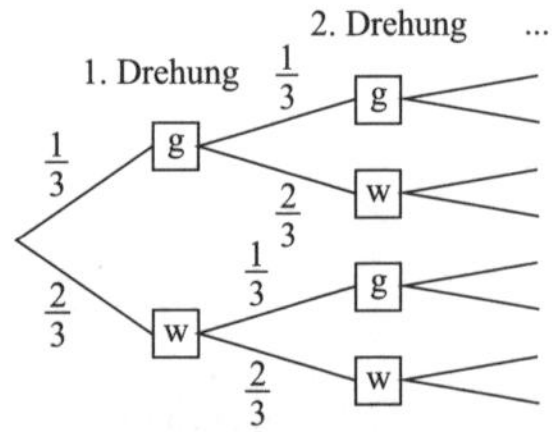

Die Eintrittschancen sind für alle 15 Felder gleich und ein Drittel der Felder ist grün gefärbt.
Deshalb beträgt bei jeder Drehung die Wahrscheinlichkeit für g $\frac{1}{3}$ und für w $\frac{2}{3}$.
Die Wahrscheinlichkeit eines Ergebnisses ist gleich dem Produkt aus den Wahrscheinlichkeiten entlang des Pfades.

$$\frac{2}{3} \cdot \frac{2}{3} \cdot \frac{2}{3} \cdot \frac{2}{3} \cdot \frac{2}{3} = \frac{32}{243} = 0{,}13169 = \underline{\underline{13{,}169\ \%}}$$

Die Wahrscheinlichkeit für w w w w w beträgt 13,169 %.

d) **Anzahl der Ergebnisse für das Ereignis „Trostpreis“:**
Wenn eine Farbe genau viermal vorkommt, dann kommt die andere Farbe genau einmal vor. Stelle alle Möglichkeiten zusammen.

g w w w w, w g w w w, … bis w w w w g ergibt 5 mögliche Ergebnisse.
Genauso gibt es 5 Möglichkeiten, bei denen genau einmal w vorkommt.
Es gibt also 10 Spielergebnisse, die zu einem Trostpreis führen.

Wahrscheinlichkeit für das Ereignis „Trostpreis“:
Die Wahrscheinlichkeit für jedes Ergebnis, das einmal g und viermal w enthält, beträgt
$\frac{1}{3} \cdot \frac{2}{3} \cdot \frac{2}{3} \cdot \frac{2}{3} \cdot \frac{2}{3} = \frac{16}{243}$.
Die Wahrscheinlichkeit für jedes Ergebnis, das einmal w und viermal g enthält, beträgt
$\frac{2}{3} \cdot \frac{1}{3} \cdot \frac{1}{3} \cdot \frac{1}{3} \cdot \frac{1}{3} = \frac{2}{243}$.

5 Ergebnisse mit der Wahrscheinlichkeit von je $\frac{16}{243}$ und 5 Ergebnisse mit der Wahrscheinlichkeit von je $\frac{2}{243}$ ergeben zusammen:

$$5 \cdot \frac{16}{243} + 5 \cdot \frac{2}{243} = \frac{90}{243} = 0{,}37037 = \underline{\underline{37{,}037\ \%}}$$

Die Wahrscheinlichkeit dafür, einen Trostpreis zu erhalten, beträgt $\frac{90}{243}$ bzw. 37,037 %.

Wahlaufgabe 2

a) **Zweitafelbild im Maßstab 1 : 5**

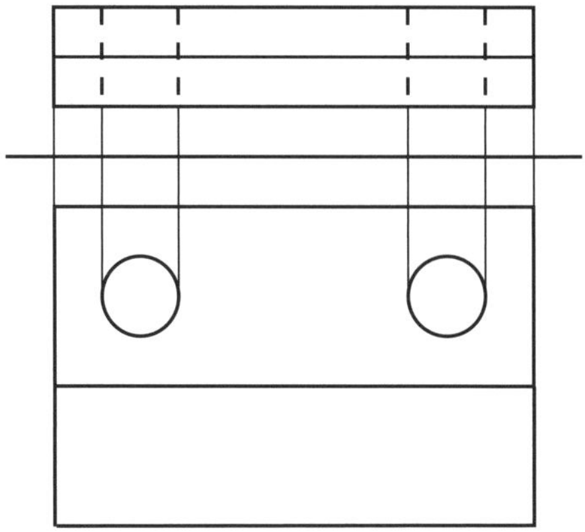

b) Das Prisma liegt auf einer Seitenfläche, die Grundfläche ist rechts (bzw. links).

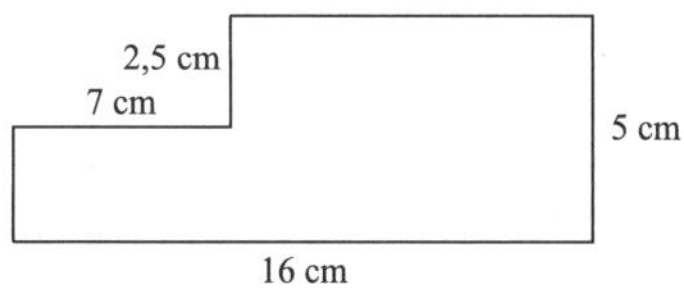

Skizze (nicht maßstäblich)

Grundfläche A_G des Prismas:

$A_G = 16\text{ cm} \cdot 5\text{ cm} - 7\text{ cm} \cdot 2{,}5\text{ cm}$

$A_G = \underline{62{,}5\text{ cm}^2}$

Volumen V_P des Prismas:

$V_P = A_G \cdot h$

$= 62{,}5\text{ cm}^2 \cdot 25\text{ cm}$

$= \underline{1\,562{,}5\text{ cm}^3}$

Volumen V_Z einer Bohrung (Zylinder):

$V_Z = \pi r^2 h$

$= \pi \cdot (2\text{ cm})^2 \cdot 5\text{ cm}$

$\approx \underline{62{,}8\text{ cm}^3}$

Volumen V des Werkstücks:

Vom Volumen des Prismas muss das Volumen von zwei Bohrungen abgezogen werden.

$V = 1\,562{,}5\text{ cm}^3 - 2 \cdot 62{,}8\text{ cm}^3 = \underline{1\,436{,}9\text{ cm}^3}$

Masse m des Werkstücks:

1 cm^3 hat eine Masse von 7,92 g.

$m = 1\,436{,}9 \cdot 7{,}92\text{ g} \approx 11\,380\text{ g} = \underline{\underline{11{,}38\text{ kg}}}$

Wahlaufgabe 3

a) Trenne in der Skizze die Kochnische vom Wohnraum und ergänze alle benötigten Streckenlängen.

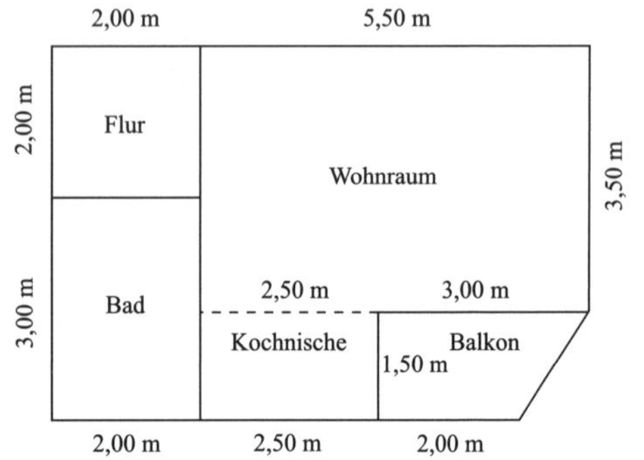

Skizze (nicht maßstäblich)

Fläche des Flurs:

$2\text{ m} \cdot 2\text{ m} = \underline{4\text{ m}^2}$

Fläche des Bads:

$3\text{ m} \cdot 2\text{ m} = \underline{6\text{ m}^2}$

Fläche des Wohnraums:

$5{,}5\text{ m} \cdot 3{,}5\text{ m} = \underline{19{,}25\text{ m}^2}$

Fläche der Kochnische:

$2{,}5\text{ m} \cdot 1{,}5\text{ m} = \underline{3{,}75\text{ m}^2}$

Tatsächliche Fläche des Balkons (Trapez):

$\frac{1}{2} \cdot (2\text{ m} + 3\text{ m}) \cdot 1{,}5\text{ m} = \underline{3{,}75\text{ m}^2}$

Grundfläche für die Berechnung der Kaltmiete:
Vom Balkon wird nur ein Viertel angerechnet.

$$4\text{ m}^2 + 6\text{ m}^2 + 19{,}25\text{ m}^2 + 3{,}75\text{ m}^2 + \frac{3{,}75\text{ m}^2}{4} = 33{,}9375\text{ m}^2 \approx \underline{\underline{34\text{ m}^2}}$$

Für die Berechnung der Kaltmiete werden 34 m^2 zugrunde gelegt.

b) **Kaltmiete:**

$34 \cdot 3{,}40\text{ €} = \underline{115{,}60\text{ €}}$

Nebenkosten:

$\frac{65 \cdot 115{,}60\text{ €}}{100} = \underline{75{,}14\text{ €}}$

Gesamtkosten einschließlich Energie:

$115{,}60\text{ €} + 75{,}14\text{ €} + 25{,}00\text{ €} = \underline{\underline{215{,}74\text{ €}}}$

Felix muss im Monat 215,74 € einplanen.

c) **Betrag in der Zelle B10:**
Es wird die Summe der Zellen B5 bis B9 berechnet.
$340{,}00\text{ €} + 164{,}00\text{ €} = \underline{\underline{504{,}00\text{ €}}}$

Formel für die Zelle H6:
Zum Stand vom 01. 09. (Zelle H5) kommen die Einnahmen vom 04. 09. (Zelle B6) hinzu. Davon muss noch die Summe der Ausgaben vom 04. 09. (Zelle G6) abgezogen werden.

Die Formel lautet also
$\underline{\underline{= \text{H5} + \text{B6} - \text{G6}}}$

Realschulabschluss 2011 Sachsen
Mathematik

Teil A (30 Minuten, ohne Taschenrechner und Formelsammlung)

1. Berechnen Sie.

   a) $16{,}4 \cdot 0{,}32$

   b) $\left(\frac{1}{2}+\frac{1}{4}\right)\cdot\left(\frac{1}{2}-\frac{1}{4}\right)=$

   c) $1\,\text{ha} - 500\,\text{m}^2 =$

   d) 5 % von 3 000 g sind ________ .

2. Pauls Schwester hat für ihre gleich großen Spielwürfel eine quaderförmige Kiste zur Aufbewahrung. Einige Spielwürfel hat sie schon eingeschichtet.

   Wie viele Würfel haben in der Kiste maximal noch Platz?

   ____

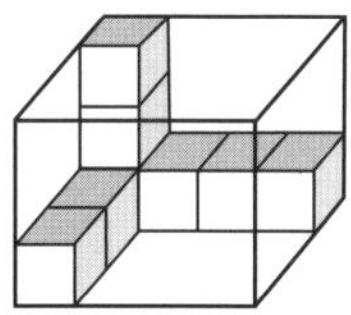

3. Formen Sie das Produkt in eine Summe um.

   $4y \cdot (3x+15)$

4. Geben Sie näherungsweise den Flächeninhalt des Schlaubitzer Sees in Quadratkilometern an.

   ____

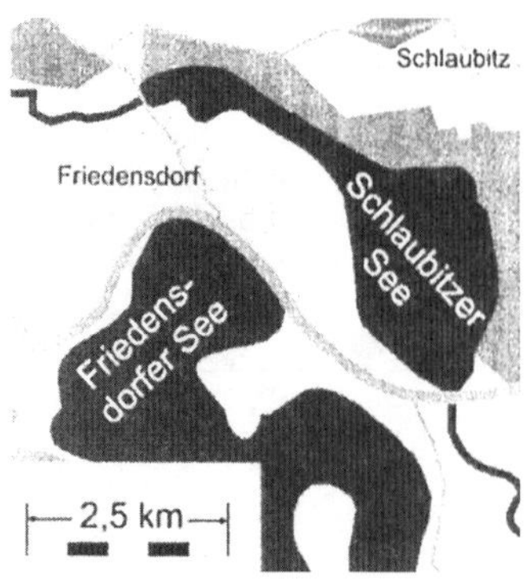

5. Konstruieren Sie ein Parallelogramm ABCD mit $a = 5{,}0$ cm, $b = 4{,}0$ cm und $\alpha = 110°$.

6. Geben Sie die Größe des Winkels β an.

$\beta =$ ______

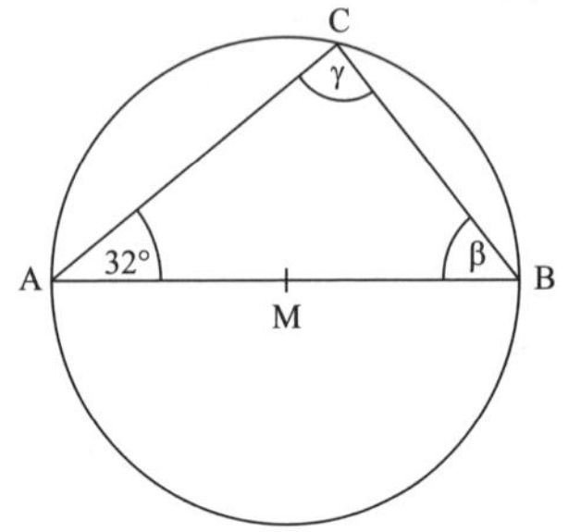

Abbildung (nicht maßstäblich)

7. Gegeben ist die Funktion f mit der Gleichung $y = f(x) = (x-4)^2$.
Wahr oder falsch? Kreuzen Sie an.

	wahr	falsch
Der Graph der Funktion f ist eine Gerade.	☐	☐
Die Funktion f hat eine Nullstelle bei $x_0 = 4$.	☐	☐

8. Zeichnen Sie das Bild $A_1B_1C_1$ des Dreiecks ABC bei der Verschiebung mit dem Verschiebungspfeil $\overrightarrow{PQ}$.

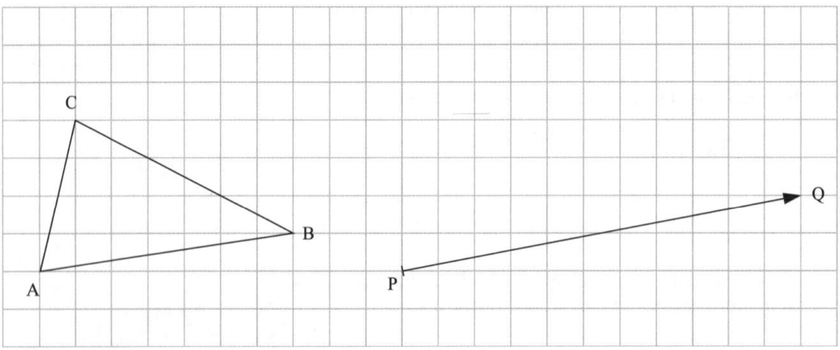

9. Die erste und die zweite Waage befinden sich im Gleichgewicht.
Wie viele Karos ◆ müssen anstelle des Fragezeichens stehen, damit auch die dritte Waage im Gleichgewicht ist?

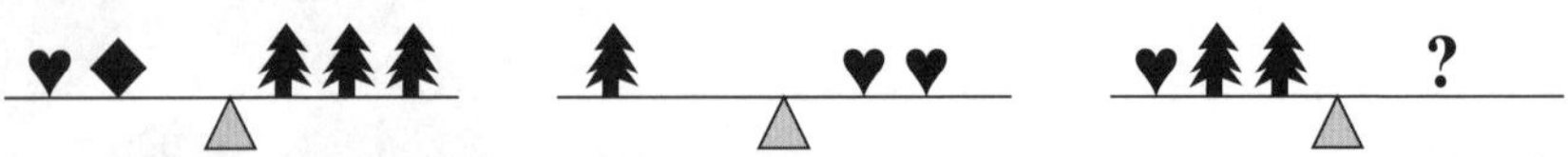

Waage 1 Waage 2 Waage 3

Anzahl der Karos __________

Für Teil A erreichbare BE: 12

Pflichtaufgabe 1

In einer Tageszeitung wurde nach Angaben des statistischen Landesamtes des Freistaates Sachsen die abgebildete Darstellung veröffentlicht.

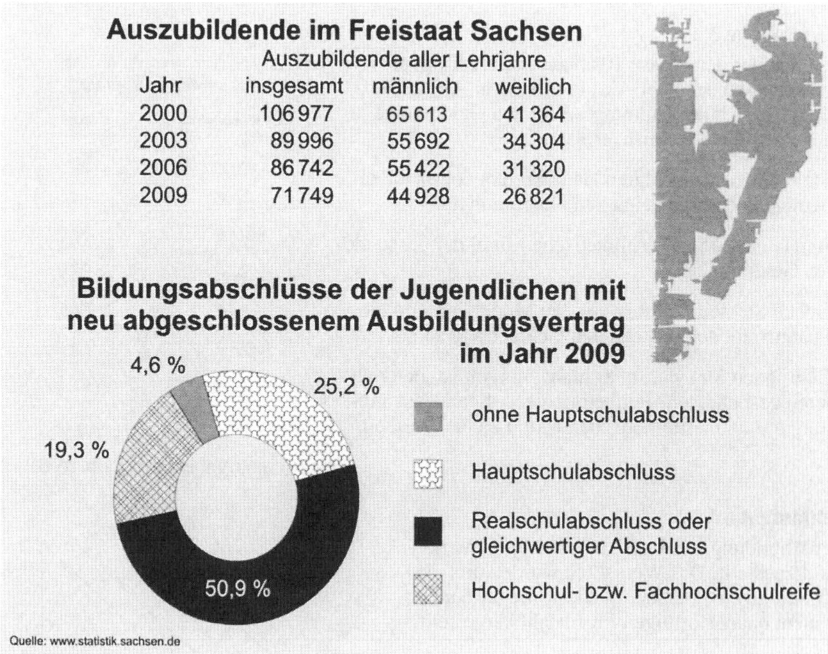

Auszubildende im Freistaat Sachsen

Jahr	Auszubildende aller Lehrjahre insgesamt	männlich	weiblich
2000	106 977	65 613	41 364
2003	89 996	55 692	34 304
2006	86 742	55 422	31 320
2009	71 749	44 928	26 821

a) Geben Sie an, wie viele weibliche Auszubildende es im Jahr 2009 weniger gab als im Jahr 2000.

b) Berechnen Sie, um wie viel Prozent die Anzahl der männlichen Auszubildenden im Jahr 2009 gegenüber 2006 gesunken ist.

c) Im Jahr 2009 schlossen 23 782 Jugendliche einen neuen Ausbildungsvertrag ab. Berechnen Sie, wie viele dieser Jugendlichen einen Realschulabschluss oder gleichwertigen Abschluss erreicht hatten.

Für Pflichtaufgabe 1 erreichbare BE: 5

Pflichtaufgabe 2

Gegeben sind die Funktionen f und g mit den Gleichungen

$y = f(x) = 2{,}5 \sin x$ und
$y = g(x) = \sin(2 \cdot x)$.

a) Zeichnen Sie die Graphen der Funktionen f und g mindestens im Intervall $0 \leq x \leq 2\pi$ in ein und dasselbe Koordinatensystem.

b) Geben Sie die kleinste Periode der Funktion g an.

c) Der Punkt $P_1\left(\frac{3}{4}\pi;\ y_1\right)$ gehört zum Graphen der Funktion f.
Berechnen Sie den Wert der fehlenden Koordinate.

Für Pflichtaufgabe 2 erreichbare BE: 6

Pflichtaufgabe 3

Einige Schüler der Klasse 10a hatten zu einer Spendensammlung zugunsten der Aktion „Hilfe für Afrika“ aufgerufen. Ein Schüler hat die gespendeten Geldbeträge in der abgebildeten Strichliste erfasst.

gespendete Geldbeträge	
Spendenbetrag	Anzahl
3,- €	IIII
5,- €	~~IIII~~ I
7,50 €	II
2,- €	~~IIII~~ III
4,- €	~~IIII~~ I
100,- €	I
10,- €	I

a) Stellen Sie die absoluten Häufigkeiten der Spendenbeträge in einem geeigneten Diagramm dar.

b) Berechnen Sie das arithmetische Mittel der gespendeten Geldbeträge.

c) Geben Sie den Zentralwert, den Modalwert und die Spannweite der gespendeten Geldbeträge an.

d) Begründen Sie, warum es nicht sinnvoll ist, den mittleren gespendeten Geldbetrag dieser Spendensammlung mit dem arithmetischen Mittel zu beschreiben.

Für Pflichtaufgabe 3 erreichbare BE: 7

Pflichtaufgabe 4

In der Abbildung ist ein prismenförmiges Werkstück dargestellt. Das Werkstück wurde durch das Ausfräsen zweier gleicher quaderförmiger Nuten aus einem quaderförmigen Profilstahl hergestellt.

a) Stellen Sie das Werkstück für a = 12 mm in einem senkrechten Zweitafelbild dar.

b) Berechnen Sie das Volumen des Werkstücks für a = 12 mm.

c) Geben Sie eine Formel zur Berechnung des Volumens solcher Werkstücke (siehe Abbildung) in Abhängigkeit von a an.

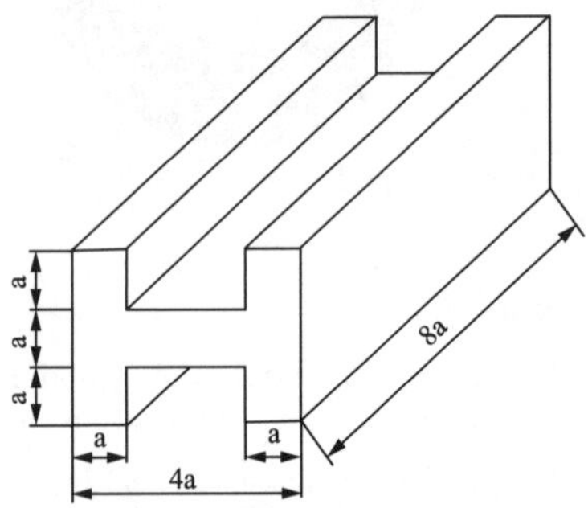

Abbildung (nicht maßstäblich)

Für Pflichtaufgabe 4 erreichbare BE: 6

Pflichtaufgabe 5

Südöstlich von Bitterfeld lag einst ein großes Auenwaldgebiet, die Goitzsche. Viele Orte mussten bis 1992 dem Braunkohleabbau weichen. Mit der Sanierung des Tagebaugeländes entsteht eine neue Landschaft mit vielen Seen, Wanderwegen und Kunstobjekten. Die Skizze zeigt vereinfacht einen beliebten Rundweg.

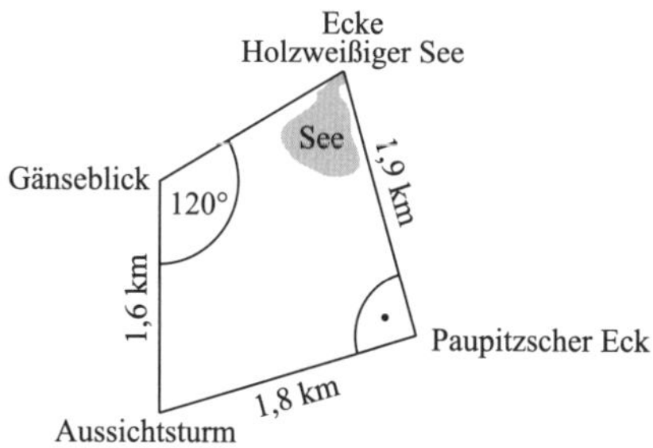

Abbildung (nicht maßstäblich)

a) Vom Aussichtsturm kann man bis zum Ausgangspunkt des Rundweges, Ecke Holzweißiger See, sehen. Berechnen Sie diese Entfernung.

b) Berechnen Sie die Gesamtlänge des Rundweges Ecke Holzweißiger See – Gänseblick – Aussichtsturm – Paupitzscher Eck – Ecke Holzweißiger See.

Für Pflichtaufgabe 5 erreichbare BE: 6

Wahlaufgabe 1

Ein Schausteller hat sein Angebot um ein attraktives Würfelspiel erweitert.

Die Spielgeräte sind zwei Spielwürfel unterschiedlicher Größe, auf deren Seiten lustige Gesichter (☺) oder traurige Gesichter (☹) abgebildet sind.

SUPER-WÜRFELN
Bei nur einem Spielausgang verlieren Sie Ihren Einsatz.
Bei allen anderen Spielausgängen gewinnen Sie.
SPIELEINSATZ nur **1 €** je Spiel.

kleiner Würfel

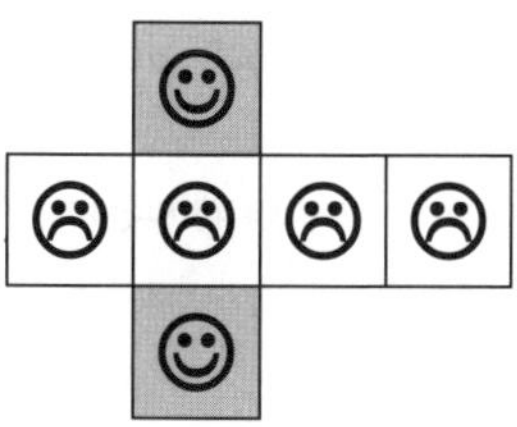

großer Würfel

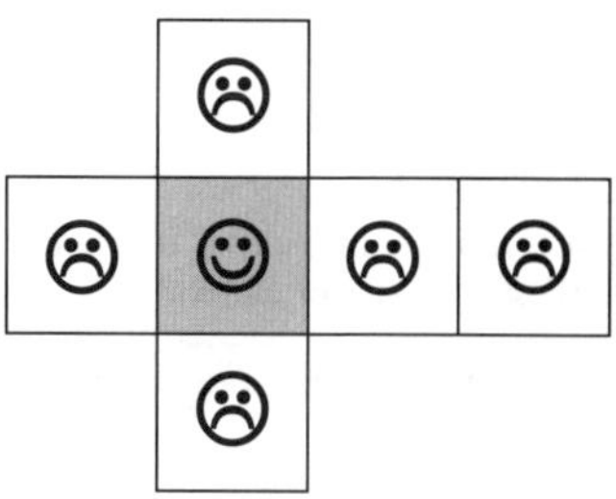

Beide Spielwürfel werden nacheinander geworfen, zuerst der kleine und dann der große. Für den Spielausgang sind die jeweils oben liegenden Gesichter entscheidend. Bei beiden Spielwürfeln sind die Eintrittschancen für jede Seitenfläche gleich.

a) Zeichnen Sie für dieses zweistufige Zufallsexperiment ein Baumdiagramm und geben Sie alle Ergebnisse an.

b)

Spielausgang	Bei beiden Würfeln liegt ☺ oben.	Bei nur einem Würfel liegt ☺ oben.	Bei keinem Würfel liegt ☺ oben.
Auszahlungsbetrag	3 Euro	2 Euro	0 Euro

Die Zufallsgröße X ordnet jedem Ergebnis des Zufallsexperiments den jeweiligen Auszahlungsbetrag zu.

- Ermitteln Sie für jeden Wert der Zufallsgröße X die zugehörige Wahrscheinlichkeit.
- Berechnen Sie den Erwartungswert der Zufallsgröße X.
- Bringt dieses Würfelspiel für den Schausteller tatsächlich langfristig einen Gewinn? Begründen Sie Ihre Entscheidung.

Für Wahlaufgabe 1 erreichbare BE: 8

Wahlaufgabe 2

Ein Firmenlogo hat die Form eines gleichseitigen Dreiecks. In diesem Dreieck sind drei zueinander kongruente gleichschenklige Trapeze angeordnet (siehe Abbildung).
Vom Trapez sind die folgenden Größen bekannt.
- Die längere der parallelen Seiten ist 360 cm lang.
- Die Schenkel sind jeweils 120 cm lang.

In dem gleichseitigen Dreieck ist eine Seite $4\frac{1}{2}$-mal so lang wie ein Schenkel des Trapezes.

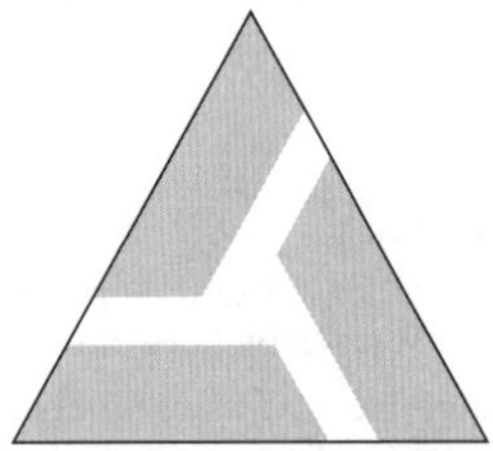

Abbildung (nicht maßstäblich)

a) Geben Sie an, wie lang eine Seite des Dreiecks ist.

b) Zeichnen Sie das Firmenlogo im Maßstab 1 : 50.

c) Die Trapeze sollen rot und der Rest des Logos weiß gestrichen werden.
- Berechnen Sie den Flächeninhalt eines Trapezes.
- Berechnen Sie, für wie viel Quadratmeter weiße Farbe benötigt wird.

Für Wahlaufgabe 2 erreichbare BE: 8

Wahlaufgabe 3

Familie Klein ist im Herbst 2010 nach Dresden gezogen. Sie musste sich beim zuständigen Trinkwasserversorger anmelden.

Tarifübersicht Trinkwasser (Stand ab 01. Juli 2010)	
	Bruttopreis
Wasserpreis pro m^3	2,14 €
Grundgebühr pro Monat	8,19 €

a) Der Trinkwasserversorger verlangt eine vierteljährliche Vorauszahlung, die sich aus dem Wasserpreis pro Kubikmeter verbrauchtem Trinkwasser und der Grundgebühr zusammensetzt. Für Familie Klein rechnet der Trinkwasserversorger mit einem durchschnittlichen monatlichen Verbrauch von 9 m^3 Trinkwasser.
Berechnen Sie den Betrag der vierteljährlichen gleich hohen Vorauszahlungen, den Familie Klein an den Trinkwasserversorger zahlen muss.

b) Ab 1. Juli 2010 gab es eine Preiserhöhung. Die Grundgebühr ist gleich geblieben. Der nun zu zahlende Wasserpreis pro Kubikmeter ist um 10 % höher als der bis dahin geltende Wasserpreis.
- Berechnen Sie den Wasserpreis pro Kubikmeter Wasser vor der Preiserhöhung.
- Die Nachbarfamilie hat regelmäßig ihre Zählerstände abgelesen und notiert.

Datum	Zählerstand
30. September 2009	207 m^3
31. Dezember 2009	225 m^3
31. März 2010	246 m^3
30. Juni 2010	270 m^3
30. September 2010	297 m^3
31. Dezember 2010	319 m^3

Berechnen Sie, welche Kosten für Trinkwasser der Nachbarfamilie insgesamt für den in der Tabelle erfassten Zeitraum entstanden sind.

c) Für 2007 wird der durchschnittliche Trinkwasserverbrauch je Einwohner mit 89,3 Liter pro Tag im Bereich Dresden angegeben. Der Dresdner Stadtteil Klotzsche hatte 13 518 Einwohner.
Würde das an einem Tag verbrauchte Trinkwasser aller Einwohner von Klotzsche in ein würfelförmiges Behältnis mit einer Kantenlänge von 10 m passen?
Begründen Sie Ihre Entscheidung rechnerisch.

Für Wahlaufgabe 3 erreichbare BE: 8

Lösungen

Teil A

1. a) Multipliziere zunächst, ohne das Komma zu beachten.
Das Ergebnis hat dann so viele Dezimalstellen wie die Faktoren zusammen.

$$\begin{array}{r} 16{,}4 \cdot 0{,}32 \\ \hline 492 \\ 328 \\ \hline \underline{\underline{5{,}248}} \end{array}$$

b) Brüche, die addiert (subtrahiert) werden sollen, müssen den gleichen Nenner haben.

$$\left(\frac{1}{2}+\frac{1}{4}\right)\cdot\left(\frac{1}{2}-\frac{1}{4}\right)=\left(\frac{2}{4}+\frac{1}{4}\right)\cdot\left(\frac{2}{4}-\frac{1}{4}\right)=\frac{3}{4}\cdot\frac{1}{4}=\underline{\underline{\frac{3}{16}}}$$

c) Größen, die addiert (subtrahiert) werden sollen, müssen die gleiche Einheit haben.

$1\text{ ha} - 500\text{ m}^2 = 10\,000\text{ m}^2 - 500\text{ m}^2 = \underline{\underline{9\,500\text{ m}^2}}$

d) Überlege, wie viel Gramm 1 % sind.

$100\,\% \mathrel{\hat{=}} 3\,000\text{ g} \rightarrow 1\,\% \mathrel{\hat{=}} 30\text{ g} \rightarrow 5\,\% \mathrel{\hat{=}} \underline{\underline{150\text{ g}}}$

2. Berechne zunächst die Anzahl der Würfel in der gefüllten Kiste.

In die Kiste passen $4 \cdot 3 \cdot 3 = 36$ Würfel.
8 Würfel sind bereits enthalten. Es passen also noch <u>28 Würfel</u> hinein.

3. Multipliziere jeden Summanden in der Klammer mit dem Faktor 4y.

$4y \cdot (3x + 15) = 4y \cdot 3x + 4y \cdot 15 = \underline{\underline{12xy + 60y}}$

4. Zerlege die Fläche. Nähere die Teile durch Rechtecke an. Die überstehenden Flächenteile sollen die fehlenden Teile möglichst ausgleichen.

Die Quadrate entsprechen je 1 km^2, die Rechtecke je $0{,}5\text{ km}^2$.
Der Flächeninhalt des Sees beträgt annähernd $\underline{\underline{5\text{ km}^2}}$.

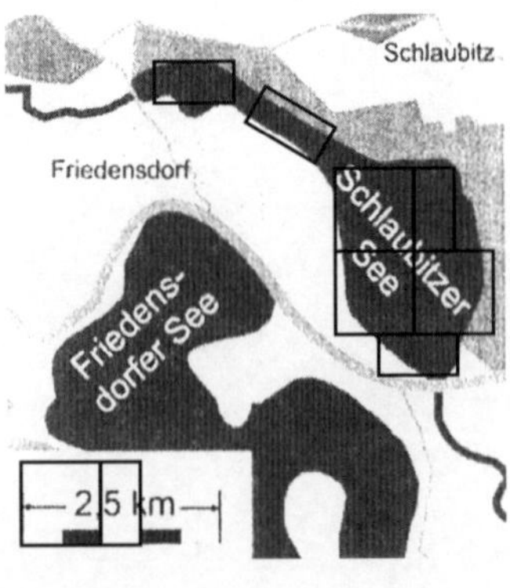

5. Zeichne eine Planfigur und hebe die gegebenen Stücke hervor.

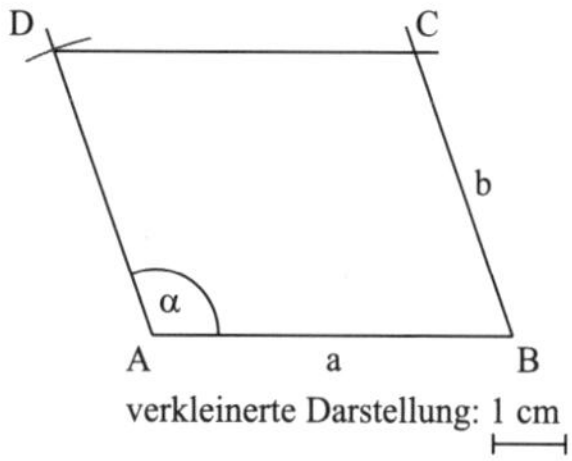

Planfigur:

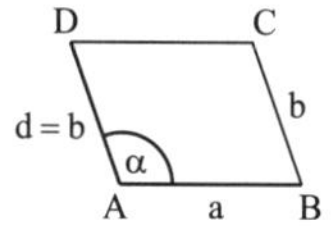

$a = 5{,}0\,\text{cm}$
$b = 4{,}0\,\text{cm}$
$\alpha = 110°$

6. Jeder Peripheriewinkel über dem Durchmesser eines Kreises ist ein rechter Winkel. (Satz des Thales)

$\beta = 180° - 32° - 90° = \underline{\underline{58°}}$

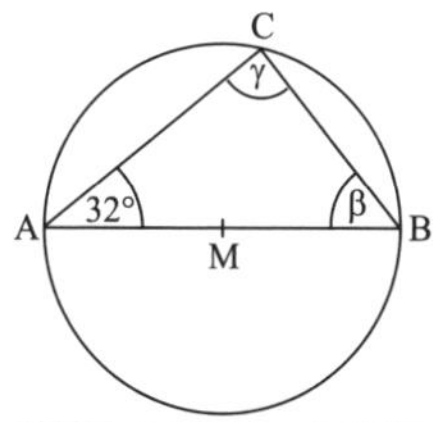

Abbildung (nicht maßstäblich)

7. Die Funktion $y = f(x) = (x-4)^2$ ist eine quadratische Funktion. Der Graph ist also eine Parabel.
Setzt man für $x = 4$ ein, so ergibt sich als Funktionswert null.

	wahr	falsch
Der Graph der Funktion f ist eine Gerade.	☐	☒
Die Funktion f hat eine Nullstelle bei $x_0 = 4$.	☒	☐

8. Jeder Punkt wird um 11 Kästchen nach rechts und um 2 Kästchen nach oben verschoben.

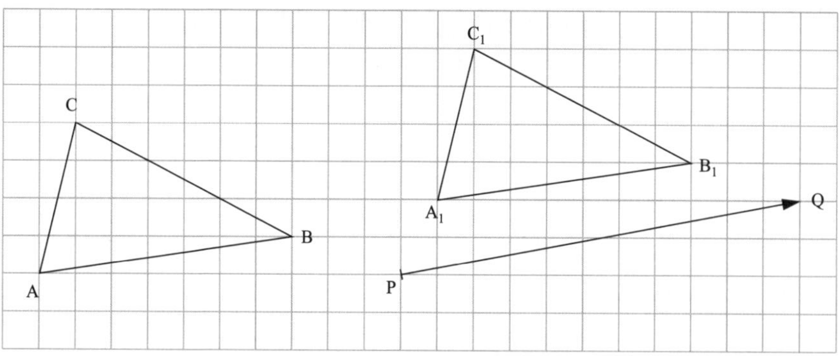

9. Lege für jedes Symbol eine Variable fest und stelle Gleichungen auf.

Variablen: h = Herz, k = Karo, t = Tanne

Gleichungen:

Waage I:

$h + k = 3t$ | II einsetzen

$h + k = 6h$ | – h

$\underline{k = 5h}$

Waage II:

$\underline{t = 2h}$

Waage III:

$h + 2t = ?$ | II einsetzen

$h + 4h = ?$

$5h = ?$ | mit I vergleichen

$\underline{\underline{5h = k}}$

Anstelle des Fragezeichens muss $\underline{\underline{\text{1 Karo}}}$ stehen.

Teil B

Pflichtaufgabe 1

a) $41\,364 - 26\,821 = \underline{\underline{14\,543}}$

Im Jahr 2009 gab es 14 543 weibliche Auszubildende weniger als im Jahr 2000.

b) Berechne zuerst die absolute Abnahme und danach den Anteil in Prozent.

Abnahme der männlichen Auszubildenden im Jahr 2009 gegenüber 2006:

$55\,422 - 44\,928 = \underline{10\,494}$

Anteil bezogen auf 2006:

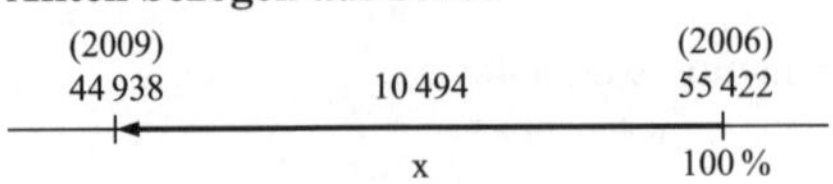

Lösung mit Dreisatz:

$$55\,422 \mathrel{\hat{=}} 100\,\%$$

: 55 422 ↓ ↓ : 55 422

$$1 \mathrel{\hat{=}} \frac{100\,\%}{55\,422}$$

· 10 494 ↓ ↓ · 10 494

$$10\,494 \mathrel{\hat{=}} \frac{10\,494 \cdot 100\,\%}{55\,422}$$

$$10\,494 \mathrel{\hat{=}} \underline{\underline{18{,}93\,\%}}$$

Lösung mit Prozentformeln:

Grundwert: $G = 55\,422$

Prozentwert: $W = 10\,494$

Prozentsatz:

$$p\,\% = \frac{W \cdot 100}{G}\,\% = \frac{10\,494 \cdot 100}{55\,422}\,\% \approx \underline{\underline{18{,}93\,\%}}$$

Lösung mit Verhältnisgleichung:

$$\frac{x}{10\,494} = \frac{100\,\%}{55\,422} \qquad | \cdot 10\,494$$

$$x = \frac{10\,494 \cdot 100\,\%}{55\,422} \approx \underline{\underline{18{,}93\,\%}}$$

Lösung mit Dezimalbruch:

$$\text{Prozentsatz: } \frac{10\,494}{55\,422} \approx 0{,}1893 = \underline{\underline{18{,}93\,\%}}$$

Die Anzahl der männlichen Auszubildenden ist im Jahr 2009 gegenüber 2006 um 18,93 % gesunken.

c) Berechne 50,9 % von 23 782.

Lösung mit Dezimalbruch:

Prozentsatz: 50,9 % = 0,509

Prozentwert: $0{,}509 \cdot 23\,782 \approx \underline{\underline{12\,105}}$

Lösung mit Prozentformeln:

$$W = \frac{p \cdot G}{100} = \frac{50{,}9 \cdot 23\,782}{100} \approx \underline{\underline{12\,105}}$$

12 105 dieser Jugendlichen hatten einen Realschul- oder einen gleichwertigen Abschluss.

Pflichtaufgabe 2

a) Der Faktor 2,5 in der Gleichung der Funktion f führt dazu, dass alle Funktionswerte gegenüber der Funktion sin(x) 2,5-mal so groß sind. Der Graph ist also in y-Richtung gestreckt.
Der Faktor 2 in der Gleichung der Funktion g führt dazu, dass das erste Maximum schon bei $x = \frac{\pi}{4}$ auftritt. Der Graph ist also in x-Richtung gestaucht.

Nullstellen und Extrema der Funktion f:

x	0	$\frac{\pi}{2}$	π	$\frac{3\pi}{2}$	2π
y	0	2,5	0	–2,5	0

Nullstellen und Extrema der Funktion g:

x	0	$\frac{\pi}{4}$	$\frac{\pi}{2}$	$\frac{3\pi}{4}$	π	$\frac{5\pi}{4}$	$\frac{3\pi}{2}$	$\frac{7\pi}{4}$	2π
y	0	1	0	–1	0	1	0	–1	0

Funktionsgraphen:

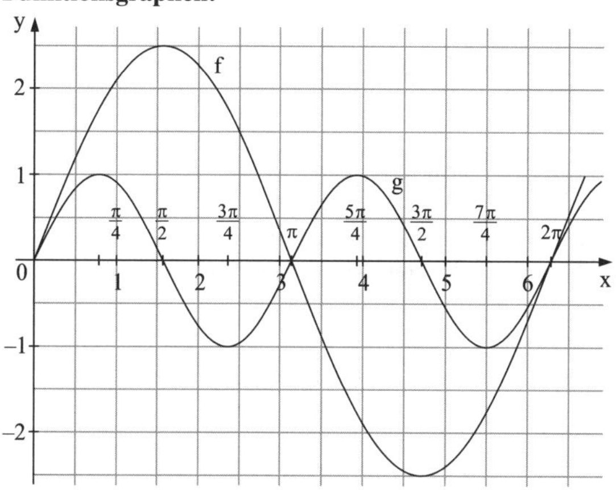

b) Die kleinste Periode der Funktion g beträgt $\underline{\underline{\pi}}$.

c) Die gesuchte Koordinate ist der Funktionswert der Funktion f an der Stelle $x = \frac{3}{4}\pi$.
Achte darauf, dass der Taschenrechner auf Bogenmaß eingestellt ist.

$$y_1 = 2{,}5 \cdot \sin\left(\frac{3 \cdot \pi}{4}\right) \approx \underline{\underline{1{,}768}}$$

Pflichtaufgabe 3

a) Fasse die Daten in einer Tabelle zusammen. Ordne dabei die Spendenbeträge nach der Größe.
Wenn du ein Kreisdiagramm zeichnen möchtest, musst du die Winkel berechnen.

Betrag in €	2,00	3,00	4,00	5,00	7,50	10,00	100,00
Anzahl	8	4	6	6	2	1	1
Winkel	$\frac{8}{28} \cdot 360° \approx 103°$	51°	77°	77°	26°	13°	13°

mögliche Diagramme:

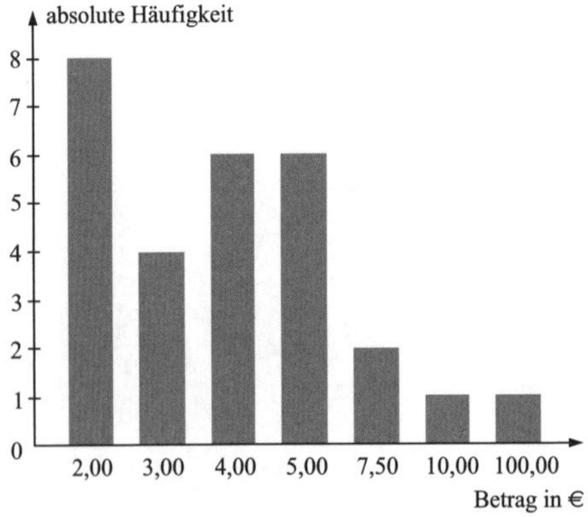

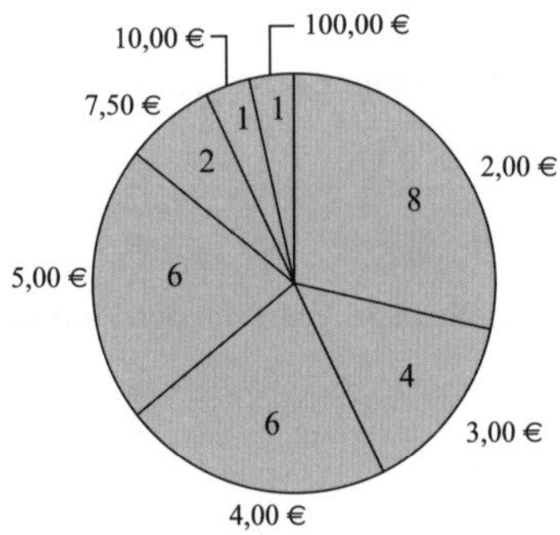

b) $$\frac{8 \cdot 2\,€ + 4 \cdot 3\,€ + 6 \cdot 4\,€ + 6 \cdot 5\,€ + 2 \cdot 7{,}50\,€ + 10\,€ + 100\,€}{8+4+6+6+2+1+1} = \frac{207\,€}{28} \approx \underline{\underline{7{,}39\,€}}$$

c) Um den Zentralwert zu bestimmen, muss die geordnete Liste aller 28 Spenden untersucht werden. Da die Mitte dieser Liste zwischen der 14. und 15. Position liegt, ist der Zentralwert das arithmetische Mittel dieser beiden Spendenbeträge.
Der Modalwert ist der Spendenbetrag, der am häufigsten vorkommt.
Die Spannweite ist der Abstand zwischen dem kleinsten und dem größten Spendenbetrag.

Zentralwert: $\frac{4\,€ + 4\,€}{2} = \underline{\underline{4\,€}}$

Modalwert: $\underline{\underline{2\,€}}$

Spannweite: $100\,€ - 2\,€ = \underline{\underline{98\,€}}$

d) Die Aussage „Der mittlere gespendete Geldbetrag beträgt 7,39 €" klingt, als hätte es viele Spenden in dieser Höhe gegeben. Tatsächlich haben aber fast alle Schüler viel weniger gespendet.
Durch die eine extrem hohe Spende (100,00 €) beschreibt das arithmetische Mittel nicht mehr die Mehrheit der Spenden. Deshalb ist es zur Beschreibung der Gesamtheit aller Spenden nicht gut geeignet.

Pflichtaufgabe 4

a) **Zweitafelbild:**

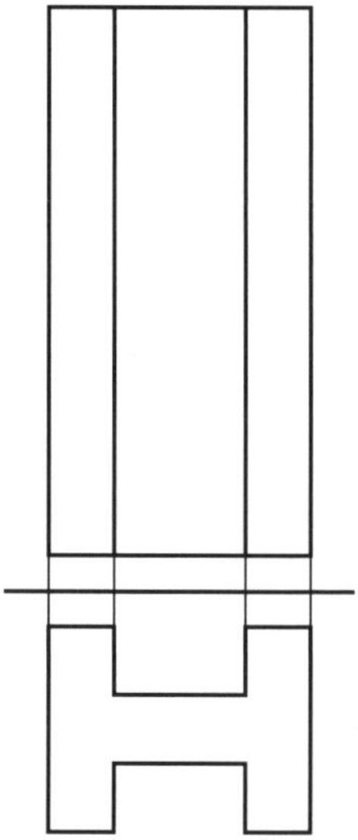

verkleinerte Darstellung: 1 cm

b) Die H-förmige Grundfläche des Prismas kann in drei Rechtecke zerlegt werden.

Flächeninhalt A_G der Grundfläche:

Maße in mm:

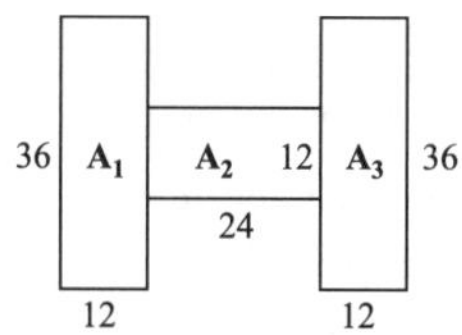

$A_1 = 12\text{ mm} \cdot 36\text{ mm} = \underline{432\text{ mm}^2}$

$A_2 = 24\text{ mm} \cdot 12\text{ mm} = \underline{288\text{ mm}^2}$

$A_3 = A_1 = \underline{432\text{ mm}^2}$

$A_G = 432\text{ mm}^2 + 288\text{ mm}^2 + 432\text{ mm}^2 = \underline{1152\text{ mm}^2}$

Volumen V des Prismas:

$V = A_G \cdot h = 1152\text{ mm}^2 \cdot 96\text{ mm} = \underline{\underline{110\,592\text{ mm}^3}}$

c) Wiederhole die Rechnung der Teilaufgabe b unter Verwendung der Variablen a.

Flächeninhalt A_G der Grundfläche:

Maße allgemein:

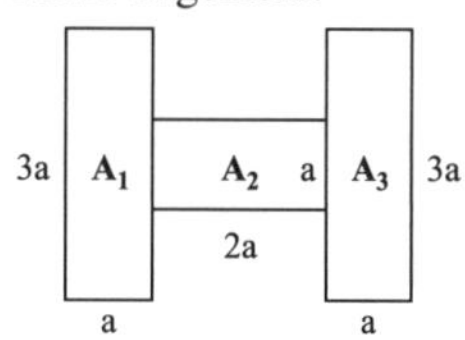

$A_1 = a \cdot 3a = \underline{3a^2}$

$A_2 = 2a \cdot a = \underline{2a^2}$

$A_3 = A_1 = \underline{3a^2}$

$A_G = 3a^2 + 2a^2 + 3a^2 = \underline{8a^2}$

Volumen V des Prismas:

$V = A_G \cdot h = 8a^2 \cdot 8a = \underline{\underline{64a^3}}$

Pflichtaufgabe 5

a) Die gesuchte Strecke ist die Hypotenuse in einem rechtwinkligen Dreieck.

Alle Längenangaben in km.

$c^2 = 1{,}8^2 + 1{,}9^2 \quad |\sqrt{\ }$

$c = \sqrt{1{,}8^2 + 1{,}9^2}$

$c \approx \underline{\underline{2{,}617}}$

Die Entfernung beträgt ungefähr 2,6 km.

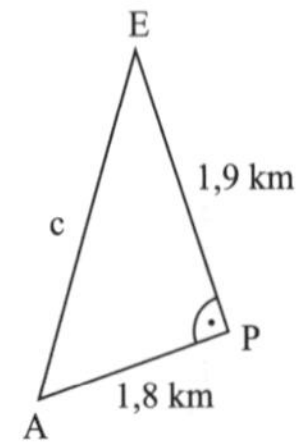

Skizze (nicht maßstäblich)

b) Zuerst muss die Länge der Strecke $\overline{EG}$ (Ecke Holzweißiger See – Gänseblick) berechnet werden. Da das Dreieck AEG unregelmäßig ist, kann a nur über den Sinussatz oder Kosinussatz berechnet werden. Dazu muss aber die Größe des Winkels α bekannt sein. Diese Größe lässt sich wiederum nur bestimmen, wenn vorher der Winkel β berechnet wird.

Größe des Winkels β:
Alle Längenangaben in km.

$\frac{c}{\sin\gamma} = \frac{b}{\sin\beta} \quad |\cdot\sin\beta \quad |\cdot\sin\gamma \quad |:c$

$\sin\beta = \frac{b\cdot\sin\gamma}{c}$

$\sin\beta = \frac{1{,}6\cdot\sin 120^\circ}{2{,}617}$

$\sin\beta \approx 0{,}5295 \quad |\sin^{-1}$

$\beta \approx \underline{32^\circ}$

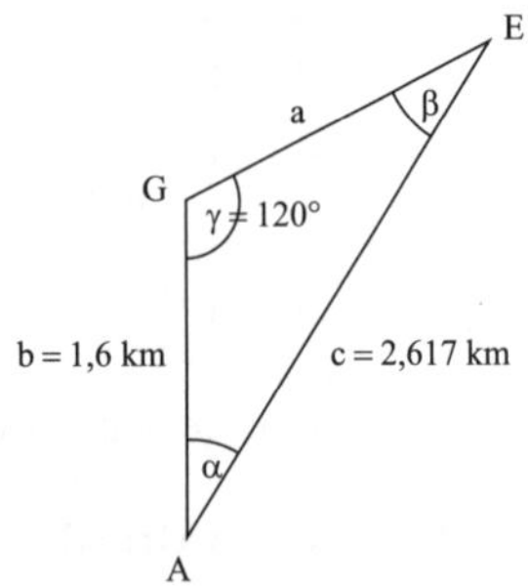

Skizze (nicht maßstäblich)

Hinweis: Da das Dreieck bereits einen stumpfen Innenwinkel hat, muss β ein spitzer Winkel sein. Die zweite Lösung $\beta_2 = 180^\circ - 32^\circ$ muss also nicht in Betracht gezogen werden.

Größe des Winkels α:
$\alpha = 180^\circ - 120^\circ - 32^\circ = \underline{28^\circ}$

Länge der Seite a:
Alle Längenangaben in km.

$\frac{a}{\sin\alpha} = \frac{c}{\sin\gamma} \quad |\cdot\sin\alpha$

$a = \frac{c\cdot\sin\alpha}{\sin\gamma}$

$a = \frac{2{,}617\cdot\sin 28^\circ}{\sin 120^\circ}$

$a \approx \underline{1{,}419}$

Die Entfernung Ecke Holzweißiger See – Gänseblick beträgt ungefähr 1,4 km.

Gesamtlänge des Rundweges:
$1{,}4\text{ km} + 1{,}6\text{ km} + 1{,}8\text{ km} + 1{,}9\text{ km} = \underline{\underline{6{,}7\text{ km}}}$

Wahlaufgabe 1

a) **Baumdiagramm:**

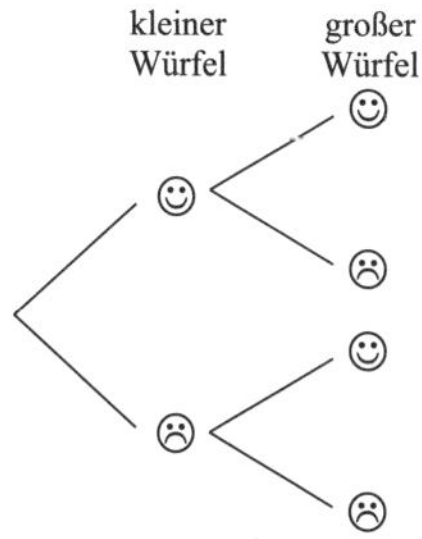

Mögliche Ergebnisse:

(☺, ☺), (☺, ☹), (☹, ☺) und (☹, ☹)

b) **Wahrscheinlichkeiten der Ergebnisse:**

Die Wahrscheinlichkeiten entlang eines Pfades werden multipliziert.

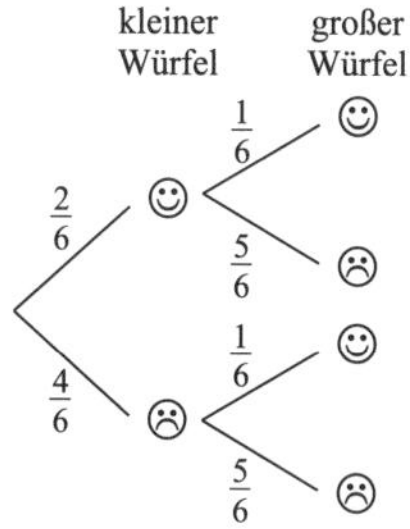

Ergebnis	Wahrscheinlichkeit
(☺,☺)	$\frac{2}{6}\cdot\frac{1}{6}=\frac{2}{36}=\frac{1}{18}$
(☺,☹)	$\frac{2}{6}\cdot\frac{5}{6}=\frac{10}{36}=\frac{5}{18}$
(☹,☺)	$\frac{4}{6}\cdot\frac{1}{6}=\frac{4}{36}=\frac{1}{9}$
(☹,☹)	$\frac{4}{6}\cdot\frac{5}{6}=\frac{20}{36}=\frac{5}{9}$

Wahrscheinlichkeiten der Ereignisse:

Wenn zu einem Ereignis mehrere Ergebnisse gehören, dann werden die Wahrscheinlichkeiten addiert.

Ereignis	Zufallsgröße X	Ergebnis(se)	Wahrscheinlichkeit
zweimal ☺	3 €	(☺,☺)	$\frac{1}{18}$
genau einmal ☺	2 €	(☺,☹) und (☹,☺)	$\frac{5}{18}+\frac{1}{9}=\frac{5}{18}+\frac{2}{18}=\frac{7}{18}$
kein ☺	0 €	(☹,☹)	$\frac{5}{9}$

Erwartungswert der Zufallsgröße X:

$$3\,€\cdot\frac{1}{18}+2\,€\cdot\frac{7}{18}+0\,€\cdot\frac{5}{9}\approx\underline{\underline{0{,}944\,€}}$$

Das Spiel bringt langfristig für den Schausteller einen Gewinn, denn bei einem Einsatz von 1 € ist für den Spieler durchschnittlich nur ein Gewinn von 0,944 € zu erwarten.

Wahlaufgabe 2

a) $4{,}5 \cdot 120\ \text{cm} = 540\ \text{cm} = \underline{\underline{5{,}40\ \text{m}}}$

Eine Seite des gleichseitigen Dreiecks ist 5,40 m lang.

b) Stelle die Original- und die Bildgrößen in einer Tabelle zusammen.

	Länge im Original	Länge im Bild (Maßstab 1 : 50)
eine Seite des Dreiecks	540 cm	$540\ \text{cm} : 50 = 10{,}8\ \text{cm}$
lange Seite im Trapez	360 cm	$360\ \text{cm} : 50 = 7{,}2\ \text{cm}$
Schenkel im Trapez	120 cm	$120\ \text{cm} : 50 = 2{,}4\ \text{cm}$

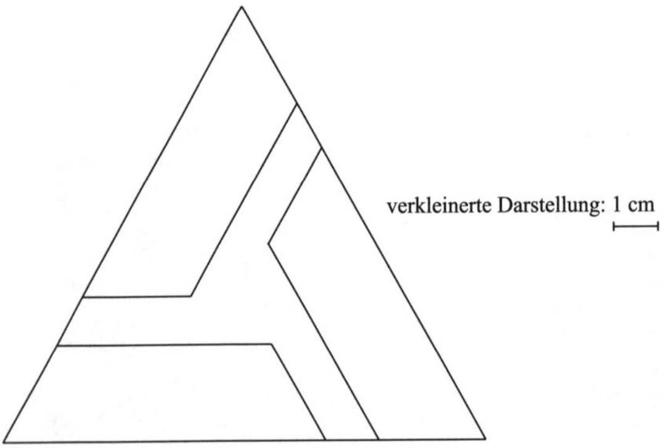

c) Berechne zuerst die Länge der zweiten parallelen Seite und die Höhe des Trapezes. Zeichne die Höhe so ein, dass sie in einer Ecke des Trapezes endet, und nutze die Eigenschaften des dabei entstandenen rechtwinkligen Dreiecks.

Länge der Strecke e:

$\frac{e}{d} = \cos\alpha \quad |\cdot d$

$e = d \cdot \cos\alpha$

$e = 1{,}2\ \text{m} \cdot \cos 60°$

$e = \underline{0{,}6\ \text{m}}$

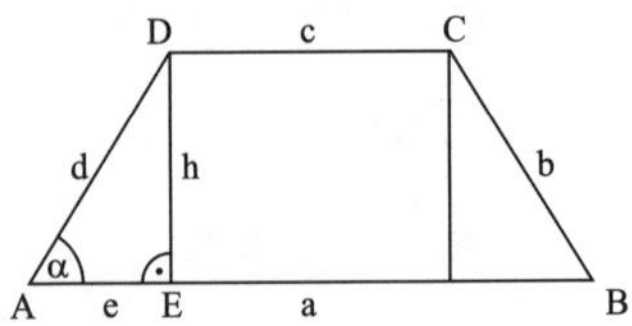

Skizze (nicht maßstäblich)

$a = 3{,}6\ \text{m}$
$b = d = 1{,}2\ \text{m}$
$\alpha = 60°$

Länge der Strecke c:

$c = a - 2 \cdot e = 3{,}6\ \text{m} - 2 \cdot 0{,}6\ \text{m} = \underline{2{,}4\ \text{m}}$

Höhe h:

$\frac{h}{d} = \sin\alpha \quad |\cdot d$

$h = d \cdot \sin\alpha$

$h = 1{,}2\ \text{m} \cdot \sin 60°$

$h \approx \underline{1{,}039\ \text{m}}$

Flächeninhalt A_1 eines Trapezes:

$$A_1 = \frac{a+c}{2} \cdot h = \frac{3{,}6\text{ m} + 2{,}4\text{ m}}{2} \cdot 1{,}039\text{ m} = \underline{\underline{3{,}117\text{ m}^2}}$$

Flächeninhalt A des gleichseitigen Dreiecks mit der Kantenlänge 5,4 m:

$$A = \frac{a^2}{4} \cdot \sqrt{3} = \frac{(5{,}4\text{ m})^2}{4} \cdot \sqrt{3} \approx \underline{12{,}627\text{ m}^2}$$

Inhalt der Fläche, die weiß zu streichen ist:

$$A - 3 \cdot A_1 = 12{,}627\text{ m}^2 - 3 \cdot 3{,}117\text{ m}^2 = \underline{\underline{3{,}276\text{ m}^2}}$$

Wahlaufgabe 3

a) **Monatliche Kosten:**

9 m^3 Wasser + Grundgebühr:

$$9 \cdot 2{,}14\text{ €} + 8{,}19\text{ €} = \underline{27{,}45\text{ €}}$$

Vorauszahlung für ein Vierteljahr (= 3 Monate):

$$3 \cdot 27{,}45\text{ €} = \underline{\underline{82{,}35\text{ €}}}$$

b) **Preis für einen Kubikmeter Wasser vor der Preiserhöhung:**

Wenn sich der Preis um 10 % erhöht hat, dann entspricht der neue Preis 110 % vom alten Preis. Gesucht wird der Grundwert.

Lösung mit Verhältnisgleichung:

$$\frac{x}{100\,\%} = \frac{2{,}14\text{ €}}{110\,\%} \quad | \cdot 100\,\%$$

$$x = \frac{2{,}14\text{ €} \cdot 100\,\%}{110\,\%}$$

$$x \approx \underline{\underline{1{,}95\text{ €}}}$$

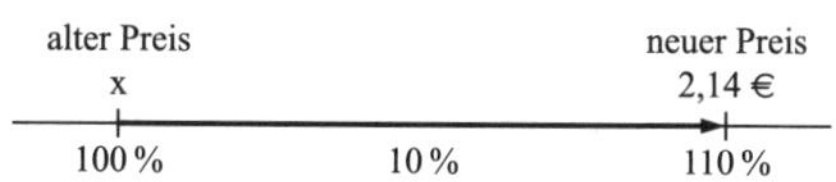

Lösung mit Prozentformeln:

$$G = \frac{W \cdot 100}{p} = \frac{2{,}14\text{ €} \cdot 100}{110} \approx \underline{\underline{1{,}95\text{ €}}}$$

Wasserverbrauch vor der Preiserhöhung (bis 30. Juni 2010):

$$270\text{ m}^3 - 207\text{ m}^3 = \underline{63\text{ m}^3}$$

Kosten vor der Preiserhöhung:

Die erste Grundgebühr wird für Oktober 2009 fällig, die letzte für Juni 2010.

$$63 \cdot 1{,}95\text{ €} + 9 \cdot 8{,}19\text{ €} = \underline{196{,}56\text{ €}}$$

Wasserverbrauch nach der Preiserhöhung (ab 1. Juli 2010):

$$319\text{ m}^3 - 270\text{ m}^3 = \underline{49\text{ m}^3}$$

Kosten nach der Preiserhöhung:

Die erste Grundgebühr wird für Juli 2010 fällig, die letzte für Dezember 2010.

$49 \cdot 2{,}14\,€ + 6 \cdot 8{,}19\,€ = \underline{154{,}00\,€}$

Kosten insgesamt:

$196{,}56\,€ + 154{,}00\,€ = \underline{\underline{350{,}56\,€}}$

c) **Trinkwasserverbrauch im Stadtteil Klotzsche an einem Tag:**

$1\,000\,\ell = 1\,\text{m}^3$

$13\,518 \cdot 89{,}3\,\ell \approx 1\,207\,157\,\ell = \underline{1\,207{,}157\,\text{m}^3}$

Volumen des würfelförmigen Behältnisses:

$V = a^3 = (10\,\text{m})^3 = \underline{1\,000\,\text{m}^3}$

Das Behältnis ist zu klein. Das an einem Tag verbrauchte Trinkwasser würde also $\underline{\underline{\text{nicht}}}$ in dieses Behältnis passen.

Realschulabschluss 2012 Sachsen
Mathematik

Teil A (30 Minuten, ohne Taschenrechner und Formelsammlung)

1. Berechnen Sie.

   a) $123{,}56 + 5{,}7 + 789 =$ ________

   b) $\left(\frac{5}{13} - \frac{9}{13}\right)^2 =$ ________

   c) $4 \cdot 3{,}5\ \ell + 420\ m\ell =$ ________ ℓ

   d) $\frac{5}{7}$ von 630 kg sind ________ .

2. Kreuzen Sie an, wie viel Euro für die Hose zu bezahlen sind.

   6,80 € ☐ 14,00 € ☐ 27,20 € ☐ 30,80 € ☐

3. Geben Sie den zugehörigen Term an.

   Produkt aus der Summe einer Zahl x und 24 und der Differenz aus 56 und dem Fünffachen der Zahl x.

4. Wahr oder falsch. Kreuzen Sie an.

	wahr	falsch
Ein fünfseitiges Prisma hat 10 Körperkanten.	☐	☐
$\sin 90° = 1$	☐	☐

5. In einem undurchsichtigen Gefäß liegen drei rote und zwei gelbe Kugeln. Nacheinander werden ohne Zurücklegen zwei Kugeln gezogen.

   Tragen Sie die entsprechenden Wahrscheinlichkeiten für das Ziehen der Kugeln ins Baumdiagramm ein.

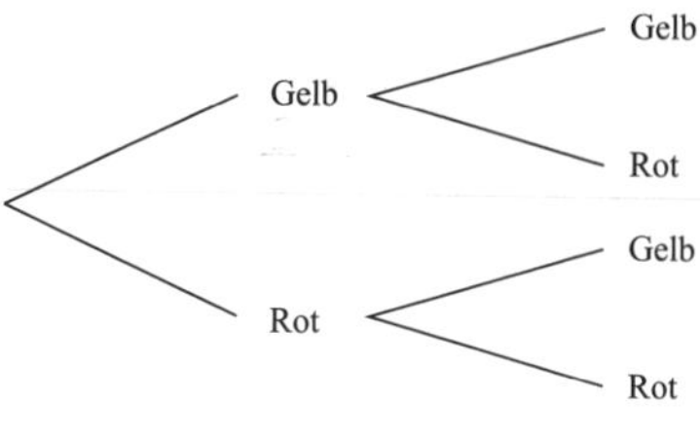

6. Welche Ziffer muss anstelle des Symbols ♦ eingesetzt werden?

$$\begin{array}{r} 1\ \blacklozenge\ 6\ 0 \\ +\quad \blacklozenge\ 7\ \blacklozenge \\ \hline 2\ 1\ 3\ \blacklozenge \end{array}$$

7. Frau Kaden hat Erdbeeren geerntet und möchte einen Tortenboden damit belegen (Fotos 1 und 2).

Welches Foto ist zutreffend, wenn sie den Tortenboden mit genau einer Schicht ganzer Erdbeeren belegt hat? Kreuzen Sie an.

☐ ☐ ☐ ☐

8. Marcel erstellt ein Rechenblatt mit einem Tabellenkalkulationsprogramm.

Geben Sie an, was er in Zelle C7 eintragen muss, damit das Volumen bei beliebigen Werten für Breite, Tiefe und Höhe ausgerechnet wird.

☐

	A	B	C	D
1	**Berechnung am Quader**			
2				
3	Breite	a =		cm
4	Tiefe	b =		cm
5	Höhe	c =		cm
6				
7	Volumen	V =		cm^3
8	Oberflächeninhalt	A_O =		cm^2
9				

9. Karl berechnet die Länge der Seite $\overline{AC}$ mit der Formel

$\overline{AC} = \sqrt{\overline{AB}^2 - \overline{BC}^2}$.

Entscheiden und begründen Sie, ob dies richtig ist.

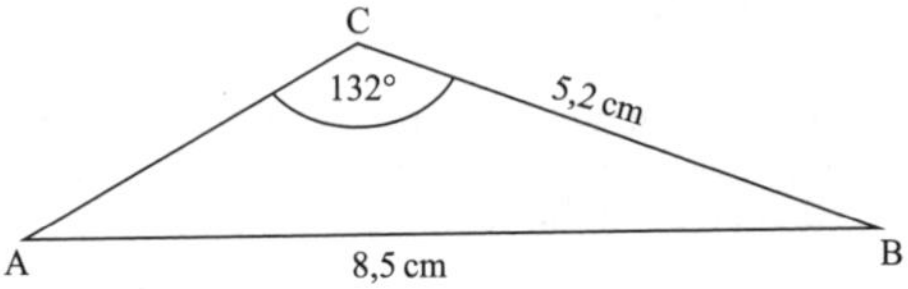

Für Teil A erreichbare BE: 12

Pflichtaufgabe 1

Familie Müller hat für 12 000,00 Euro ihr Wohnmobil verkauft. Sie möchte das Geld für drei Jahre fest anlegen.

Ihre Hausbank bietet jährlich 1,5 % Zinsen für den Anlagebetrag. Die Zinsen werden nach jedem Jahr ausgezahlt.

Internetbank – Unsere Konditionen

Zinssatz im 1. Jahr:	1,2 %
Zinssatz im 2. Jahr:	1,5 %
Zinssatz im 3. Jahr:	1,7 %

Die Zinsen werden jeweils nach Ablauf eines Jahres dem Guthaben hinzugefügt und im nächsten Jahr mit verzinst.

Ein Bekannter rät der Familie Müller, das Geld bei der Internetbank anzulegen.

a) Berechnen Sie die Zinsen, die Familie Müller für ein Jahr erhält, wenn sie die 12 000,00 Euro bei der Hausbank anlegt.

b) Berechnen Sie, über welches Guthaben Familie Müller nach drei Jahren verfügen kann, wenn sie den Rat des Bekannten befolgt und die 12 000,00 Euro bei der Internetbank anlegt.

c) Entscheiden und begründen Sie, welches Angebot für Familie Müller günstiger ist.

Für Pflichtaufgabe 1 erreichbare BE: 6

Pflichtaufgabe 2

Gegeben ist die quadratische Funktion f mit der Gleichung
$y = f(x) = x^2 - 4$.

a) Zeichnen Sie den Graphen der Funktion f in ein Koordinatensystem mindestens im Intervall $-3 \leq x \leq 3$.

b) Geben Sie die Nullstellen der Funktion f an.

c) Gegeben ist eine weitere quadratische Funktion g mit der Gleichung

$$y = g(x) = -\frac{1}{4}x^2 + c$$

durch folgende Wertetabelle:

x	–3	–2	–1	0	0,8	3
y	–1,25	0	0,75	1	0,84	–1,25

– Zeichnen Sie den Graphen der Funktion g in dasselbe Koordinatensystem mindestens im Intervall $-3 \leq x \leq 3$.

– Geben Sie den Wert für c in der Gleichung der Funktion g an.

Für Pflichtaufgabe 2 erreichbare BE: 5

Pflichtaufgabe 3

Familie Tomann wandert während ihres Urlaubs in den Alpen zu einem Stausee des Kraftwerks Kaprun.

a) Zu dem Stausee führt ein Schrägaufzug, dessen Zugseil eine Länge von 0,820 km besitzt. Die Talstation liegt 1 209 m über dem Meeresspiegel und die Bergstation 1 640 m über dem Meeresspiegel.
   - Geben Sie den Höhenunterschied zwischen Tal- und Bergstation an.
   - Berechnen Sie die Größe des Anstiegswinkels des Schrägaufzuges.

b) Vater Tomann probiert die GPS-Funktion seines neuen Handys am Stausee aus.

   Vom Turm W aus peilt er zunächst den Aussichtsfelsen A und dann den Turm O an. Er bestimmt eine Winkelgröße von 115,0°. Nach einer Wanderung erreicht er den Turm O und kann dort ebenfalls den Aussichtsfelsen A sehen. Vom Turm O aus bestimmt er die Winkelgröße zwischen Turm W und Aussichtsfelsen A mit 48,0°.

   Berechnen Sie die Entfernung des Aussichtsfelsens A vom Turm O.

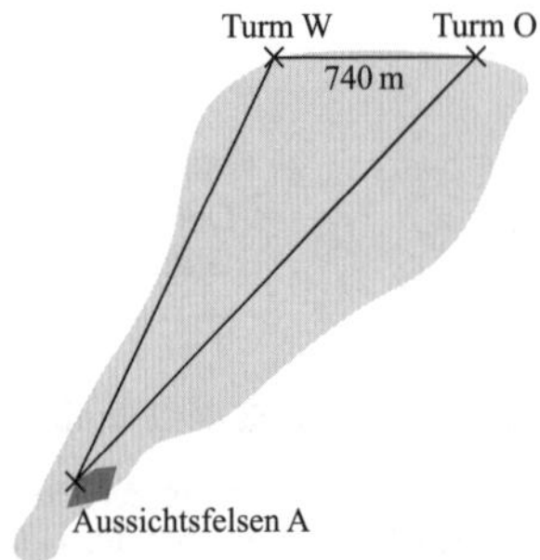

Abbildung (nicht maßstäblich)

Für Pflichtaufgabe 3 erreichbare BE: 6

Pflichtaufgabe 4

a) Ermitteln Sie die Lösung der Gleichung und führen Sie eine Probe durch.

   $3a - 6 = 7 \cdot (9 - a) + 1$

b) Lösen Sie die quadratische Gleichung und geben Sie die Lösungsmenge an.

   $2x^2 + 8x = 154$

Für Pflichtaufgabe 4 erreichbare BE: 6

Pflichtaufgabe 5

Als Absperrung zwischen Fuß- und Fahrwegen werden Poller aus Naturstein benutzt. Der Poller ist ein zusammengesetzter Körper, der von unten nach oben betrachtet aus einem Kreiszylinder, einem Kreiskegelstumpf und einer Halbkugel besteht (siehe Abbildung).

a) Zeichnen Sie ein senkrechtes Zweitafelbild des zusammengesetzten Körpers im Maßstab 1 : 10.

b) Berechnen Sie das Volumen des halbkugelförmigen Teils des Pollers.

c) Der Naturstein hat eine Dichte von $2{,}7\,\frac{\text{g}}{\text{cm}^3}$.

Berechnen Sie die Masse des Pollers, wenn das Volumen des Kreiskegelstumpfes $25\,700\ \text{cm}^3$ beträgt.

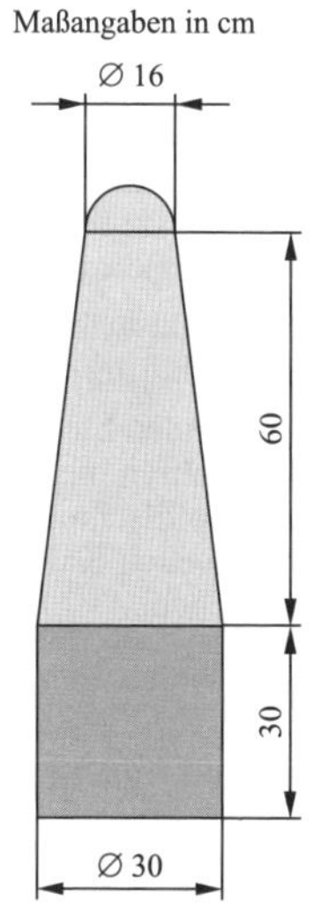

Abbildung (nicht maßstäblich)

Für Pflichtaufgabe 5 erreichbare BE: 7

Wahlaufgabe 1

Die 18-jährige Paula macht sich Gedanken über ihre Ernährung und beschäftigt sich deshalb mit den Hinweisen auf Lebensmittelverpackungen. Auf einem Tetrapak Milch findet sie die nebenstehende Angabe.

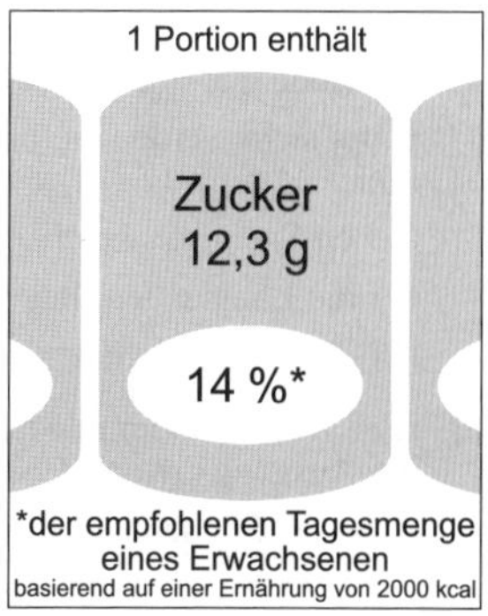

a) Berechnen Sie die empfohlene Tagesmenge an Zucker für einen Erwachsenen.

b) Paula isst zum Frühstück eine Scheibe Vollkorntoast mit Butter und Honig sowie zwei Scheiben Vollkorntoast nur mit Schokobrotaufstrich und trinkt ein Glas Milch mit Kakaopulver.

Auf den Verpackungen der Lebensmittel findet sie die folgenden Angaben.

Lebensmittel	**1 Portion sind:**	**Zuckergehalt pro Portion**
Vollkorntoast	1 Scheibe	0,5 g
Butter	Butter für eine Scheibe Toast	0,5 g
Schokobrotaufstrich	Brotaufstrich für eine Scheibe Toast	9,9 g
Honig	Honig für eine Scheibe Toast	16,0 g
Milch	1 Glas	12,3 g
Kakaopulver	Kakaopulver für ein Glas Milch	7,7 g

- Berechnen Sie, wie viel Gramm Zucker Paula zum Frühstück zu sich nimmt.
- Berechnen Sie, wie viel Prozent der empfohlenen Tagesmenge an Zucker bereits in Paulas Frühstück enthalten sind.

c) Paula fährt gern Rad. Nach einem „Kalorienrechner" verbraucht sie 98 kcal bei ruhigem Fahrtempo in 15 Minuten.

Sie trinkt während einer Radtour 0,8 Liter Apfelschorle.

Berechnen Sie, wie lange Paula Rad fahren muss, um die mit der Apfelschorle zu sich genommenen Kalorien zu verbrauchen.

Für Wahlaufgabe 1 erreichbare BE: 8

Wahlaufgabe 2

Gegeben ist eine gerade quadratische Pyramide mit der Grundkantenlänge $a = 4{,}0$ cm und der Länge der Seitenkanten $s = 7{,}0$ cm.

a) Zeichnen Sie ein Netz der Pyramide.

b) Berechnen Sie die Höhe einer Seitenfläche und die Höhe der Pyramide.

c) Eine andere Pyramide entsteht durch Verdoppeln der Grundkantenlänge und Verdoppeln der Höhe der gegebenen Pyramide.

Untersucht werden Verhältnisse zwischen der gegebenen Pyramide und der anderen Pyramide.

Geben Sie an, in welchem Verhältnis

(1) die Längen der Diagonalen der Grundflächen zueinander stehen,

(2) die Flächeninhalte der Grundflächen zueinander stehen.

d) Eine weitere Pyramide ist zur Ausgangspyramide ähnlich und hat das 125-fache Volumen der Ausgangspyramide.

- Geben Sie den zugehörigen Ähnlichkeitsfaktor k an.
- Geben Sie die Länge der Grundkante dieser weiteren Pyramide an.

Für Wahlaufgabe 2 erreichbare BE: 8

Wahlaufgabe 3

Eine Firma möchte einen Messestand anmieten. Sie bekommt von der Messegesellschaft einen Auszug des Hallenplans (siehe Abbildung). Die Geschäftsleitung favorisiert den Messestand B.

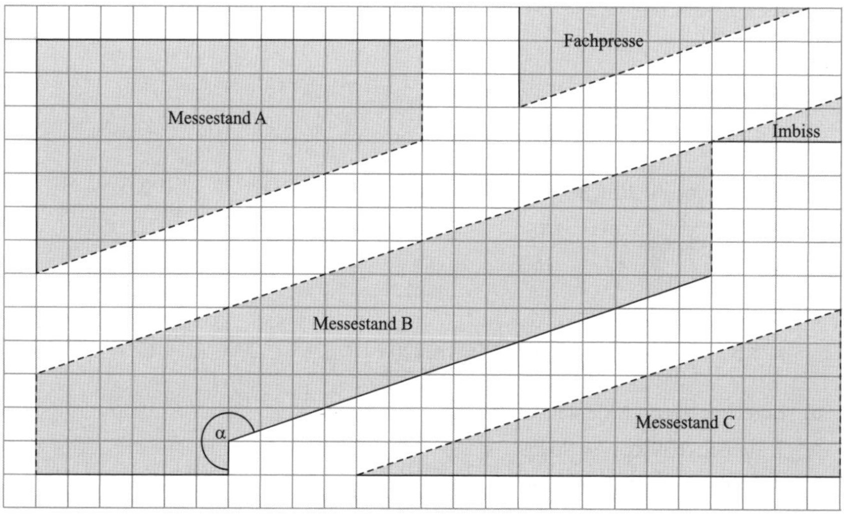

Legende Hallenplan

☐ 1,00 m × 1,00 m   ------ Begrenzung Messestand (offen)   ——— Rückseite Messestand (Trennwand)

a) Fertigen Sie eine maßstäbliche Zeichnung des Messestandes B an und geben Sie den verwendeten Maßstab an.

b) Die Standmiete für die Zeit der Messe beträgt 180,00 Euro pro Quadratmeter. Ermitteln Sie den Betrag der Standmiete, der für den Messestand B zu zahlen ist.

c) An den Rückseiten der Messestände stehen 6,00 m hohe Trennwände. Die dem Messestand zugewandten Flächen werden für Werbezwecke genutzt. Berechnen Sie den Flächeninhalt der Werbefläche auf der gesamten Trennwand für den Messestand B.

d) Für die Montage der Trennwände wird der Winkel α benötigt. Berechnen Sie die Größe des Winkels α.

Für Wahlaufgabe 3 erreichbare BE: 8

Lösungen

Teil A

1. a) Schreibe die Zahlen so untereinander, dass die Kommas an der gleichen Stelle stehen.

$$\begin{array}{r} 123{,}56 \\ 5{,}70 \\ +\,789{,}00 \\ \hline \underline{\underline{918{,}26}} \end{array}$$

b) Fasse zuerst die Brüche in der Klammer zusammen.

$$\left(\frac{5}{13}-\frac{9}{13}\right)^2=\left(-\frac{4}{13}\right)^2=\underline{\underline{\frac{16}{169}}}$$

c) Rechne die $m\ell$ in ℓ um.

$$4\cdot 3{,}5\ \ell+420\ m\ell=14\ \ell+0{,}420\ \ell=\underline{\underline{14{,}420\ \ell}}$$

d) Berechne zuerst 1 Siebtel von 630 kg.

1 Siebtel: $630\ \text{kg} : 7 = 90\ \text{kg}$

5 Siebtel: $5\cdot 90\ \text{kg}=\underline{\underline{450\ \text{kg}}}$

2. Berechne zuerst 10 % und dann 20 % von 34,00 €.
10 % von 34,00 € sind 3,40 €, 20 % von 34,00 € sind 6,80 €.
Die Hose kostet also $34{,}00\ € - 6{,}80\ € = \underline{\underline{27{,}20\ €}}$.

3. Bilde zuerst die Terme für die Summe und für die Differenz.

Summe einer Zahl x und 24: $x+24$

Differenz aus 56 und dem Fünffachen der Zahl x: $56-5\cdot x$

Produkt aus der Summe … und der Differenz …: $\underline{\underline{(x+24)\cdot(56-5\cdot x)}}$

4.

	wahr	falsch
Ein fünfseitiges Prisma hat 10 Körperkanten.	☐	☒
$\sin 90° = 1$	☒	☐

5. Beachte, dass beim zweiten Ziehen die Wahrscheinlichkeiten anders sind, weil die erste Kugel nicht zurückgelegt wird.

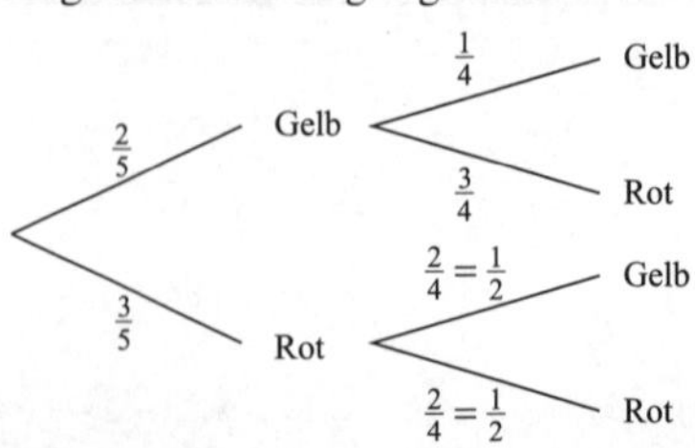

6. Anstelle des Symbols ♦ muss die Ziffer 5 eingesetzt werden.

$$\begin{array}{r} 1\,560 \\ +\ 575 \\ \hline \underline{\underline{2\,135}} \end{array}$$

7. Da die Wasserflasche auf den Fotos 1 und 2 gleich groß erscheint, kann man auch die anderen Gegenstände direkt vergleichen.
Die Tortenform hat den gleichen Durchmesser wie die Schüssel. Um den Tortenboden mit einer Schicht Erdbeeren zu belegen, benötigt man also eine Schicht Erdbeeren aus der Schüssel.

Das Bild 2 kommt dieser Annahme am nächsten. Dort fehlt zwar etwas mehr als eine Schicht, aber das liegt vermutlich daran, dass die Erdbeeren in der Schüssel nicht glatt nebeneinander, sondern als Haufen lagen.

8. $\underline{\underline{= C3 \cdot C4 \cdot C5}}$

9. Das ist <u>falsch</u>, weil der Satz des Pythagoras nur in rechtwinkligen Dreiecken gilt. Dieses Dreieck ist aber nicht rechtwinklig.

Teil B

Pflichtaufgabe 1

a) **Zinsen bei der Hausbank für ein Jahr:**

Lösung mit Dreisatz:

$$\begin{aligned} &: 100 \left(\begin{array}{l} 100\,\% \mathrel{\widehat{=}} 12\,000\text{ €} \\ 1\,\% \mathrel{\widehat{=}} \dfrac{12\,000\text{ €}}{100} \end{array} \right) : 100 \\ &\cdot 1{,}5 \left(\begin{array}{l} \\ 1{,}5\,\% \mathrel{\widehat{=}} \dfrac{1{,}5 \cdot 12\,000\text{ €}}{100} \end{array} \right) \cdot 1{,}5 \\ &1{,}5\,\% \mathrel{\widehat{=}} \underline{\underline{180\text{ €}}} \end{aligned}$$

Lösung mit Verhältnisgleichung:

$$\frac{x}{1{,}5\,\%} = \frac{12\,000\text{ €}}{100\,\%} \quad | \cdot 1{,}5\,\%$$

$$x = \frac{1{,}5\,\% \cdot 12\,000\text{ €}}{100\,\%}$$

$$= \underline{\underline{180\text{ €}}}$$

Lösung mit Prozentformeln:

Kapital: $G = 12\,000$ €
Zinssatz: $p\,\% = 1{,}5\,\%$

Zinsen: $W = \dfrac{p \cdot G}{100}$

$$= \frac{1{,}5 \cdot 12\,000\text{ €}}{100}$$

$$= \underline{\underline{180\text{ €}}}$$

Lösung mit Dezimalbruch:

Zinssatz: $1{,}5\,\% = 0{,}015$
Zinsen: $0{,}015 \cdot 12\,000\text{ €} = \underline{\underline{180\text{ €}}}$

Die Zinsen für ein Jahr betragen 180 €.

b) **Guthaben bei der Internetbank:**

Die Zinsen erhöhen nach jedem Jahr das zu verzinsende Guthaben.

Jahr	Zinssatz	Zinsen	Guthaben
1	1,2 %	144,00 €	12 144,00 €
2	1,5 %	182,16 €	12 326,16 €
3	1,7 %	209,54 €	12 535,70 €

Nach drei Jahren kann Familie Müller über 12 535,70 € verfügen.

c) **Gesamtbetrag nach drei Jahren bei der Hausbank:**

$12\,000\,€ + 3 \cdot 180\,€ = 12\,540\,€$

Das Angebot der Hausbank ist günstiger, weil die Familie nach drei Jahren über mehr Geld verfügen kann.

Pflichtaufgabe 2

a) **Graph:**

Der Graph der Funktion f ist eine Normalparabel, die um 4 Einheiten nach unten verschoben ist.

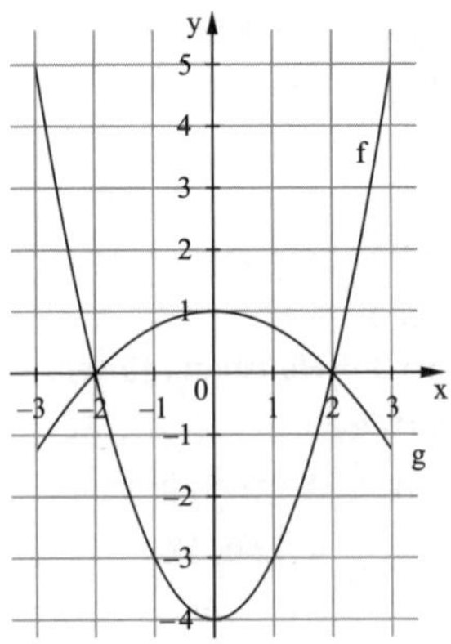

b) **Nullstellen der Funktion f:**

$x_1 = -2$ und $x_2 = 2$

c) **Wert für c:**

Der Graph der Funktion g verläuft durch den Punkt (0; 1). Um c zu berechnen, kannst du die Koordinaten (x; y) dieses Punktes in die Funktionsgleichung einsetzen.

$$y = -\frac{1}{4}x^2 + c$$

$$1 = -\frac{1}{4} \cdot 0^2 + c$$

$$1 = c$$

Lösungsweg 2:

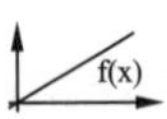

Die Funktion ist vom Typ $y = a \cdot x^2 + c$ mit $a = -\frac{1}{4}$. Der Graph muss also eine gestauchte und nach unten geöffnete Parabel sein, die um c Einheiten nach oben verschoben ist.

Da der Scheitel der Funktion um *eine* Einheit nach oben verschoben ist, muss $c = 1$ sein.

Pflichtaufgabe 3

a) **Höhenunterschied zwischen Talstation T und Bergstation B:**

$1\,640\text{ m} - 1\,209\text{ m} = \underline{\underline{431\text{ m}}}$

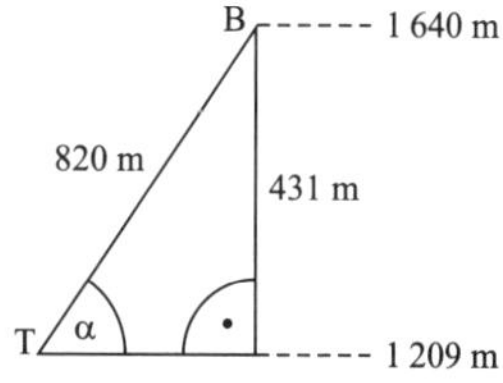

Skizze (nicht maßstäblich)

Größe des Anstiegwinkels:

$\sin\alpha = \dfrac{431\text{ m}}{820\text{ m}}$

$\sin\alpha = 0{,}5256 \qquad |\sin^{-1}$

$\alpha = \underline{\underline{31{,}7°}}$

b) **Größe des Winkels im Punkt A:**

Bezeichne alle Seiten und Winkel mit Variablen.

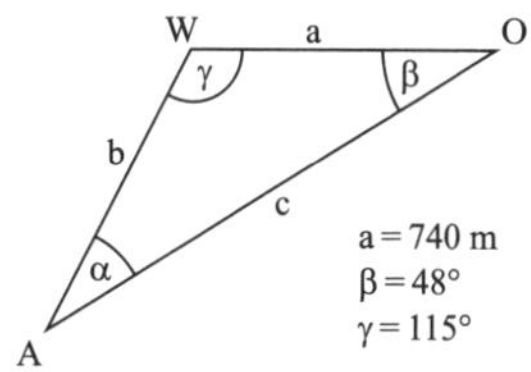

Skizze (nicht maßstäblich)

$\alpha = 180° - \beta - \gamma = 180° - 48° - 115° = \underline{17°}$

Entfernung des Aussichtsfelsens A vom Turm O:

$\dfrac{c}{\sin\gamma} = \dfrac{a}{\sin\alpha} \qquad |\cdot\sin\gamma$

$c = \dfrac{a\cdot\sin\gamma}{\sin\alpha}$

$c = \dfrac{740\text{ m}\cdot\sin 115°}{\sin 17°}$

$c = \underline{\underline{2\,294\text{ m}}}$

Der Aussichtsfelsen A ist ungefähr 2 300 m vom Turm O entfernt.

Pflichtaufgabe 4

a)

$$
\begin{aligned}
3a - 6 &= 7\cdot(9-a)+1 \\
3a - 6 &= 63 - 7a + 1 \\
3a - 6 &= 64 - 7a && |+7a \\
10a - 6 &= 64 && |+6 \\
10a &= 70 && |:10 \\
a &= \underline{\underline{7}}
\end{aligned}
$$

Probe:

$$
\begin{aligned}
3\cdot 7 - 6 &= 7\cdot(9-7)+1 && ? \\
21 - 6 &= 7\cdot 2 + 1 && ? \\
15 &= 15 && \text{wahr}
\end{aligned}
$$

b) Forme die quadratische Gleichung in die Normalform um.

$$
\begin{aligned}
2x^2 + 8x &= 154 && |-154 \\
2x^2 + 8x - 154 &= 0 && |:2 \\
x^2 + 4x - 77 &= 0
\end{aligned}
$$

Es liegt die Normalform $x^2 + px + q = 0$ vor mit $p = 4$ und $q = -77$.

$$x_{1,2} = -\frac{p}{2} \pm \sqrt{\left(\frac{p}{2}\right)^2 - q}$$

$$x_{1,2} = -\frac{4}{2} \pm \sqrt{\left(\frac{4}{2}\right)^2 + 77}$$

$$x_{1,2} = -2 \pm \sqrt{4+77}$$

$$x_{1,2} = -2 \pm \sqrt{81}$$

$$x_{1,2} = -2 \pm 9$$

$$x_1 = \underline{7} \qquad x_2 = \underline{-11}$$

Lösungsmenge: $L = \underline{\underline{\{7; -11\}}}$

Pflichtaufgabe 5

a) **Zweitafelbild:**

Originallänge	Länge im Maßstab 1 : 10
30 cm	3,0 cm
60 cm	6,0 cm
16 cm	1,6 cm

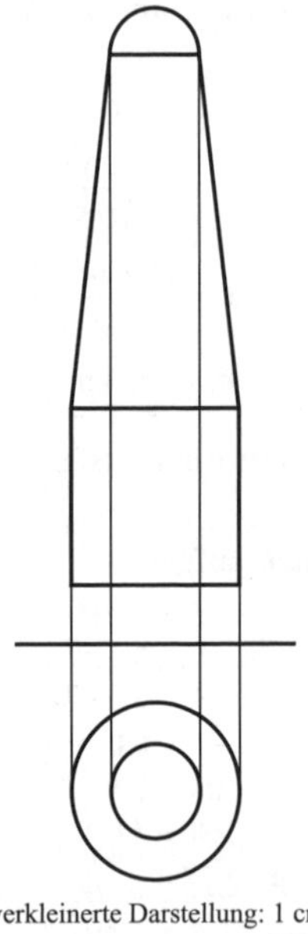

verkleinerte Darstellung: 1 cm

b) **Volumen der ganzen Kugel:**

$V = \frac{\pi}{6} d^3 = \frac{\pi}{6} \cdot (16\text{ cm})^3 \approx \underline{2\,144{,}66\text{ cm}^3}$

Volumen des halbkugelförmigen Teils des Pollers:

$2\,144{,}66\text{ cm}^3 : 2 = 1\,072{,}33\text{ cm}^3 \approx \underline{\underline{1\,072\text{ cm}^3}}$

c) **Volumen des Kreiszylinders:**

$V = \pi r^2 h = \pi \cdot (15\text{ cm})^2 \cdot 30\text{ cm} = 21\,205{,}75\text{ cm}^3 \approx \underline{21\,206\text{ cm}^3}$

Gesamtvolumen des Pollers:

$21\,206\text{ cm}^3 + 25\,700\text{ cm}^3 + 1\,072\text{ cm}^3 = \underline{47\,978\text{ cm}^3}$

Masse des Pollers:

$47\,978 \cdot 2{,}7\text{ g} = 129\,540{,}6\text{g} \approx \underline{\underline{129{,}5\text{ kg}}}$

Wahlaufgabe 1

a) **Empfohlene Tagesmenge an Zucker:**

Gesucht ist der Grundwert.

Lösung mit Dreisatz:

$$
\begin{aligned}
&:14 \quad && 14\,\% \mathrel{\hat{=}} 12{,}3\text{ g} && :14\\
& && 1\,\% \mathrel{\hat{=}} \frac{12{,}3\text{ g}}{14} && \\
&\cdot 100 \quad && 100\,\% \mathrel{\hat{=}} \frac{100\cdot 12{,}3\text{ g}}{14} && \cdot 100\\
& && 100\,\% \mathrel{\hat{=}} 87{,}86\text{ g} \approx \underline{\underline{88\text{ g}}} &&
\end{aligned}
$$

Lösung mit Verhältnisgleichung:

$$
\begin{aligned}
\frac{x}{100\,\%} &= \frac{12{,}3\text{ g}}{14\,\%} \qquad \Big|\cdot 100\,\%\\
x &= \frac{100\,\%\cdot 12{,}3\text{ g}}{14\,\%}\\
&\approx \underline{\underline{88\text{ g}}}
\end{aligned}
$$

Lösung mit Prozentformeln:

Prozentwert: $W = 12{,}3$ g

Prozentsatz: $p\,\% = 14\,\%$

Grundwert:
$$
\begin{aligned}
G &= \frac{W\cdot 100}{p}\\
&= \frac{12{,}3\text{ g}\cdot 100}{14}\\
&\approx \underline{\underline{88\text{ g}}}
\end{aligned}
$$

Lösung mit Dezimalbruch:

Prozentsatz: $14\,\% = 0{,}14$

Grundwert: $12{,}3\text{ g} : 0{,}14 \approx \underline{\underline{88\text{g}}}$

Die für einen Erwachsenen empfohlene Tagesmenge an Zucker beträgt 88 g.

b) **1 Scheibe Toast mit Butter und Honig:**

$0{,}5\text{ g} + 0{,}5\text{ g} + 16\text{ g} = \underline{17\text{ g}}$

2 Scheiben Toast mit Schokoaufstrich:

$2\cdot(0{,}5\text{ g} + 9{,}9\text{ g}) = \underline{20{,}8\text{ g}}$

1 Glas Milch mit Kakao:

$12{,}3\text{ g} + 7{,}7\text{ g} = \underline{20\text{ g}}$

Zucker in Paulas Frühstück:

$17\text{ g} + 20{,}8\text{ g} + 20\text{ g} = \underline{\underline{57{,}8\text{ g}}}$

Anteil an der empfohlenen Tagesmenge an Zucker:

Lösung mit Dreisatz:

$$
\begin{aligned}
&:88 \quad && 88\text{ g} \mathrel{\hat{=}} 100\,\% && :88\\
& && 1\text{ g} \mathrel{\hat{=}} \frac{100\,\%}{88} && \\
&\cdot 57{,}8 \quad && 57{,}8\text{ g} \mathrel{\hat{=}} \frac{100\,\%\cdot 57{,}8}{88} && \cdot 57{,}8\\
& && 57{,}8\text{ g} \mathrel{\hat{=}} 65{,}68\,\% \approx \underline{\underline{65{,}7\,\%}} &&
\end{aligned}
$$

Lösung mit Prozentformeln:

$$p\,\% = \frac{W \cdot 100}{G}\,\% = \frac{57{,}8\text{ g} \cdot 100}{88\text{ g}}\,\% \approx \underline{\underline{65{,}7\,\%}}$$

c) **Energiegehalt von 0,8 ℓ Apfelschorle:**

$$\begin{aligned}
&: 250 \quad & 250\text{ m}\ell &\mathrel{\hat{=}} 58\text{ kcal} & &: 250\\
& & 1\text{ m}\ell &\mathrel{\hat{=}} \frac{58\text{ kcal}}{250} & &\\
&\cdot 800 \quad & 800\text{ m}\ell &\mathrel{\hat{=}} \frac{800 \cdot 58\text{ kcal}}{250} & &\cdot 800\\
& & 800\text{ m}\ell &\mathrel{\hat{=}} \underline{\underline{185{,}6\text{ kcal}}} & &
\end{aligned}$$

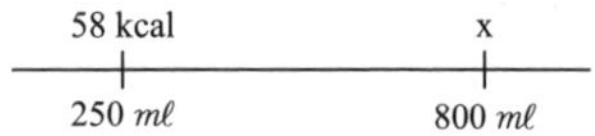

Zeit, um Kalorien zu verbrauchen:

$$\begin{aligned}
&: 98 \quad & 98\text{ kcal} &\mathrel{\hat{=}} 15\text{ min} & &: 98\\
& & 1\text{ kcal} &\mathrel{\hat{=}} \frac{15\text{ min}}{98} & &\\
&\cdot 185{,}6 \quad & 185{,}6\text{ kcal} &\mathrel{\hat{=}} \frac{185{,}6 \cdot 15\text{ min}}{98} & &\cdot 185{,}6\\
& & 185{,}6\text{ kcal} &\mathrel{\hat{=}} \underline{\underline{28{,}4\text{ min}}} & &
\end{aligned}$$

Paula muss mehr als 28 Minuten Rad fahren.

Wahlaufgabe 2

a) **Netz der Pyramide:**

Die Seitenflächen sind gleichschenklige Dreiecke mit der Schenkellänge 7 cm.

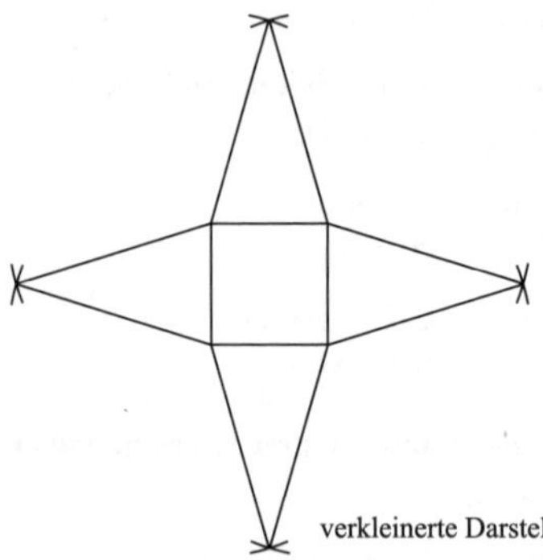

verkleinerte Darstellung: 1 cm

b) **Höhe h_s einer Seitenfläche:**

Die Höhe h_s ist eine Seite in einem rechtwinkligen Dreieck.

$$h_s = \sqrt{(7\text{ cm})^2 - (2\text{ cm})^2} = \underline{\underline{6{,}7\text{ cm}}}$$

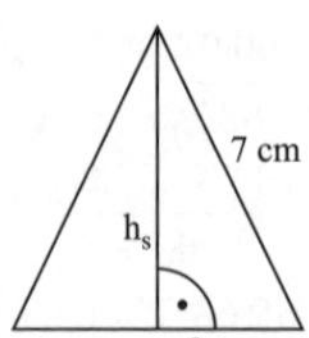

Skizze (nicht maßstäblich)

Höhe h der Pyramide:

Die Höhe h ist eine Seite in einem rechtwinkligen Dreieck.

$h = \sqrt{(6{,}7\text{ cm})^2 - (2\text{ cm})^2} = \underline{\underline{6{,}4\text{ cm}}}$

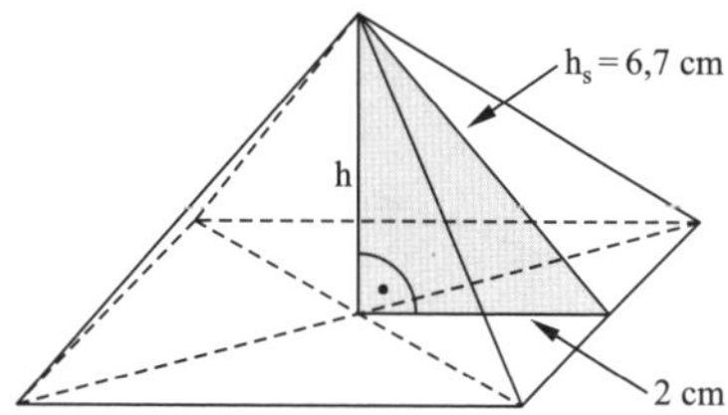

Skizze (nicht maßstäblich)

c) **Verhältnis der Längen der Diagonalen:**

$$\frac{\text{Diagonale im Original}}{\text{andere Diagonale}} = \frac{4\text{ cm}\cdot\sqrt{2}}{8\text{ cm}\cdot\sqrt{2}} = \underline{\underline{\frac{1}{2}}}$$

Die Längen der Diagonalen stehen im Verhältnis 1 : 2.

Verhältnis der Flächeninhalte der Grundflächen:

$$\frac{\text{Grundfläche im Original}}{\text{andere Grundfläche}} = \frac{(4\text{ cm})^2}{(8\text{ cm})^2} = \frac{16}{64} = \underline{\underline{\frac{1}{4}}}$$

Die Flächeninhalte der Grundflächen stehen im Verhältnis 1 : 4.

Hinweis: Bei einer Streckung mit dem Faktor k stehen die Originallängen zu den Bildlängen <u>immer</u> im Verhältnis 1 : k. Für die Flächeninhalte beträgt das Verhältnis immer $1 : k^2$.

d) **Ähnlichkeitsfaktor:**

Bei einer Streckung mit dem Faktor k stehen die Volumen immer im Verhältnis $1 : k^3$.

$k^3 = 125 \;\Rightarrow\; k = \sqrt[3]{125} = \underline{\underline{5}}$

Länge der Grundkante dieser Pyramide:

$k \cdot 4\text{ cm} = 5 \cdot 4\text{ cm} = \underline{\underline{20\text{ cm}}}$

Wahlaufgabe 3

a) Überlege dir zunächst einen sinnvollen Maßstab.

Mögliche Maßstäbe:

	Originallänge	Bildlänge M 1 : 100	Bildlänge M 1 : 200	Bildlänge M 1 : 500
Gesamtbreite	21 m	21 cm	10,5 cm	4,2 cm
Rastermaß	1 m	1 cm	0,5 cm	0,2 cm

Tipp: Zeichne erst das umgebende Rechteck ABCD und lege von A und C ausgehend die Punkte E, F und G fest.

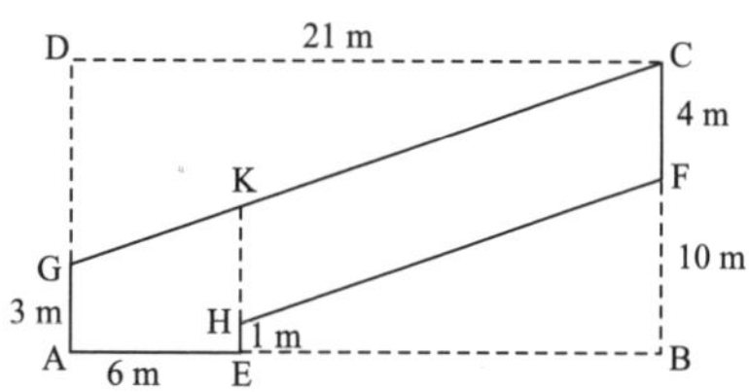

Maßstäbliche Zeichnung (Maßstab 1 : 500):

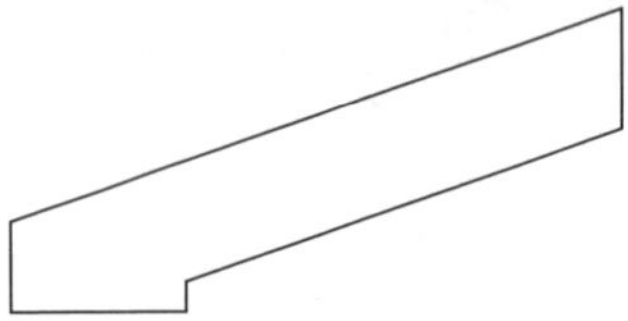

b) Zerlege für die Berechnung die Fläche in das Trapez EKGA und das Parallelogramm FCKH.

Fläche des Trapezes EKGA:

$$A = \frac{a+c}{2} \cdot h = \frac{5\,\text{m} + 3\,\text{m}}{2} \cdot 6\,\text{m} = \underline{24\,\text{m}^2}$$

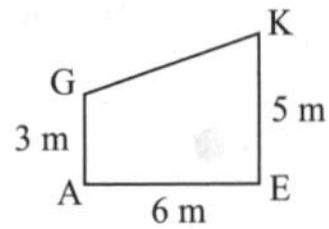

Fläche des Parallelogramms FCKH:

$$A = a \cdot h_a = 4\,\text{m} \cdot 15\,\text{m} = \underline{60\,\text{m}^2}$$

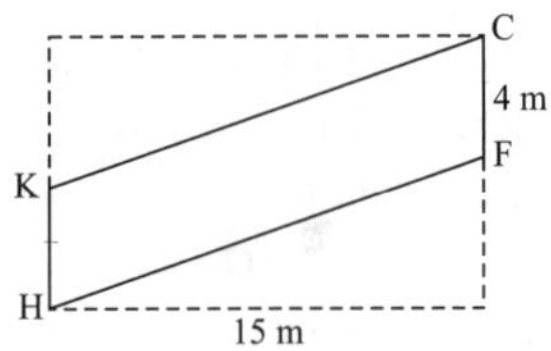

Gesamtfläche des Messestandes:

$$24\,\text{m}^2 + 60\,\text{m}^2 = \underline{84\,\text{m}^2}$$

Betrag der Standmiete:

$$84 \cdot 180\,€ = \underline{\underline{15\,120\,€}}$$

c) **Länge der Seite $\overline{HF}$:**

$$\overline{HF} = \sqrt{(15\,\text{m})^2 + (5\,\text{m})^2} \approx \underline{15{,}8\,\text{m}}$$

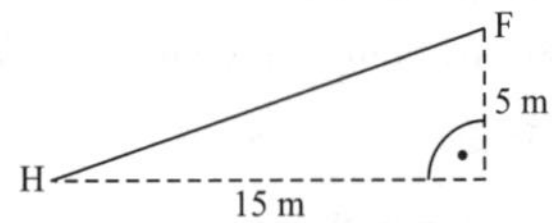

Gesamtlänge der Rückseite (Streckenzug AEHF):

$$6\,\text{m} + 1\,\text{m} + 15{,}8\,\text{m} = \underline{22{,}8\,\text{m}}$$

Flächeninhalt der Werbefläche:

$$22{,}8\,\text{m} \cdot 6\,\text{m} = 136{,}8\,\text{m}^2 \approx \underline{\underline{137\,\text{m}^2}}$$

d) Der Winkel α ist größer als 180°.

Größe des Winkels β:

$$\tan\beta = \frac{3\,\text{m}}{1\,\text{m}}$$

$$\tan\beta = 3 \qquad |\tan^{-1}$$

$$\beta \approx \underline{71{,}6°}$$

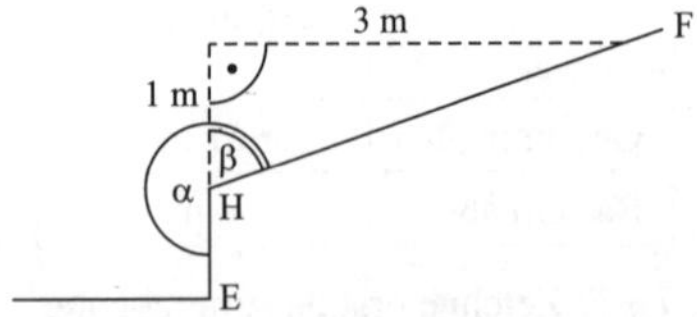

Skizze (nicht maßstäblich)

Größe des Winkels α:

$$\alpha = 180° + \beta = 180° + 71{,}6° = \underline{\underline{251{,}6°}}$$

Teil A (30 Minuten, ohne Taschenrechner und Formelsammlung)

1. a) $14 \cdot (46{,}7 - 32{,}7) =$ 196

   b) $24{,}6 : \frac{1}{2} =$ 12,3

   c) Vergleichen Sie. $(-5)^2$ ☐ -5^2

   d) 40 % von 820 m² sind 328 m².

2. Berechnen Sie den Termwert für $a = 4$ und $b = -\frac{1}{5}$.

7a	+	5b

3. Geben Sie alle Primzahlen zwischen 30 und 40 an.

   32, 34, 36, 38,

4. Eine Funktion hat genau zwei Nullstellen. Auf welche Funktion trifft das zu? Kreuzen Sie an.

$y = -3x + 2$	$y = x^2 + 1{,}5$	$y = 2\sin(3x)$	$y = 0{,}5x^2 - 4$
☐	☐	☐	☒

5. Geben Sie die Größe des Winkels α an.

   $\alpha =$ 60

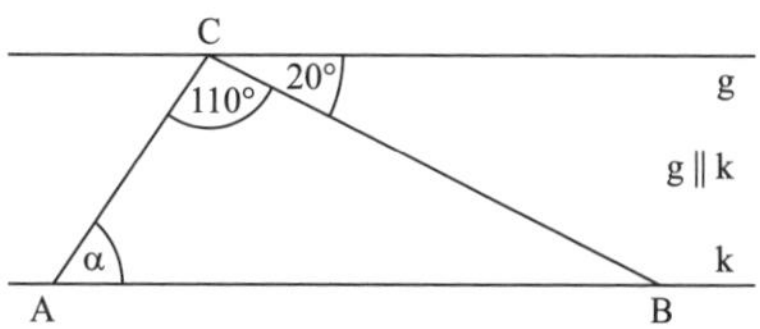

Abbildung (nicht maßstäblich)

6. Wahr oder falsch. Kreuzen Sie an.

	wahr	falsch
Die Zahl 45 678 ist durch 3 teilbar.	☒	☐
Die Zahl 5 ist eine Lösung der Ungleichung $4 \cdot x - 22 > -4$.	☒	☐

7. Welche Abbildung zeigt den Grundriss des Körpers? Kreuzen Sie an.

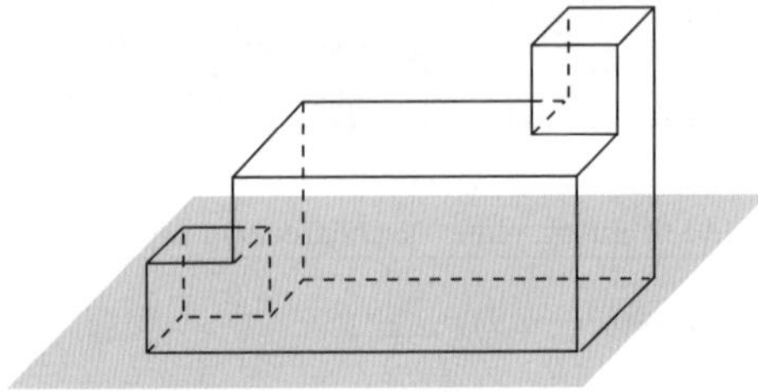

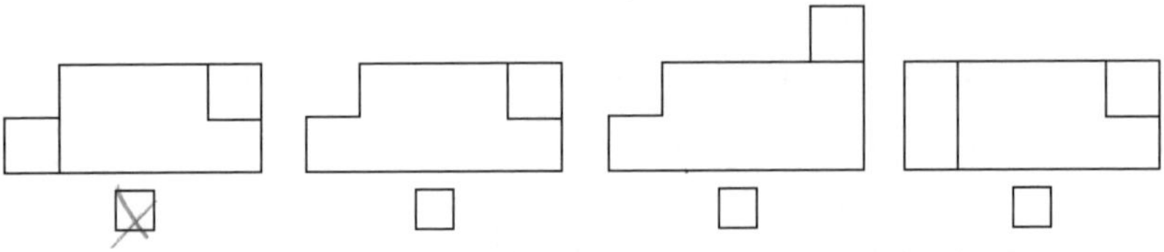

8. Die Sportarten mit den zugehörigen Siegerwerten der Männer bei den Olympischen Spielen 2012 in London sind durcheinandergeraten. Ordnen Sie richtig zu.

I	100 m Lauf
II	Weitsprung
III	Hochsprung
IV	Diskuswurf
V	5 000 m Lauf
VI	100 m Brustschwimmen

A	8,31 m
B	2,38 m
C	9,63 s
D	58,46 s
E	68,27 m
F	13:41,66 min

I	C
II	A
III	B
IV	E
V	F
VI	D

9. Tragen Sie die Zahlen 1, 3, 5, 7 und 9 so in die leeren Kreise ein, dass die vier Zahlen auf jeder Geraden die Summe 38 ergeben.

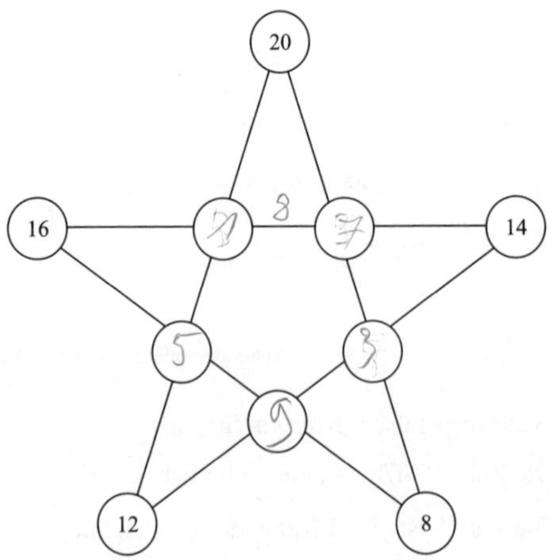

Für Teil A erreichbare BE: 12

Pflichtaufgabe 1

In der Tabelle ist, nach Energieträgern aufgeschlüsselt, der weltweite Energiebedarf in Exajoule (EJ) angegeben.

Energieträger		**Energiebedarf 2009** in EJ	**Energiebedarf 2010** in EJ
erneuerbare Energien		36,58	39,11
fossile Energien	Erdöl	163,65	168,65
	Erdgas	111,43	119,66
	Kohle	138,40	148,87
Kernenergie		25,71	26,22
	Gesamt	**475,77**	**502,51**

Quelle: http://de.wikipedia.org/wiki/Energieverbrauch, [18. 09. 2012]

a) Berechnen Sie, auf wie viel Prozent der Energiebedarf an erneuerbaren Energien im Jahr 2010 gegenüber dem Jahr 2009 stieg.

b) Berechnen Sie für das Jahr 2010 den prozentualen Anteil der fossilen Energien am Gesamtenergiebedarf.

c) Stellen Sie die Anteile für erneuerbare Energien, fossile Energien und Kernenergie am Gesamtenergiebedarf für das Jahr 2010 in einem Kreisdiagramm dar.

Für Pflichtaufgabe 1 erreichbare BE: 6

Pflichtaufgabe 2

In ein rechtwinkliges Dreieck ABC ist ein Quadrat CDEF einbeschrieben. Der Punkt E liegt auf der Seite $\overline{AB}$ (siehe Abbildung).

Die Kathete $\overline{AC}$ hat eine Länge von 6,0 cm. Die andere Kathete ist 12,0 cm lang. Die Seitenlänge des Quadrates beträgt 4,0 cm.

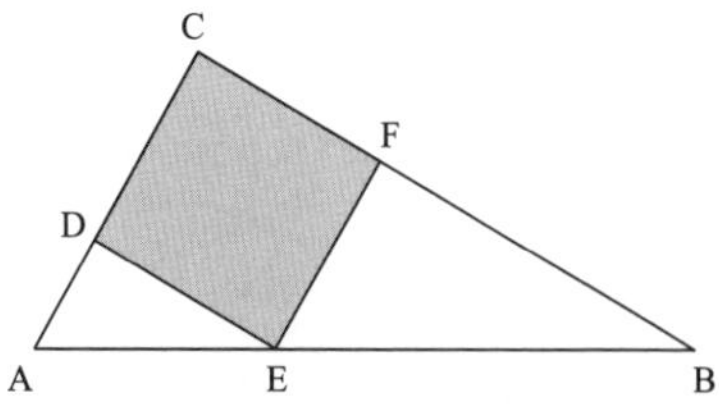

Abbildung (nicht maßstäblich)

a) Konstruieren Sie das rechtwinklige Dreieck ABC mit dem einbeschriebenen Quadrat CDEF.

b) Die Hypotenuse des Dreiecks ABC liegt auf einer Geraden g.
- Konstruieren Sie das Bild $C_1D_1E_1F_1$ des Quadrates CDEF bei Spiegelung an der Geraden g.
- Die Punkte AD_1ED sind die Eckpunkte eines Vierecks.
  Benennen Sie die Vierecksart und begründen Sie ihre Entscheidung.

Für Pflichtaufgabe 2 erreichbare BE: 5

Pflichtaufgabe 3

Familie Braun erweiterte ihr Haus mit einem Anbau.
Der Giebel des vorhandenen Wohnhauses setzt sich aus einem Rechteck und einem gleichschenkligen Dreieck zusammen. Der Dachneigungswinkel beträgt 43,0° (siehe Abbildung).

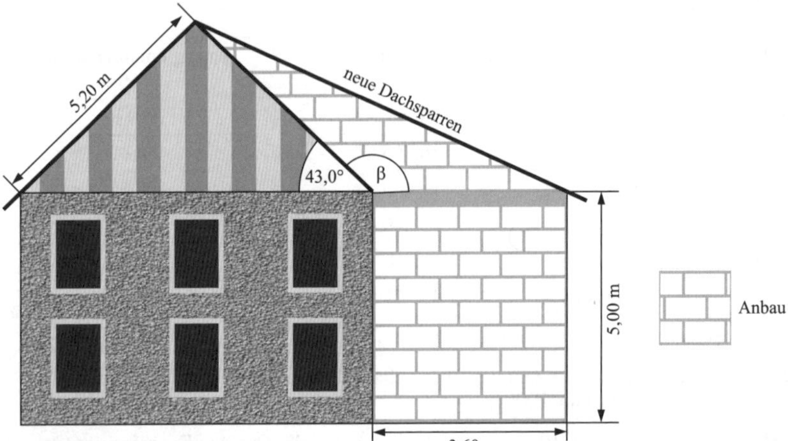

Abbildung (nicht maßstäblich)

a) Geben Sie die Größe des Winkels β an.

b) Berechnen Sie den Flächeninhalt des Giebels vom Anbau.

c) Die neuen Dachsparren reichen in der Länge 60 cm über den Anbau.
Berechnen Sie die Länge eines neuen Dachsparrens.

Für Pflichtaufgabe 3 erreichbare BE: 6

Pflichtaufgabe 4

Gegeben ist das folgende Gleichungssystem:

I $2y = -3x + 4$

II $y = \frac{1}{2}x - 2$

a) Lösen Sie das Gleichungssystem rechnerisch. Geben Sie die Lösungsmenge an.

b) Durch die Gleichungen I und II sind lineare Funktionen gegeben.
– Stellen Sie die beiden Graphen der Funktionen in ein und demselben Koordinatensystem dar.
– Geben Sie die Koordinaten des Schnittpunktes S der beiden Graphen an.

c) Gegeben ist ein weiteres Gleichungssystem.
I $y = 3x + 4$
II $y = mx + n$
Geben Sie je einen Wert für m und n an, sodass dieses Gleichungssystem keine Lösung besitzt.

Für Pflichtaufgabe 4 erreichbare BE: 7

Pflichtaufgabe 5

Frau Nagel bemerkt am späten Nachmittag, dass der EC-Kartenleser in ihrem Friseurladen ausgefallen ist. Bis Ladenschluss kann sie noch zwei Kunden bedienen.
Erfahrungsgemäß zahlen 70 % ihrer Kunden mit Bargeld, 20 % mit EC-Karte und der Rest mit einem Gutschein.
Die Zahlungsweise von zwei nacheinander zahlenden Kunden ist ein zweistufiges Zufallsexperiment.

a) Zeichnen Sie für dieses Zufallsexperiment ein Baumdiagramm und beschriften Sie alle Pfade mit den entsprechenden Wahrscheinlichkeiten.

b) Frau Nagel bekommt ein Problem, wenn die Kunden mit EC-Karte zahlen möchten.
   - Berechnen Sie die Wahrscheinlichkeit dafür, dass beide Kunden mit EC-Karte zahlen möchten.
   - Berechnen Sie die Wahrscheinlichkeit dafür, dass keiner der Kunden mit EC-Karte zahlen möchte.

Für Pflichtaufgabe 5 erreichbare BE: 6

Wahlaufgabe 1

Herr Krause kaufte für seinen Handwerksbetrieb eine Maschine. Der Kaufpreis betrug 15 000,00 €.
Der Restwert der Maschine beträgt nach einem Jahr 80 % des Kaufpreises. In den darauffolgenden Jahren verliert die Maschine jedes Jahr 20 % ihres jeweiligen Restwertes.

a) Berechnen Sie den Restwert der Maschine nach einem Jahr.

b) Berechnen Sie die Restwerte nach zwei, drei, vier und fünf Jahren.

c) Für diese Maschine wird jedem Jahr x genau ein Restwert y zugeordnet. Der Kaufpreis wird als Restwert für das Jahr Null festgelegt.
   - Stellen Sie diese Zuordnung für die ersten fünf Jahre in einem Koordinatensystem grafisch dar.
   - Diese Zuordnung ist eine Funktion und kann mit der Gleichung $y = f(x) = c \cdot a^x$ beschrieben werden.
     Geben Sie die Werte für c und a an.
   - Geben Sie den Restwert der Maschine nach zwölf Jahren an.

Für Wahlaufgabe 1 erreichbare BE: 8

Wahlaufgabe 2

Gegeben ist eine natürliche Zahl n.

a) Geben Sie an, für welche Zahl n gilt $n^2 + 21 = 121$.

b) Betrachtet wird der Term $(n+1)^2 - n^2$.
   Geben Sie den Termwert für $n = 12$ an.

c) Marcel legt eine Tabelle in einem Tabellenkalkulationsprogramm an und möchte Termwerte damit berechnen.
   - Geben Sie an, welche Formel Marcel in die Zelle C2 mithilfe von Zelladressen geschrieben hat.
   - Geben Sie an, welcher Term in Zelle F1 stehen muss.
   - Geben Sie den Termwert an, der sich in Zelle F4 nach dem „Ausfüllen" ergibt.

	A	B	C	D	E	F
1	n	n²	n + 1	(n + 1)²	(n + 1)² - n²	
2	0	0	1	1	1	=2*A2+1
3	1	1	2	4	3	
4	2	4	3	9	5	

d) Es wird behauptet, dass durch Einsetzen beliebiger natürlicher Zahlen n in die folgende Gleichung immer eine wahre Aussage entsteht.

   $(n+1)^2 - n^2 = 2n+1$

   Weisen Sie durch Umformen dieser Gleichung nach, dass die Behauptung wahr ist.

e) Geben Sie die Zahl n an, für die $n^2 + 11 = (n+1)^2$ gilt.

Für Wahlaufgabe 2 erreichbare BE: 8

Wahlaufgabe 3

Gegeben ist das Netz eines Prismas mit trapezförmiger Grundfläche und einer Flächendiagonale d (siehe Abbildung).

a) – Zeichnen Sie ein Schrägbild des Prismas.
   – Zeichnen Sie die Flächendiagonale d in das Schrägbild ein.

b) Berechnen Sie die Länge der Flächendiagonale d.

c) Berechnen Sie das Volumen des Prismas.

d) Geben Sie eine so weit wie möglich vereinfachte Formel zur Berechnung des Volumens für solche Prismen an, die nur von der Kantenlänge a abhängig ist.

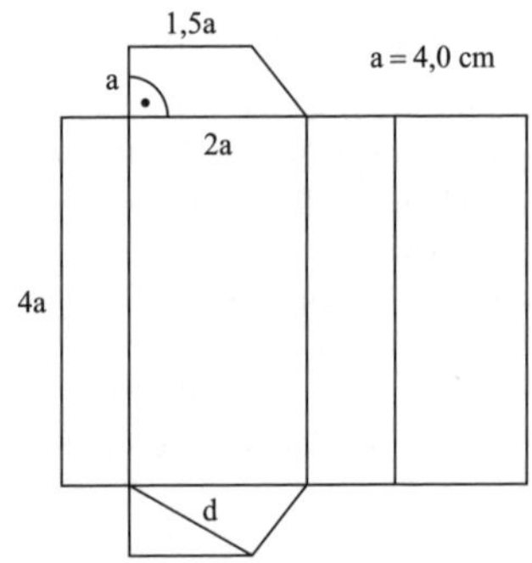

Abbildung (nicht maßstäblich)

Für Wahlaufgabe 3 erreichbare BE: 8

Lösungen

Teil A

1. a) Die Rechnung in der Klammer muss zuerst ausgeführt werden.

   $14 \cdot (46{,}7 - 32{,}7) = 14 \cdot 14 = \underline{\underline{196}}$

   b) Man teilt durch einen Bruch, indem man mit seinem Kehrwert multipliziert.

   $24{,}6 : \frac{1}{2} = 24{,}6 \cdot \frac{2}{1} = \underline{\underline{49{,}2}}$

   c) Auf der linken Seite wird eine negative Zahl quadriert. Das Quadrat ist positiv. Auf der rechten Seite wird die 5 quadriert und dann das Vorzeichen geändert.

   $\underline{\underline{(-5)^2 > -5^2}}$, denn $25 > -25$

   d) Berechne erst 10 % von 820 m^2.

   10 % von 820 m^2 sind 82 m^2

   40 % von 820 m^2 sind $4 \cdot 82\ m^2 = \underline{\underline{328\ m^2}}$

2. Setze für a und b die Zahlen ein und fasse zusammen.

   $7a + 5b = 7 \cdot 4 + 5 \cdot \left(-\frac{1}{5}\right) = 28 - 1 = \underline{\underline{27}}$

3. Primzahlen sind nur durch sich selbst und durch 1 teilbar.
   Prüfe die Zahlen in dem angegebenen Bereich auf Teilbarkeit durch 2, 3 und 5.

   Primzahlen in diesem Bereich sind nur die Zahlen $\underline{\underline{31}}$ und $\underline{\underline{37}}$.

4. Nur die quadratischen Funktionen kommen infrage.
   Die Funktion $y = x^2 + 1{,}5$ hat als Graph eine nach oben verschobene Normalparabel und besitzt deshalb keine Nullstelle.
   Die Funktion $y = 0{,}5x^2 - 4$ hat als Graph eine nach oben geöffnete und nach unten verschobene Parabel und besitzt deshalb genau zwei Nullstellen.

$y = -3x + 2$	$y = x^2 + 1{,}5$	$y = 2\sin(3x)$	$y = 0{,}5x^2 - 4$
☐	☐	☐	☒

5. Benenne Winkel mit griechischen Buchstaben, z. B. β und δ.
   Benutze die Sätze über Wechselwinkel an geschnittenen Parallelen.

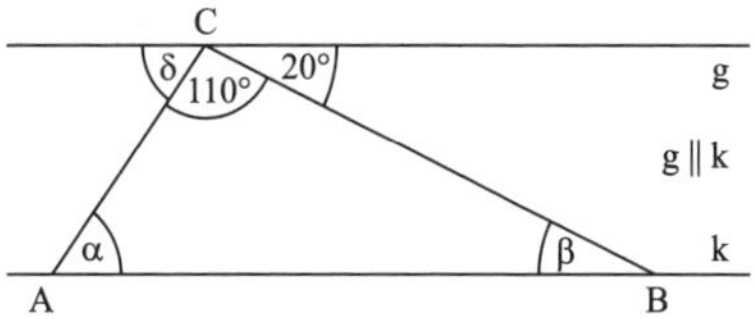

Skizze (nicht maßstäblich)

Lösungsweg 1:
Die drei Winkel im Punkt C ergeben zusammen 180°.
$\delta = 180° - 110° - 20° = \underline{50°}$
Wechselwinkel an geschnittenen Parallelen sind gleich groß.
$\alpha = \delta = \underline{\underline{50°}}$

Lösungsweg 2:
Wechselwinkel an geschnittenen Parallelen sind gleich groß.
$\beta = \underline{20°}$
Die Innenwinkel im Dreieck ergeben zusammen 180°.
$\alpha = 180° - 110° - 20° = \underline{\underline{50°}}$

6. Eine Zahl ist genau dann durch 3 teilbar, wenn ihre Quersumme durch 3 teilbar ist.
Die Quersumme von 45 678 beträgt $4+5+6+7+8=30$.
Setze die Zahl 5 in die linke Seite der Ungleichung ein, vereinfache soweit wie möglich und überprüfe, ob das Ergebnis größer als -4 ist.

	wahr	falsch
Die Zahl 45 678 ist durch 3 teilbar.	☒	☐
Die Zahl 5 ist eine Lösung der Ungleichung $4 \cdot x - 22 > -4$.	☒	☐

7. Betrachte das Schrägbild. Der Grundriss zeigt den Körper von oben.

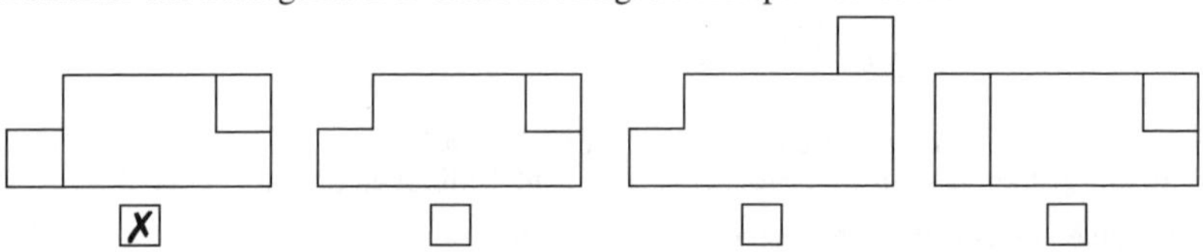

8. Notiere die Werte zunächst in einer Hilfsspalte neben den Sportarten.
Überlege, zu welchen Disziplinen die Zeitangaben und zu welchen Disziplinen die Längenangaben gehören.
Von den drei Zeitangaben gehört zum 100 m Lauf sicher die kürzeste Zeit.

I	100 m Lauf	9,63 s
II	Weitsprung	8,31 m
III	Hochsprung	2,38 m
IV	Diskuswurf	68,27 m
V	5 000 m Lauf	13:41,66 min
VI	100 m Brustschwimmen	58,46 s

A	8,31 m
B	2,38 m
C	9,63 s
D	58,46 s
E	68,27 m
F	13:41,66 min

I	C
II	A
III	B
IV	E
V	F
VI	D

9. Notiere zunächst zwischen den leeren Kreisen, wie groß die Summe dieser beiden Zahlen sein muss, damit auf der Gerade die Summe 38 entstehen kann.

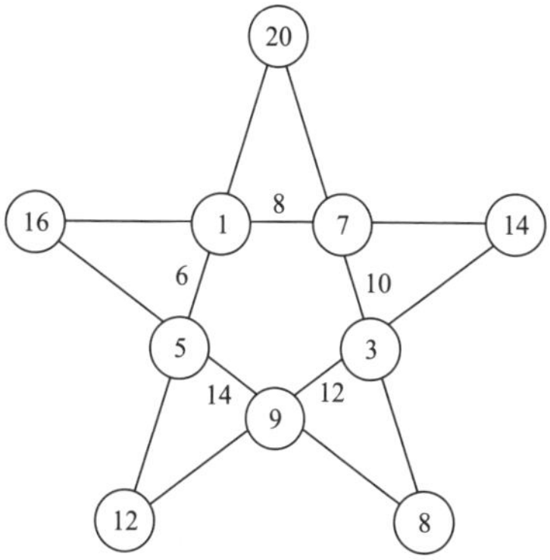

Teil B

Pflichtaufgabe 1

a) **Anstieg des Energiebedarfs an erneuerbaren Energien:**
Gesucht ist der Prozentsatz, *auf* den der Bedarf steigt.

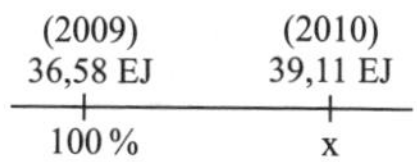

Lösung mit Dreisatz:

$$36{,}58\text{ EJ} \mathrel{\hat{=}} 100\,\% \quad :36{,}58$$

$$1\text{ EJ} \mathrel{\hat{=}} \frac{100}{36{,}58}\,\% \quad \cdot 39{,}11$$

$$39{,}11\text{ EJ} \mathrel{\hat{=}} \frac{39{,}11\cdot 100}{36{,}58}\,\%$$

$$39{,}11\text{ EJ} \mathrel{\hat{=}} \underline{\underline{106{,}9\,\%}}$$

Lösung mit Verhältnisgleichung:

$$\frac{x}{39{,}11\text{ EJ}} = \frac{100\,\%}{36{,}58\text{ EJ}} \quad |\cdot 39{,}11\text{ EJ}$$

$$x = \frac{39{,}11\text{ EJ}\cdot 100\,\%}{36{,}58\text{ EJ}}$$

$$x \approx \underline{\underline{106{,}9\,\%}}$$

Lösung mit Prozentformeln:

Prozentwert: $W = 39{,}11$ EJ
Grundwert: $G = 36{,}58$ EJ
Prozentsatz:

$$p\,\% = \frac{W\cdot 100}{G}\,\%$$

$$= \frac{39{,}11\text{ EJ}\cdot 100}{36{,}58\text{ EJ}}\,\%$$

$$\approx \underline{\underline{106{,}9\,\%}}$$

Lösung mit Dezimalbruch:

Prozentsatz:

$$\frac{39{,}11\text{ EJ}}{36{,}58\text{ EJ}} \approx 1{,}069 = \underline{\underline{106{,}9\,\%}}$$

Der Energiebedarf an erneuerbaren Energien stieg im Jahr 2010 gegenüber dem Jahr 2009 auf 106,9 %.

b) **Summe der fossilen Energien im Jahr 2010:**

$168{,}65\text{ EJ} + 119{,}66\text{ EJ} + 148{,}87\text{ EJ} = \underline{437{,}18\text{ EJ}}$

Anteil am Gesamtenergiebedarf:

$$\frac{437{,}18\text{ EJ}}{502{,}51\text{ EJ}} \approx 0{,}870 = \underline{\underline{87{,}0\ \%}}$$

c) Berechne die Winkel für das Kreisdiagramm.

Energieträger	Winkel für das Kreisdiagramm
erneuerbare Energien	$\frac{39{,}11\text{ EJ}}{502{,}51\text{ EJ}} \cdot 360° \approx \underline{28°}$
fossile Energien	$\frac{437{,}18\text{ EJ}}{502{,}51\text{ EJ}} \cdot 360° \approx \underline{313°}$
Kernenergie	$\frac{26{,}22\text{ EJ}}{502{,}51\text{ EJ}} \cdot 360° \approx \underline{19°}$

Kreisdiagramm:

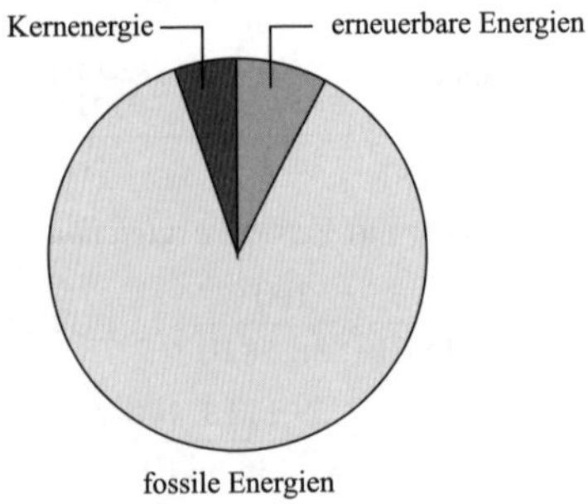

Den Winkel 313° musst du nicht abmessen, da er sich automatisch ergibt, wenn du die beiden anderen Winkel eingezeichnet hast.

Pflichtaufgabe 2

a) Zeichne zuerst die Katheten $\overline{BC}$ und $\overline{AC}$.

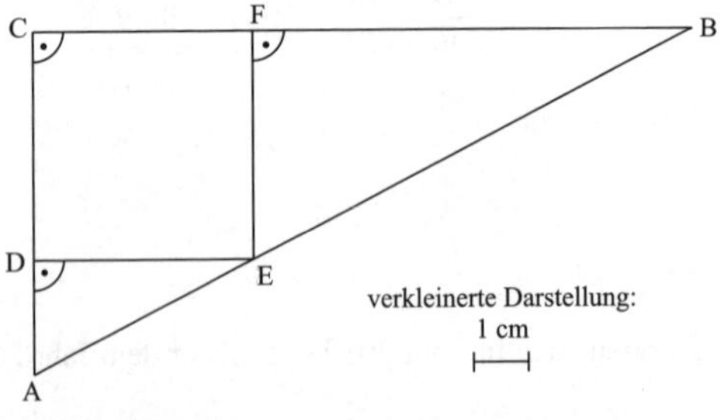

b) Die gestrichelten Linien stellen jeweils das Lot von den Punkten C, D und F auf die Gerade g dar.

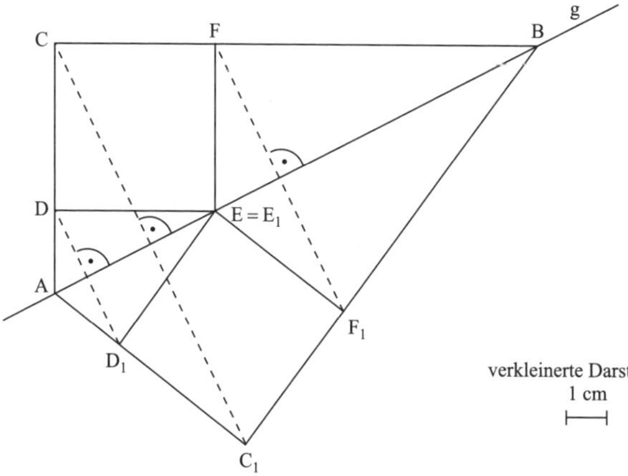

verkleinerte Darstellung:
1 cm

Vierecksart:
Das Viereck AD_1ED ist ein Drachenviereck, denn durch die Spiegelung besitzt es zwei Paare gleich langer benachbarter Seiten ($\overline{AD_1} = \overline{AD}$ und $\overline{D_1E} = \overline{DE}$).

Pflichtaufgabe 3

a) Benenne die Seiten und Winkel des Dreiecks. Das hilft beim Aufstellen von Gleichungen.

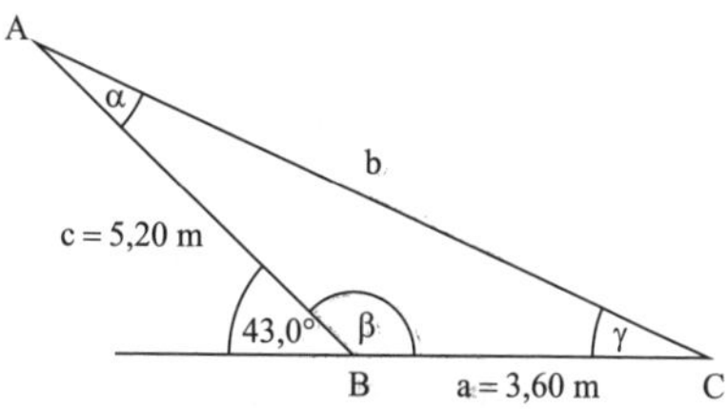

Skizze (nicht maßstäblich)

$\beta = 180{,}0° - 43{,}0° = \underline{\underline{137{,}0°}}$

b) Der Giebel besteht aus einem Rechteck und einem unregelmäßigen Dreieck. Von dem Dreieck sind zwei Seiten und der eingeschlossene Winkel gegeben.

Flächeninhalt des rechteckigen Teils:

$A_1 = 3{,}60\ \text{m} \cdot 5{,}00\ \text{m} = \underline{18{,}00\ \text{m}^2}$

Flächeninhalt des dreieckigen Teils:

$A_2 = \frac{1}{2} \cdot a \cdot c \cdot \sin\beta = \frac{1}{2} \cdot 3{,}60\ \text{m} \cdot 5{,}20\ \text{m} \cdot \sin 137° \approx \underline{6{,}38\ \text{m}^2}$

gesamter Flächeninhalt des Giebels vom Anbau:

$18{,}00\ \text{m}^2 + 6{,}38\ \text{m}^2 = \underline{\underline{24{,}38\ \text{m}^2}}$

c) Für die Berechnung der Länge eines neuen Dachsparrens wird die Länge der dritten Dreiecksseite benötigt. Diese kann mit dem Kosinussatz berechnet werden.

Länge der Seite b:
Alle Längenangaben in m.

$b^2 = a^2 + c^2 - 2ac \cdot \cos\beta$

$b^2 = 3{,}60^2 + 5{,}20^2 - 2 \cdot 3{,}60 \cdot 5{,}20 \cdot \cos 137°$

$b^2 \approx 67{,}38 \qquad |\sqrt{}$

$b \approx \underline{8{,}21}$

Länge eines neuen Dachsparrens:
$8{,}21\text{ m} + 0{,}60\text{ m} = \underline{\underline{8{,}81\text{ m}}}$

Pflichtaufgabe 4

a) Zum Lösen eines linearen Gleichungssystems gibt es das Gleichsetzungsverfahren, das Einsetzungsverfahren und das Additionsverfahren.
Alle drei Verfahren liefern die gleiche Lösung. Weil eine Gleichung nach y aufgelöst ist, bietet sich das Einsetzungsverfahren an.

I $\quad 2y = -3x + 4$

II $\quad y = \frac{1}{2}x - 2$

Gleichung II in Gleichung I eingesetzt:

$2 \cdot \left(\frac{1}{2}x - 2\right) = -3x + 4$

$x - 4 = -3x + 4 \qquad | +3x$

$4x - 4 = 4 \qquad | +4$

$4x = 8 \qquad | :4$

$x = \underline{2}$

x in Gleichung II eingesetzt:

$y = \frac{1}{2}x - 2 = \frac{1}{2} \cdot 2 - 2 = 1 - 2 = \underline{-1}$

Lösungsmenge:
Die *Lösung* des Gleichungssystems ist das geordnete Zahlenpaar (2; –1).
Die Lösungs*menge* L *enthält* diese Lösung.

$L = \underline{\underline{\{(2; -1)\}}}$

b) Löse die Gleichung I zuerst nach y auf.

I $\quad 2y = -3x + 4 \qquad | :2$

$\underline{y = -\frac{3}{2}x + 2}$

Der Graph der Funktion I schneidet die y-Achse an der Stelle n = 2 und hat den Anstieg $m = -\frac{3}{2}$.
Der Graph der Funktion II schneidet die y-Achse an der Stelle n = –2 und hat den Anstieg $m = \frac{1}{2}$.

Graphen:

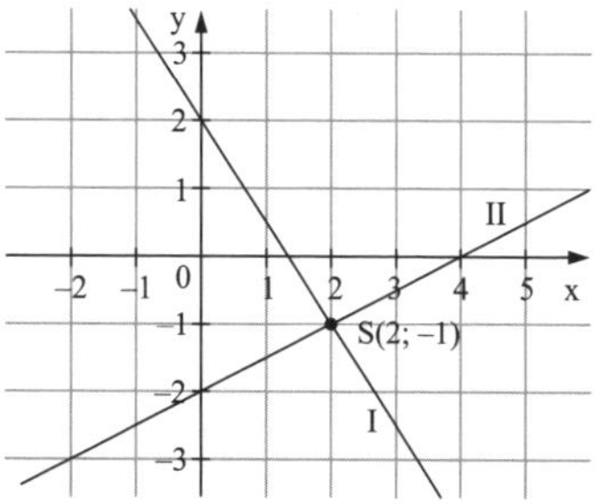

Koordinaten des Schnittpunktes S:
Der Schnittpunkt S der beiden Graphen hat die Koordinaten (2; –1).

c) Damit das Gleichungssystem keine Lösung besitzt, müssen die Graphen der zugehörigen linearen Funktionen parallel verlaufen und die y-Achse an unterschiedlichen Stellen schneiden.

mögliche Werte für m und n:
m = 3 und n = 5

Pflichtaufgabe 5

a) 

Verwende Abkürzungen für die Zahlungsweise.
B = bar, E = EC-Karte, G = Gutschein

Baumdiagramm:

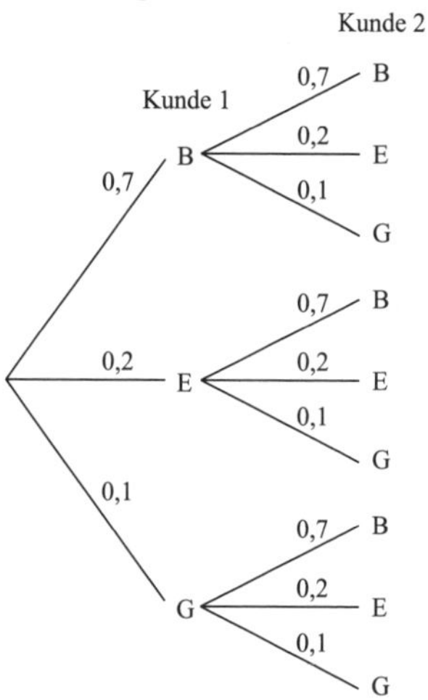

b) **Wahrscheinlichkeit, dass beide Kunden mit EC-Karte bezahlen:**
Die Wahrscheinlichkeiten entlang des Pfades müssen multipliziert werden.

$$P(E, E) = 0{,}2 \cdot 0{,}2 = 0{,}04 = \underline{\underline{4\ \%}}$$

Wahrscheinlichkeit, dass keiner der Kunden mit EC-Karte bezahlt:
Die Wahrscheinlichkeiten für die Ergebnisse (B, B), (B, G), (G, B) und (G, G) müssen addiert werden.

$$\begin{aligned} P(B, B) + P(B, G) + P(G, B) + P(G, G) &= 0{,}7 \cdot 0{,}7 + 0{,}7 \cdot 0{,}1 + 0{,}1 \cdot 0{,}7 + 0{,}1 \cdot 0{,}1 \\ &= 0{,}64 = \underline{\underline{64\ \%}} \end{aligned}$$

Wahlaufgabe 1

a) **Restwert nach einem Jahr:**
Gesucht ist der Prozentwert W.

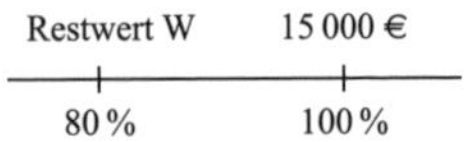

Lösung mit Prozentformeln:

Grundwert: $G = 15\,000$ €
Prozentsatz: $p\,\% = 80\ \%$

$$\text{Prozentwert: } W = \frac{p \cdot G}{100} = \frac{80 \cdot 15\,000\text{ €}}{100} = \underline{\underline{12\,000\text{ €}}}$$

Lösung mit Dezimalbruch:

Prozentsatz: $80\ \% = 0{,}8$
Prozentwert:
$0{,}8 \cdot 15\,000\text{ €} = \underline{\underline{12\,000\text{ €}}}$

Nach einem Jahr beträgt der Restwert der Maschine 12 000 €.

b) Da der Wert in jedem weiteren Jahr um 20 % vom Vorjahreswert abnimmt, bleiben wieder 80 % übrig und die Rechnung wiederholt sich mit immer kleiner werdenden Grundwerten.

nach … Jahren	Restwert
2	$0{,}8 \cdot 12\,000\text{ €} = \underline{\underline{9\,600\text{ €}}}$
3	$0{,}8 \cdot 9\,600\text{ €} = \underline{\underline{7\,680\text{ €}}}$
4	$0{,}8 \cdot 7\,680\text{ €} = \underline{\underline{6\,144\text{ €}}}$
5	$0{,}8 \cdot 6\,144\text{ €} = \underline{\underline{4\,915{,}20\text{ €}}}$

c) **Graph:**

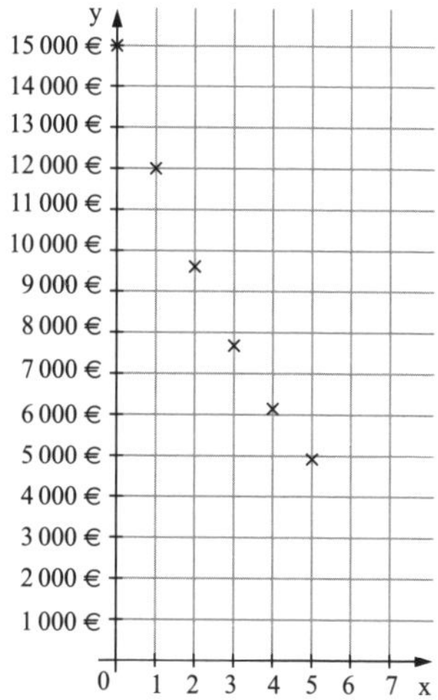

Fasse die Werte in einer Tabelle zusammen und stelle die Berechnungen in der Form $y = c \cdot a^x$ dar.

x	y
0	15 000 €
1	15 000 € · 0,8
2	15 000 € · 0,8 · 0,8
3	15 000 € · 0,8 · 0,8 · 0,8
4	$15\,000\text{ €} \cdot 0{,}8^4$
5	$15\,000\text{ €} \cdot 0{,}8^5$

Werte für c und a:
Der Vergleich der Berechnungen in der Tabelle mit der Form $y = c \cdot a^x$ ergibt $c = \underline{\underline{15\,000\text{ €}}}$ und $a = \underline{\underline{0{,}8}}$.

Restwert der Maschine nach zwölf Jahren:

$$15\,000\text{ €} \cdot 0{,}8^{12} \approx \underline{\underline{1\,030{,}79\text{ €}}}$$

Wahlaufgabe 2

a) $n^2 + 21 = 121 \quad | -21$

$n^2 = 100 \quad | \sqrt{}$

$n = \underline{\underline{10}}$

b) $(12+1)^2 - 12^2 = 13^2 - 12^2 = 169 - 144 = \underline{\underline{25}}$

c) **Formel in der Zelle C2:**

$\underline{\underline{=A2+1}}$

Term in der Zelle F1:

$\underline{\underline{2 \cdot n + 1}}$

Termwert in der Zelle F4:

$2 \cdot 2 + 1 = \underline{\underline{5}}$

d) Um zu zeigen, dass die Gleichung immer wahr ist, kannst du den Term $(n+1)^2 - n^2$ so lange umformen, bis sich der Term $2n+1$ ergibt.
Der Term $(n+1)^2$ kann als Produkt geschrieben und ausmultipliziert werden. Dann musst du nur noch gleichartige Terme zusammenfassen.

$$\begin{aligned}(n+1)^2 - n^2 &= (n+1) \cdot (n+1) - n^2 \\ &= n^2 + n + n + 1 - n^2 \\ &= n + n + 1 \\ &= \underline{\underline{2n+1}}\end{aligned}$$

e) Schreibe den Term $(n+1)^2$ als Produkt und multipliziere die Klammern aus.
Vereinfache dann die Gleichung, damit du sie nach n auflösen kannst.

$$\begin{aligned}n^2 + 11 &= (n+1)^2 \\ n^2 + 11 &= (n+1) \cdot (n+1) \\ n^2 + 11 &= n^2 + n + n + 1 && |-n^2 \\ 11 &= 2n + 1 && |-1 \\ 10 &= 2n && |:2 \\ \underline{\underline{5}} &= n\end{aligned}$$

Wahlaufgabe 3

a) Berechne die Längen der Kanten und beachte, dass im Schrägbild die Kanten in Tiefenrichtung auf die Hälfte verkürzt werden.
Zeichne das Prisma so, dass es liegt und die trapezförmige Grundfläche in wahrer Größe dargestellt wird. Vergiss nicht die Flächendiagonale d einzuzeichnen.

Maße der Kanten:

Kante	Länge
a	4,0 cm
1,5a	6,0 cm
2a	8,0 cm
4a original	16,0 cm
4a im Schrägbild (verkürzt)	8,0 cm

Schrägbild:

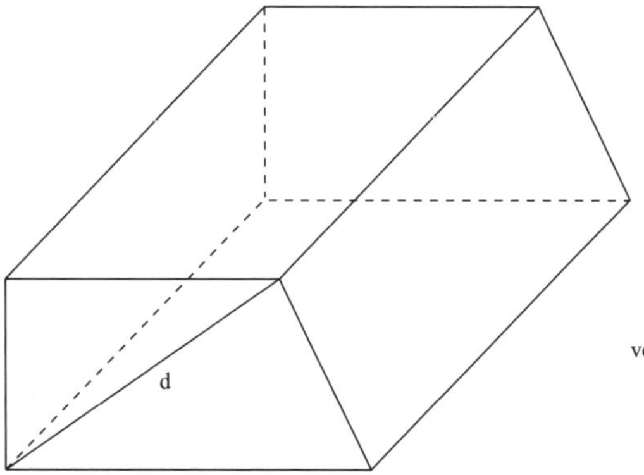

verkleinerte Darstellung:
1 cm

b) Die Diagonale d ist Hypotenuse in einem rechtwinkligen Dreieck.

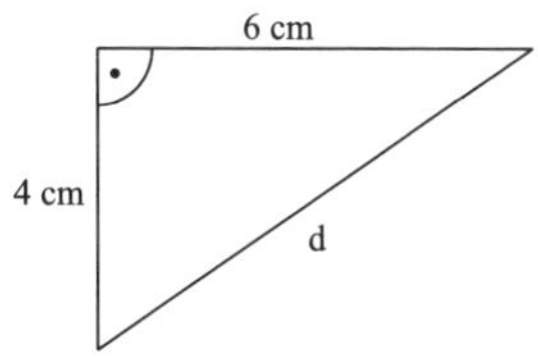

$d^2 = (4\text{ cm})^2 + (6\text{ cm})^2$

$d^2 = 52\text{ cm}^2 \qquad |\sqrt{}$

$d \approx \underline{\underline{7{,}2\text{ cm}}}$

c) **Flächeninhalt der Grundfläche (Trapez):**

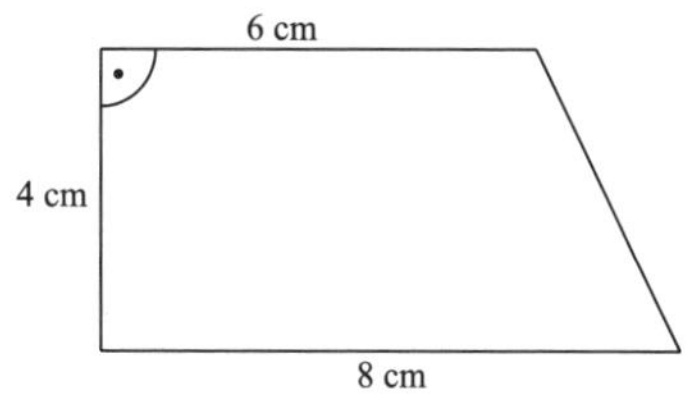

$$A_G = \frac{8\text{ cm} + 6\text{ cm}}{2} \cdot 4\text{ cm} = \underline{28\text{ cm}^2}$$

Volumen V des Prismas:

$$V = A_G \cdot h = 28\text{ cm}^2 \cdot 16\text{ cm} = \underline{\underline{448\text{ cm}^3}}$$

d) Wiederhole die Berechnungen aus Teilaufgabe c mit den allgemeinen Größenangaben a, 1,5a, 2a und 4a.

Flächeninhalt der Grundfläche (Trapez):

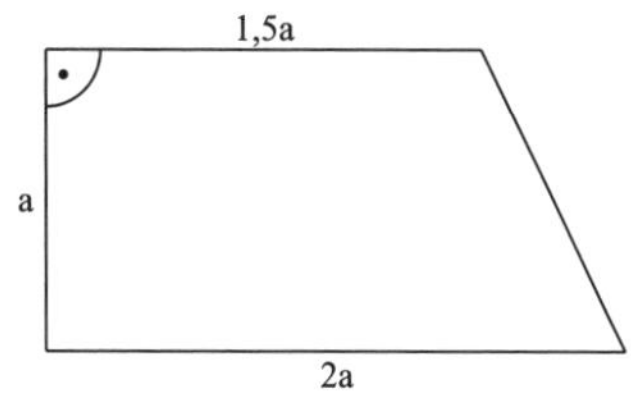

Skizzen (nicht maßstäblich)

$$A_G = \frac{2a + 1{,}5a}{2} \cdot a = \frac{3{,}5a}{2} \cdot a = \frac{3{,}5a^2}{2} = \underline{\frac{7a^2}{4}}$$

Volumen V des Prismas:

$$V = A_G \cdot h = \frac{7a^2}{4} \cdot 4a = \underline{\underline{7a^3}}$$

Realschulabschluss 2014 Sachsen
Mathematik

Teil A (30 Minuten, ohne Taschenrechner und Formelsammlung)

1. a)

	4	7	3,	5	·	2,	8		

   b) 3,5 m + 85 cm − 4 dm = _______ m

   c) $\frac{2}{3}$ von 270 € sind _______ €.

   d) $\frac{3}{8} : \frac{1}{24} =$

2. Gegeben ist eine Funktion f mit der Gleichung $y = f(x) = 3 \sin x$.
   Wahr oder falsch? Kreuzen Sie an.

	wahr	falsch
Die Funktion f hat den Wertebereich $-3 \leq y \leq 3$.	☐	☐
Der Graph der Funktion f ist eine Hyperbel.	☐	☐

3. Konstruieren Sie das Dreieck ABC mit $b = 3{,}8$ cm; $c = 7{,}5$ cm und $\alpha = 42°$.

4. In einer Klassenarbeit wurden folgende Ergebnisse erreicht:

Note	1	2	3	4	5	6
Anzahl	2	8	5	3	1	1

   Geben Sie das arithmetische Mittel an.

5. Geben Sie die Anzahl der Kanten eines Pyramidenstumpfes mit der abgebildeten Grundfläche an.

   __________ Kanten

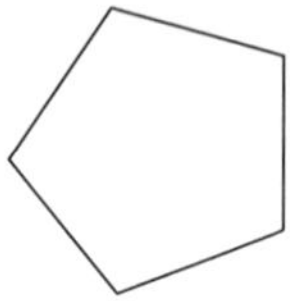

6. Das Dreieck ABC ist gleichschenklig.
   Begründen Sie, dass diese Aussage wahr ist.

   ____

   ____

   ____

   ____

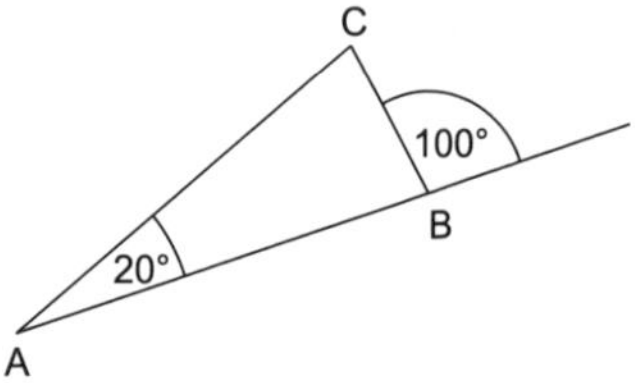

Abbildung (nicht maßstäblich)

7. Welche Länge und Breite hat ein Rechteck mit demselben Flächeninhalt wie die Wasserfläche des Berzdorfer Sees?
   Kreuzen Sie an.

   50 m × 20 m ☐

   500 m × 200 m ☐

   5 km × 2 km ☐

   50 km × 20 km ☐

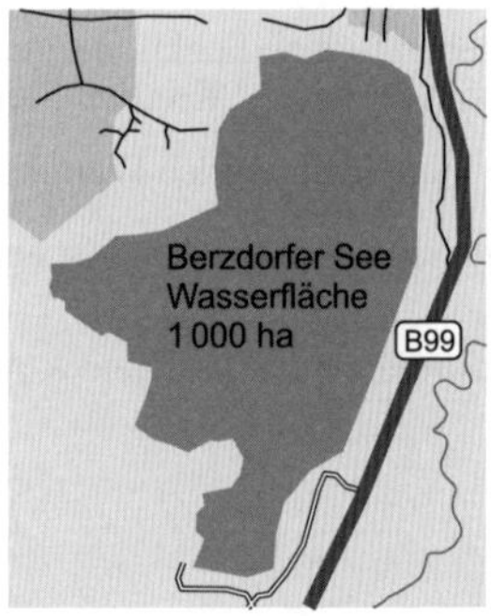

8. Ergänzen Sie zu einem Schrägbild eines dreiseitigen Prismas.

9. Markieren Sie 125 $m\ell$ auf der Skala des abgebildeten Messbechers.

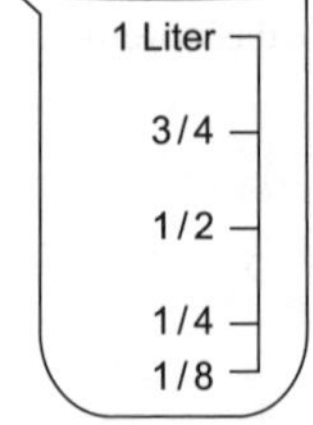

Für Teil A erreichbare BE: 12

Teil B (210 Minuten)

Pflichtaufgabe 1

Briefe, Päckchen und Pakete kann man mit verschiedenen Unternehmen versenden. Ein Unternehmen hatte 2013 die Entgelte für Briefsendungen erhöht.

a) Standardbriefe im nationalen Versand kosteten nun 0,58 € statt bisher 0,55 €.
Berechnen Sie, auf wie viel Prozent der Preis erhöht wurde.

b) Der Preis für einen Maxibrief, der bisher 2,20 € betrug, wurde um 9,1 % erhöht.
Berechnen Sie, wie viel Euro der Versand eines Maxibriefes nun kostet.

c) Das Versenden eines Päckchens kostet 4,10 €, wenn man es in der Poststelle aufgibt und dort bezahlt.

Für alle, die viele Päckchen und Pakete verschicken, lohnt sich der Kauf von Wertmarken im Internet.

Wertmarken – je größer das Set, desto größer die Ersparnis!

Marke	Gewicht	10er Set	50er Set	100er Set
Päckchen	bis 2 kg	39,00 EUR	189,90 EUR	370,00 EUR
Paket	bis 10 kg	64,00 EUR	295,00 EUR	570,00 EUR
	bis 20 kg	114,00 EUR	545,00 EUR	1 070,00 EUR

Quelle: http://www.dhl.de/de/paket/preise.html, [20. 06. 2013]

Berechnen Sie, wie viel Euro man maximal sparen kann, wenn man für 70 Päckchen Wertmarken im Internet erwirbt, statt die Päckchen einzeln in der Poststelle zu bezahlen.

Für Pflichtaufgabe 1 erreichbare BE: 6

Pflichtaufgabe 2

Von zwei linearen Funktionen f und g sind die folgenden Angaben bekannt.

Die Funktion f hat die Gleichung $y = f(x) = -\frac{3}{4}x + 3$.

Die Funktion g besitzt die Nullstelle $x_0 = -1{,}5$.

Die Graphen der Funktionen f und g schneiden einander im Punkt (0; 3).

a) Zeichnen Sie die Graphen der linearen Funktionen f und g in ein und dasselbe Koordinatensystem.

b) Geben Sie eine Funktionsgleichung für g an.

c) Gegeben ist eine weitere Funktion h durch die Gleichung $y = h(x) = -\frac{3}{4}x + 5$.

Die Achsen des Koordinatensystems und der Graph von h begrenzen das Dreieck D_1.
Die Achsen des Koordinatensystems und der Graph von f begrenzen das Dreieck D_2.
Begründen Sie, dass die Dreiecke D_1 und D_2 zueinander ähnlich sind.

Für Pflichtaufgabe 2 erreichbare BE: 5

Pflichtaufgabe 3

Für die Landesgartenschau soll auf einer rechteckigen Fläche ein Kreisornament mit Stiefmütterchen bepflanzt werden.

Das Kreisornament wird mit kleinen Buchsbäumchen vollständig umrandet. Die restlichen Flächen werden mit Kies aufgefüllt (siehe Abbildung).

Abbildung (nicht maßstäblich)

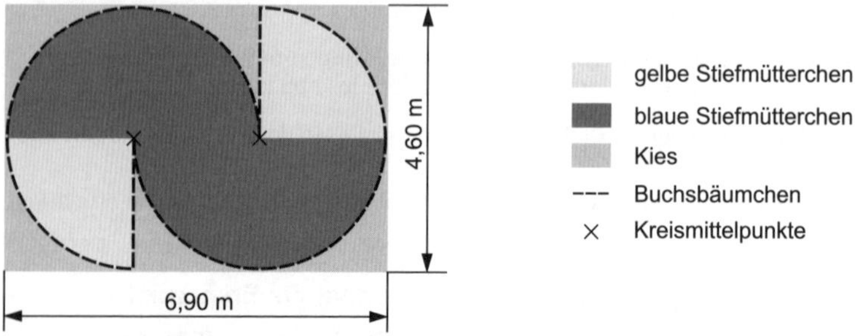

a) Für die Umrandung werden pro Meter sieben Buchsbäumchen gepflanzt.
Berechnen Sie die Anzahl der benötigten Buchsbäumchen.

b) Berechnen Sie den gesamten Flächeninhalt der beiden Teilbeete, die mit gelben Stiefmütterchen bepflanzt werden sollen.

c) Für das Auffüllen der Restflächen wird erfahrungsgemäß mit 100 kg Kies für einen Quadratmeter gerechnet.
Berechnen Sie, wie viel Kilogramm Kies benötigt werden.

Für Pflichtaufgabe 3 erreichbare BE: 6

Pflichtaufgabe 4

Peter plant eine Radtour. Ihm stehen eine Wegskizze und ein Kompass zur Verfügung (siehe Abbildungen). Er weiß, dass der Weg von der Ferienwohnung F zum Campingplatz C genau nach Norden führt.

Wegskizze
(nicht maßstäblich)

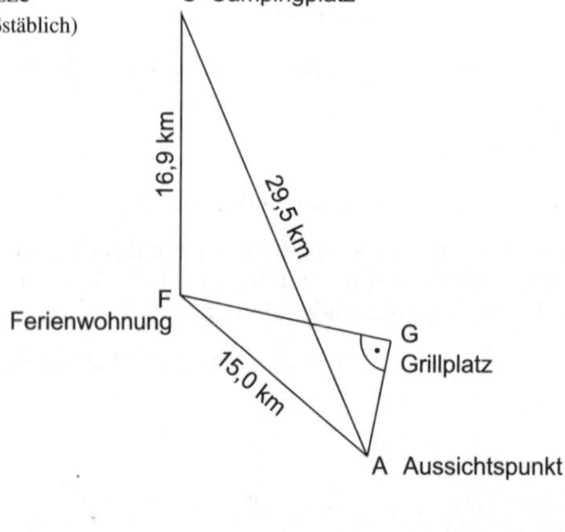

Kompass

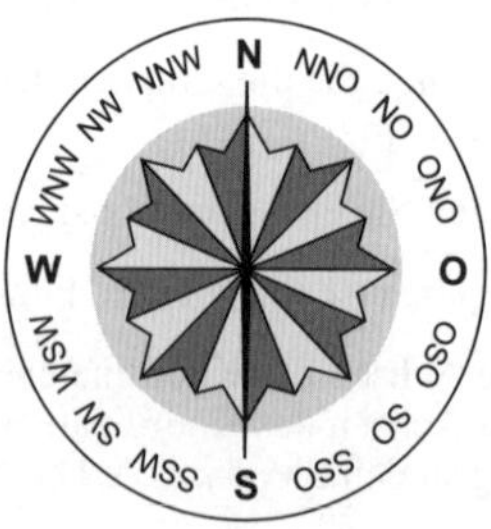

a) Peter überlegt, wie groß die Winkel zwischen den Himmelsrichtungen auf dem Kompass sind.
Geben Sie die Größe des Winkels zwischen den Himmelsrichtungen Nordost (NO) und Ostnordost (ONO) an.

b) Peter möchte zuerst von der Ferienwohnung F zum Aussichtspunkt A fahren.
– Berechnen Sie die Größe des Winkels AFC.
– Geben Sie die Himmelsrichtung an, in die er von F aus fahren muss.

c) Für den Rückweg vom Aussichtspunkt A beschließt Peter zuerst zum Grillplatz G und dann direkt zur Ferienwohnung F zu fahren. Die Größe des Winkels GAF beträgt 63,0°.
Berechnen Sie die Länge des Rückweges.

Für Pflichtaufgabe 4 erreichbare BE: 7

Pflichtaufgabe 5

Gegeben sind die Gleichung
$2x - 21 = 4(6 + 5x)$
und die Ungleichung
$8{,}4 < 12x + 75.$

a) Lösen Sie die Gleichung und führen Sie eine Probe durch.

b) Ermitteln Sie, welche der folgenden Zahlen Lösung der Ungleichung sind.

$-7{,}8 \qquad -5 \qquad \frac{5}{8} \qquad 24$

c) Geben Sie eine ganze Zahl an, die keine Lösung der Ungleichung ist.

Für Pflichtaufgabe 5 erreichbare BE: 6

Wahlaufgabe 1

Anlässlich seines 50-jährigen Bestehens veranstaltet der Ballsportverein Altstadt eine Verlosung.

Er hat dafür Rubbellose mit zwei Feldern anfertigen lassen. In jedem Feld ist als Bild entweder ein Volleyball, ein Tischtennisschläger oder ein Federball abgedruckt.
Die Wahrscheinlichkeit, dass in einem Feld ein Volleyball abgebildet ist, beträgt 10 %, die für einen Tischtennisschläger 50 %.

Das nacheinander Freirubbeln von Feld 1 und Feld 2 ist ein zweistufiges Zufallsexperiment. Es interessiert das jeweilige Bild.

a) Zeichnen Sie zu diesem Zufallsexperiment ein Baumdiagramm und geben Sie die Ergebnismenge S an.

b) Der Gewinn richtet sich nach der Anzahl der Felder mit einem Volleyball.
Für jeden Volleyball erhält man einen Kleingewinn im Wert von 2,00 €.
Die Zufallsgröße X ordnet jedem Ergebnis des Zufallsexperimentes den Gesamtwert der Kleingewinne zu.

- Geben Sie alle Werte der Zufallsgröße X an.
- Ermitteln Sie für jeden Wert der Zufallsgröße X die zugehörige Wahrscheinlichkeit.
- Jedes Rubbellos kostet 1,00 €.
  Berechnen Sie, mit welchem Gewinn der Ballsportverein durch die Verlosung rechnen kann, wenn 1 000 Rubbellose verkauft werden.

Für Wahlaufgabe 1 erreichbare BE: 8

Wahlaufgabe 2

In der Gemeinde Rathmannsdorf steht ein Aussichtsturm, der einen einmaligen Panoramablick auf das Elbsandsteingebirge ermöglicht.

Der Mast hat eine Höhe von 15,00 Metern (siehe Abbildung).

Im Koordinatensystem kann der bogenförmige Pfeiler vereinfacht als Parabelast mit der Funktionsgleichung

$$y = -\frac{1}{3}x^2 + 15$$

dargestellt werden.

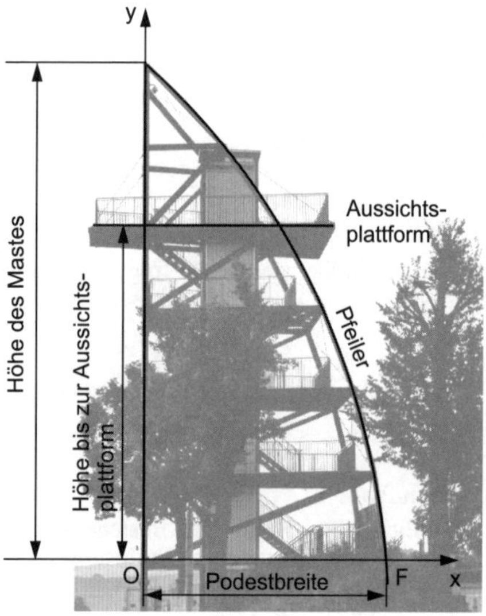

Foto: Tnemtsoni, lizenziert unter cc-by-sa-3.0. http://commons.wikimedia.org/wiki/File:Turm-Rathmannsdorf.jpg

Abbildung (nicht maßstäblich)

a) Übernehmen Sie die Wertetabelle und vervollständigen Sie diese.

x		1	1,5	3	6	7
y	15					

Tragen Sie die geordneten Wertepaare in ein Koordinatensystem ein und skizzieren Sie den Parabelast.

b) Berechnen Sie die Podestbreite $\overline{OF}$ zwischen Mast und Pfeiler.

c) Die Aussichtsplattform befindet sich in 10,00 Meter Höhe.
Sie ragt einen Meter über den Pfeiler und einen Meter über den Mast des Turms hinaus.
Berechnen Sie die Breite der Aussichtsplattform.

Für Wahlaufgabe 2 erreichbare BE: 8

Wahlaufgabe 3

Familie Schmidt möchte sich ein Schwimmbecken bauen. Entsprechend ihrer Platzverhältnisse entwirft sie den folgenden Grundriss für das prismenförmige Schwimmbecken (siehe Abbildung).
Das Schwimmbecken hat vom Boden bis zum Rand eine Höhe von 1,50 m und soll bis 20 cm unter den Rand gefüllt werden.

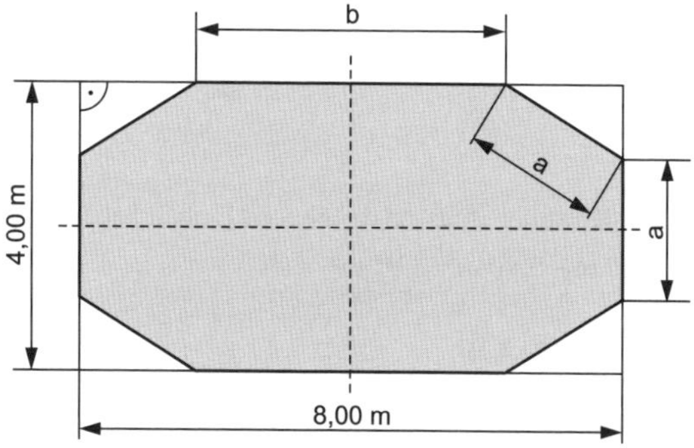

a = 2,00 m

Abbildung (nicht maßstäblich)

a) Zeichnen Sie eine Seitenansicht des Schwimmbeckens im Maßstab 1 : 50.

b) Berechnen Sie die Länge eines Seitenteils b.

c) Berechnen Sie das Volumen der benötigten Wassermenge für eine Füllung des Schwimmbeckens.

d) Zum Füllen des Schwimmbeckens wird Familie Schmidt eine Pumpe mit einer Fördermenge von 3 600 Litern pro Stunde verwenden.
Berechnen Sie, wie lange das Füllen des Schwimmbeckens dauert.

Für Wahlaufgabe 3 erreichbare BE: 8

Lösungen

Teil A

1. a) Multipliziere zunächst, ohne das Komma zu beachten.
Das Ergebnis hat dann genauso viele Dezimalstellen wie die Faktoren zusammen.

$$\begin{array}{r} 473{,}5 \cdot 2{,}8 \\ \hline 9470 \\ 37880 \\ \hline \underline{\underline{1325{,}80}} \end{array}$$

b) Größen, die addiert (subtrahiert) werden sollen, müssen die gleiche Einheit haben.

$3{,}5\ \text{m} + 85\ \text{cm} - 4\ \text{dm} = 3{,}50\ \text{m} + 0{,}85\ \text{m} - 0{,}40\ \text{m} = \underline{\underline{3{,}95\ \text{m}}}$

c) Überlege zuerst, wie viel ein Drittel von 270 € ist.

Ein Drittel von 270 € sind $270\ € : 3 = 90\ €$.
Zwei Drittel von 270 € sind also $2 \cdot 90\ € = \underline{\underline{180\ €}}$.

d) Man dividiert durch einen Bruch, indem man mit dem Reziproken (Kehrwert) multipliziert.

$$\frac{3}{8} : \frac{1}{24} = \frac{3}{8} \cdot \frac{24}{1} = \frac{3 \cdot \cancel{24}^{3}}{{}_{1}\cancel{8} \cdot 1} = \underline{\underline{9}}$$

2. Erinnere dich an den Graphen der Funktion $y = \sin x$.
Die y-Werte der Funktion $y = f(x) = 3 \cdot \sin x$ sind dreimal so groß wie bei $y = \sin x$.

	wahr	falsch
Die Funktion f hat den Wertebereich $-3 \le y \le 3$.	☒	☐
Der Graph der Funktion f ist eine Hyperbel.	☐	☒

3. Skizziere das Dreieck ABC, benenne die Seiten und Winkel und kennzeichne die gegebenen Stücke. So kannst du dein Vorgehen planen und den Platz gut einteilen.

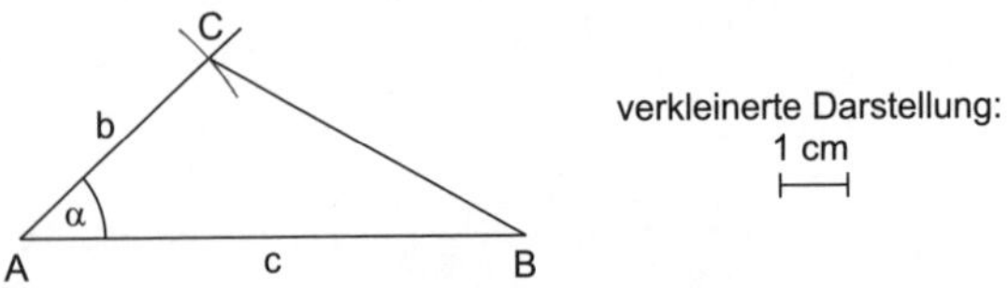

4. Bestimme die Summe und die Anzahl aller Noten und bilde den Quotienten.

$$\frac{2 \cdot 1 + 8 \cdot 2 + 5 \cdot 3 + 3 \cdot 4 + 1 \cdot 5 + 1 \cdot 6}{2 + 8 + 5 + 3 + 1 + 1} = \frac{\cancel{56}^{28}}{\cancel{20}_{10}} = \underline{\underline{2{,}8}}$$

5. Zähle die Kanten der Grundfläche, die Kanten der Deckfläche und die Kanten, die Grund- und Deckfläche verbinden.

   Es sind $5+5+5=\underline{\underline{15}}$ Kanten.

6. Benenne die Innenwinkel des Dreiecks. So lassen sich Gleichungen kürzer schreiben.
   Nebenwinkel ergeben zusammen 180°.
   $\beta = 180° - 100° = \underline{80°}$

   Innenwinkel im Dreieck ergeben zusammen 180°.
   $\gamma = 180° - 20° - 80° = \underline{80°}$

   Weil β und γ gleich groß sind, ist das Dreieck ABC gleichschenklig.

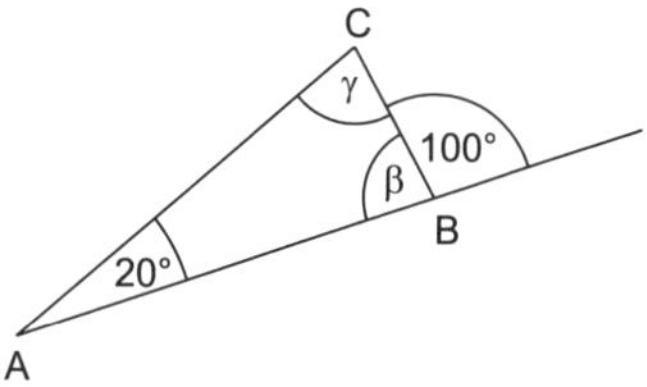

Abbildung (nicht maßstäblich)

7. Berechne jeweils den Flächeninhalt und rechne in ha um.

50 m × 20 m:	$50\text{ m} \cdot 20\text{ m} = 1\,000\text{ m}^2 = 0{,}1\text{ ha}$	☐
500 m × 200 m:	$500\text{ m} \cdot 200\text{ m} = 100\,000\text{ m}^2 = 10\text{ ha}$	☐
5 km × 2 km:	$5\text{ km} \cdot 2\text{ km} = 10\text{ km}^2 = 1\,000\text{ ha}$	☒
50 km × 20 km:	$50\text{ km} \cdot 20\text{ km} = 1\,000\text{ km}^2 = 100\,000\text{ ha}$	☐

8. Ein *dreiseitiges* Prisma hat zwei zueinander kongruente Dreiecke als Grund- bzw. Deckfläche und *drei* Rechtecke als *Seiten*.
   Je nach Wahl der Grund- bzw. Deckfläche erhältst du eines der folgenden Schrägbilder.

Lösung 1: *Lösung 2:* *Lösung 3:*

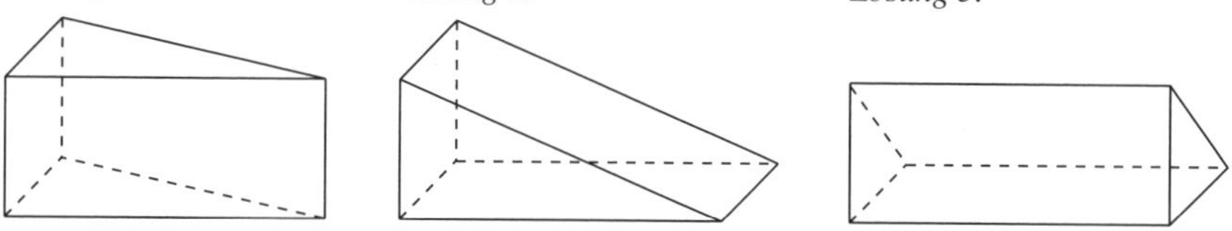

verkleinerte Darstellungen:

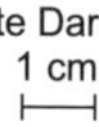

9. Rechne die Angaben auf dem Messbecher in $m\ell$ um.

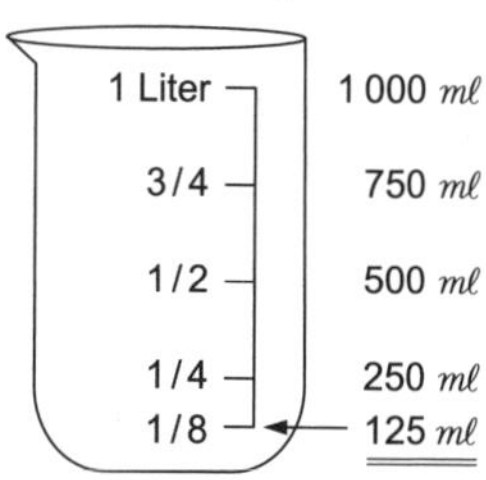

Teil B

Pflichtaufgabe 1

a) **Preisanstieg:**
Gesucht ist der Prozentsatz, *auf* den der Preis steigt.

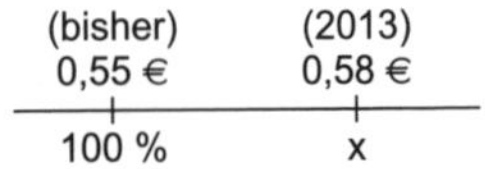

Lösung mit Dreisatz:

$$
\begin{aligned}
&:0{,}55 \quad & 0{,}55\,€ &\mathrel{\hat{=}} 100\,\% & :0{,}55\\
&& 1\,€ &\mathrel{\hat{=}} \frac{100}{0{,}55}\,\% &\\
&\cdot 0{,}58 \quad & 0{,}58\,€ &\mathrel{\hat{=}} \frac{0{,}58\cdot 100}{0{,}55}\,\% & \cdot 0{,}58\\
&& 0{,}58\,€ &\mathrel{\hat{=}} \underline{\underline{105{,}5\,\%}} &
\end{aligned}
$$

Lösung mit Verhältnisgleichung:

$$
\begin{aligned}
\frac{x}{0{,}58\,€} &= \frac{100\,\%}{0{,}55\,€} \qquad |\cdot 0{,}58\,€\\
x &= \frac{0{,}58\,€\cdot 100\,\%}{0{,}55\,€}\\
x &\approx \underline{\underline{105{,}5\,\%}}
\end{aligned}
$$

Lösung mit Prozentformeln:

Prozentwert: $W = 0{,}58\,€$
Grundwert: $G = 0{,}55\,€$

Prozentsatz:
$$
\begin{aligned}
p\,\% &= \frac{W\cdot 100}{G}\,\%\\
&= \frac{0{,}58\,€\cdot 100}{0{,}55\,€}\,\%\\
&\approx \underline{\underline{105{,}5\,\%}}
\end{aligned}
$$

Lösung mit Dezimalbruch:

Prozentsatz:
$$\frac{0{,}58\,€}{0{,}55\,€} \approx 1{,}055 = \underline{\underline{105{,}5\,\%}}$$

Der Preis wurde auf ungefähr 105,5 % erhöht.

b) **neuer Preis für den Versand eines Maxibriefes:**
Gesucht ist der Prozentwert.

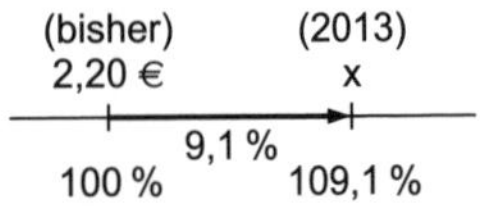

Lösung mit Dreisatz:

$$
\begin{aligned}
&:100 \quad & 100\,\% &\mathrel{\hat{=}} 2{,}20\,€ & :100\\
&& 1\,\% &\mathrel{\hat{=}} \frac{2{,}20\,€}{100} &\\
&\cdot 109{,}1 \quad & 109{,}1\,\% &\mathrel{\hat{=}} \frac{109{,}1\cdot 2{,}20\,€}{100} & \cdot 109{,}1\\
&& 109{,}1\,\% &\mathrel{\hat{=}} \underline{\underline{2{,}40\,€}} &
\end{aligned}
$$

Lösung mit Verhältnisgleichung:

$$
\begin{aligned}
\frac{x}{109{,}1\,\%} &= \frac{2{,}20\,€}{100\,\%} \qquad |\cdot 109{,}1\,\%\\
x &= \frac{109{,}1\,\%\cdot 2{,}20\,€}{100\,\%}\\
x &\approx \underline{\underline{2{,}40\,€}}
\end{aligned}
$$

Lösung mit Prozentformeln:

Grundwert: $G = 2{,}20\ €$
Prozentsatz: $p\ \% = 109{,}1\ \%$

Prozentwert: $W = \frac{p \cdot G}{100}$

$= \frac{109{,}1 \cdot 2{,}20\ €}{100}$

$\approx \underline{\underline{2{,}40\ €}}$

Lösung mit Dezimalbruch:

Prozentsatz: $109{,}1\ \% = 1{,}091$
Prozentwert:
$1{,}091 \cdot 2{,}20\ € \approx \underline{\underline{2{,}40\ €}}$

Der Versand eines Maxibriefes kostet nun 2,40 €.

c) Vergleiche die Kosten, wenn man 70 Päckchen einzeln in der Poststelle aufgibt, mit den Kosten, wenn man verschiedene Sets kauft.

Kosten für 70 einzeln aufgegebene Päckchen:
$70 \cdot 4{,}10\ € = \underline{287{,}00\ €}$

Kosten für sieben 10er Sets:
$7 \cdot 39{,}00\ € = \underline{273{,}00\ €}$

Kosten für ein 50er Set und zwei 10er Sets:
$189{,}90\ € + 2 \cdot 39{,}00\ € = \underline{267{,}90\ €}$

maximale Ersparnis:
$287{,}00\ € - 267{,}90\ € = \underline{\underline{19{,}10\ €}}$

Durch den Kauf von Wertmarken im Internet kann man maximal 19,10 € sparen.

Pflichtaufgabe 2

a) **Graphen:**

Der Graph der Funktion $f(x) = -\frac{3}{4}x + 3$ schneidet die y-Achse an der Stelle $n = 3$ und hat den Anstieg $m = -\frac{3}{4}$.

Der Graph der Funktion g verläuft durch die beiden Punkte (–1,5; 0) und (0; 3).

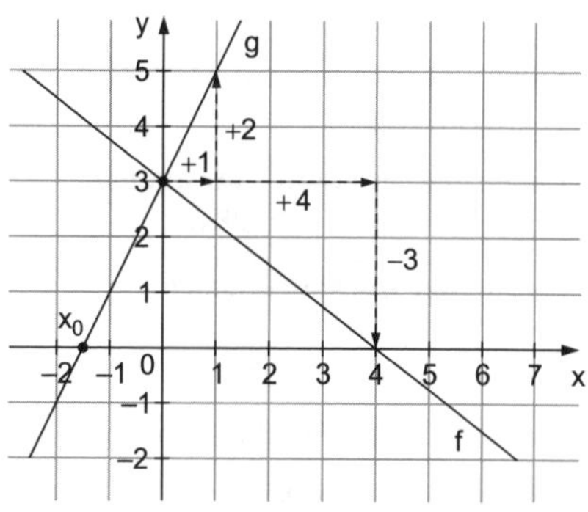

b) Der Graph der Funktion g schneidet die y-Achse an der Stelle $n = 3$ und hat den Anstieg $m = 2$.

Funktionsgleichung für g:
$\underline{\underline{y = g(x) = 2x + 3}}$

c) Die Funktion $h(x) = -\frac{3}{4}x + 5$ hat den gleichen Anstieg wie die Funktion f. Deshalb verlaufen die beiden Geraden zueinander parallel.

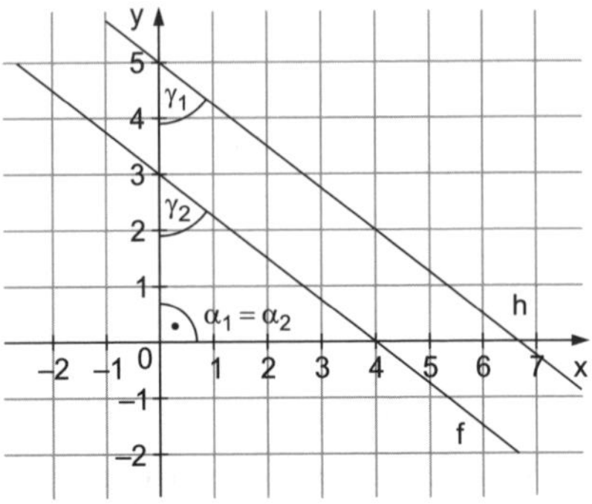

Es gilt:
- Stufenwinkel an geschnittenen Parallelen sind gleich groß: $\gamma_1 = \gamma_2$
- Die beiden Dreiecke haben den rechten Winkel gemeinsam: $\alpha_1 = \alpha_2$

Die Dreiecke stimmen in zwei Winkeln überein. Damit sind sie (nach dem Hauptähnlichkeitssatz) zueinander ähnlich.

Pflichtaufgabe 3

a)  Die blauen Stiefmütterchen füllen bei dem Kreisornament einen ganzen Kreis und die gelben Stiefmütterchen einen halben Kreis aus. Die Umrandung setzt sich aus der Kreislinie des ganzen Kreises, dem Kreisbogen des halben Kreises sowie zwei geradlinigen Abschnitten bei den gelben Stiefmütterchen zusammen.

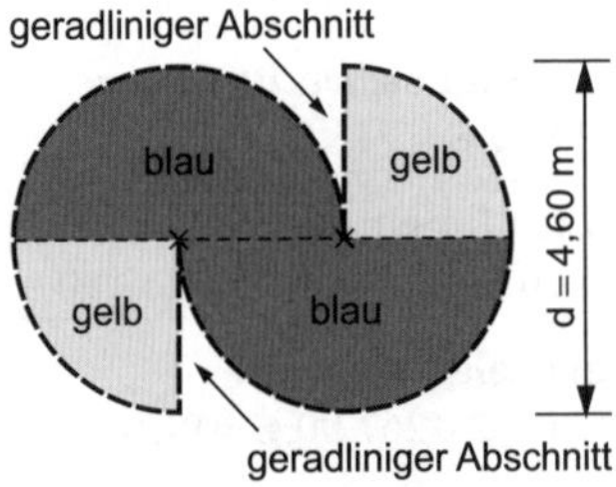

Abbildung (nicht maßstäblich)

Kreisumfang (ganzer Kreis):
$u = \pi \cdot d = \pi \cdot 4{,}60\text{ m} \approx \underline{14{,}45\text{ m}}$

Länge der kreisförmigen Abschnitte der Umrandung:
$1{,}5 \cdot 14{,}45\text{ m} \approx \underline{21{,}68\text{ m}}$

Länge der geradlinigen Abschnitte der Umrandung:
$2 \cdot 2{,}30\text{ m} = \underline{4{,}60\text{ m}}$

Länge der gesamten Umrandung:
$21{,}68\text{ m} + 4{,}60\text{ m} = \underline{26{,}28\text{ m}}$

Anzahl der Buchsbäumchen:
Pro Meter werden 7 Buchsbäumchen gepflanzt.
$26{,}28 \cdot 7 = 183{,}96 \approx \underline{\underline{184}}$

Es werden 184 Bäumchen benötigt.

b) **Flächeninhalt (ganzer Kreis):**

$A = \frac{\pi}{4} \cdot d^2 = \frac{\pi}{4} \cdot (4{,}60\text{ m})^2 \approx \underline{16{,}62\text{ m}^2}$

gesamter Flächeninhalt der beiden Teilbeete:

$16{,}62\text{ m}^2 : 2 = \underline{\underline{8{,}31\text{ m}^2}}$

Insgesamt sollen $8{,}31\text{ m}^2$ mit gelben Stiefmütterchen bepflanzt werden.

c) Für die Restflächen, die mit Kies aufgefüllt werden, muss vom Flächeninhalt des Rechtecks der Flächeninhalt für die Beete mit blauen und gelben Stiefmütterchen abgezogen werden.

Flächeninhalt der Kiesflächen:

$6{,}90\text{ m}\cdot 4{,}60\text{ m}-16{,}62\text{ m}^2-8{,}31\text{ m}^2=\underline{6{,}81\text{ m}^2}$

Bedarf an Kies:

Pro Quadratmeter wird mit 100 kg Kies gerechnet.

$6{,}81\cdot 100\text{ kg}=681\text{ kg}\approx\underline{\underline{680\text{ kg}}}$

Es werden ungefähr 680 kg Kies benötigt.

Pflichtaufgabe 4

a) Die Himmelsrichtung Nordost (NO) halbiert den Winkel zwischen Ost und Nord. Die Himmelsrichtung Ostnordost (ONO) halbiert den Winkel zwischen Ost und Nordost.

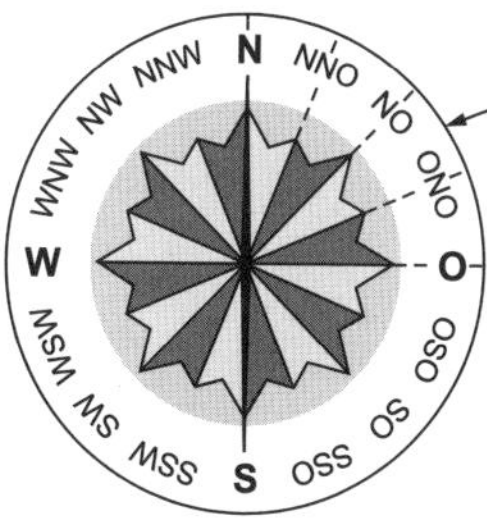

$90°:4=\underline{\underline{22{,}5°}}$ oder $360°:16=\underline{\underline{22{,}5°}}$

Der Winkel zwischen Nordost (NO) und Ostnordost (ONO) beträgt 22,5°.

b) In dem unregelmäßigen Dreieck ACF sind alle drei Seiten, aber kein Winkel gegeben. Hier hilft der Kosinussatz weiter.
Benenne alle Seiten und den Winkel, der berechnet werden soll. So lassen sich Gleichungen kürzer schreiben und besser umformen.

Größe des Winkels AFC:

Alle Längenangaben in km.

$$b^2=a^2+c^2-2ac\cdot\cos\beta \quad |+2ac\cdot\cos\beta$$

$$b^2+2ac\cdot\cos\beta=a^2+c^2 \quad |-b^2$$

$$2ac\cdot\cos\beta=a^2+c^2-b^2 \quad |:2ac$$

$$\cos\beta=\frac{a^2+c^2-b^2}{2ac}$$

$$\cos\beta=\frac{16{,}9^2+15{,}0^2-29{,}5^2}{2\cdot 16{,}9\cdot 15{,}0}$$

$$\cos\beta\approx -0{,}7093 \quad |\cos^{-1}$$

$$\beta\approx\underline{\underline{135°}}$$

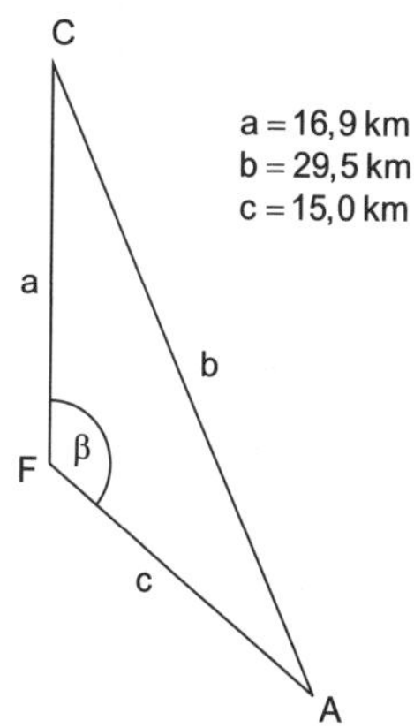

Skizze (nicht maßstäblich)

Die Größe des Winkels AFC beträgt ungefähr 135°.

Himmelsrichtung:
Wegen $135° = 90° + 45°$ muss Peter von F aus in Richtung Südosten (SO) fahren.

c) In dem rechtwinkligen Dreieck AGF können die Katheten mithilfe des Sinus und Kosinus berechnet werden.

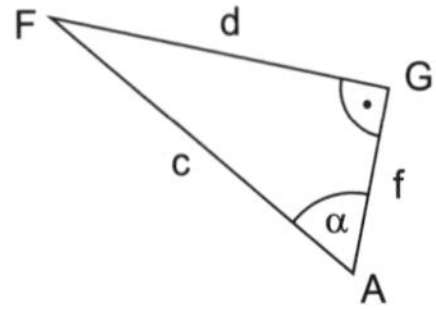

$c = 15{,}0\,\text{km}$
$\alpha = 63{,}0°$

Skizze (nicht maßstäblich)

Länge der Ankathete von α:
Alle Längenangaben in km.

$$\frac{f}{c} = \cos\alpha \qquad |\cdot c$$
$$f = c \cdot \cos\alpha$$
$$f = 15{,}0 \cdot \cos 63°$$
$$f \approx \underline{6{,}8}$$

Länge der Gegenkathete von α:
Alle Längenangaben in km.

$$\frac{d}{c} = \sin\alpha \qquad |\cdot c$$
$$d = c \cdot \sin\alpha$$
$$d = 15{,}0 \cdot \sin 63°$$
$$d \approx \underline{13{,}4}$$

Gesamtlänge des Rückweges:
$6{,}8\,\text{km} + 13{,}4\,\text{km} = \underline{\underline{20{,}2\,\text{km}}}$

Der Rückweg ist ca. 20,2 km lang.

Pflichtaufgabe 5

a) **Lösung durch schrittweises Umformen:**

$$2x - 21 = 4(6 + 5x)$$
$$2x - 21 = 24 + 20x \qquad |-20x$$
$$-18x - 21 = 24 \qquad |+21$$
$$-18x = 45 \qquad |:(-18)$$
$$x = -\frac{45}{18}$$
$$x = -\frac{5}{2} = \underline{\underline{-2{,}5}}$$

Probe:
Setze das Ergebnis in die linke Seite der Gleichung ein.
$2x - 21 = 2 \cdot (-2{,}5) - 21 = \underline{-26}$

Setze das Ergebnis in die rechte Seite der Gleichung ein.
$4(6 + 5x) = 4(6 + 5 \cdot (-2{,}5)) = \underline{-26}$

Vergleich:
$-26 = -26$ (wahre Aussage)

b) Der Wert des Terms $12x + 75$ kann für verschiedene Zahlen x mit dem Taschenrechner berechnet werden.
Eine Zahl x ist genau dann eine Lösung der Ungleichung, wenn 8,4 kleiner als der berechnete Wert ist.

x	$12x+75$	Vergleich	Schlussfolgerung
–7,8	$12 \cdot (-7{,}8) + 75 = \underline{-18{,}6}$	$8{,}4 < -18{,}6$? (falsch)	–7,8 ist keine Lösung
–5	$12 \cdot (-5) + 75 = \underline{15}$	$8{,}4 < 15$? (wahr)	$\underline{\underline{-5}}$ ist eine Lösung
$\frac{5}{8}$	$12 \cdot \frac{5}{8} + 75 = \underline{82{,}5}$	$8{,}4 < 82{,}5$? (wahr)	$\underline{\underline{\frac{5}{8}}}$ ist eine Lösung
24	$12 \cdot 24 + 75 = \underline{363}$	$8{,}4 < 363$? (wahr)	$\underline{\underline{24}}$ ist eine Lösung

c) Teste zum Beispiel eine ganze Zahl in der Nähe von –7,8.

$x = -8$: $\quad 12 \cdot (-8) + 75 = \underline{-21} \qquad 8{,}4 < -21$? (falsch)

Die ganze Zahl $\underline{\underline{-8}}$ ist keine Lösung der Ungleichung.

Wahlaufgabe 1

a) 

Verwende Abkürzungen für die Bilder in den Feldern.
V = Volleyball, T = Tischtennisschläger, F = Federball

Baumdiagramm:

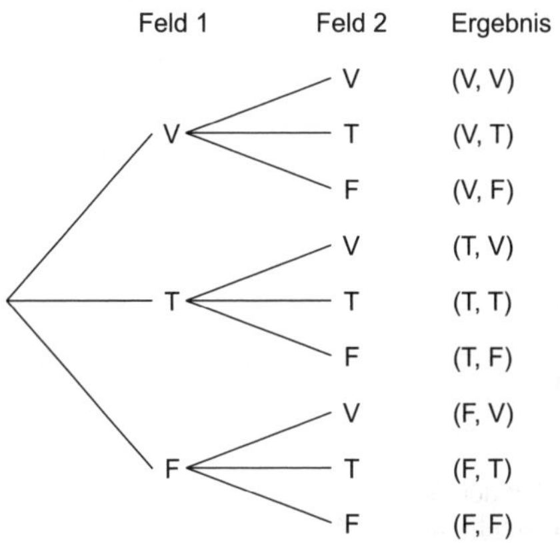

Ergebnismenge:
$S = \{(V, V), (V, T), (V, F), (T, V), (T, T), (T, F), (F, V), (F, T), (F, F)\}$

b) **Werte der Zufallsgröße X:**
Da zwei Volleybälle, genau ein Volleyball oder kein Volleyball möglich sind, kann die Zufallsgröße X genau die Werte 4,00 €, 2,00 € und 0,00 € annehmen.

Wahrscheinlichkeiten für die Zufallsgröße X:
Im Baumdiagramm werden die Wahrscheinlichkeiten entlang eines Pfades multipliziert.

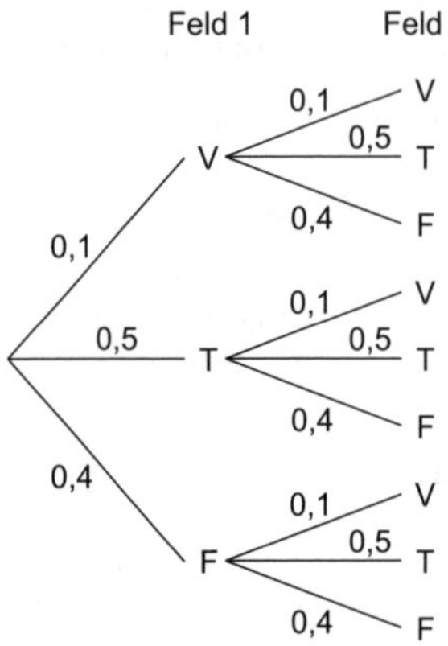

Ergebnis	Wahrscheinlichkeit
(V, V)	$0{,}1 \cdot 0{,}1 = 0{,}01$
(V, T)	$0{,}1 \cdot 0{,}5 = 0{,}05$
(V, F)	$0{,}1 \cdot 0{,}4 = 0{,}04$
(T, V)	$0{,}5 \cdot 0{,}1 = 0{,}05$
(T, T)	$0{,}5 \cdot 0{,}5 = 0{,}25$
(T, F)	$0{,}5 \cdot 0{,}4 = 0{,}20$
(F, V)	$0{,}4 \cdot 0{,}1 = 0{,}04$
(F, T)	$0{,}4 \cdot 0{,}5 = 0{,}20$
(F, F)	$0{,}4 \cdot 0{,}4 = 0{,}16$

Wenn mehrere Ergebnisse zum gleichen Ereignis gehören, dann werden die Wahrscheinlichkeiten addiert.

Zufallsgröße X	Ereignis	Ergebnis(se)	Wahrscheinlichkeit
4,00 €	zweimal V	(V, V)	$0{,}01 = \underline{\underline{1\,\%}}$
2,00 €	genau einmal V	(V, T) (V, F) (T, V) (F, V)	$0{,}05 + 0{,}04 + 0{,}05 + 0{,}04 = 0{,}18 = \underline{\underline{18\,\%}}$
0,00 €	kein V	(T, T) (T, F) (F, T) (F, F)	$0{,}25 + 0{,}20 + 0{,}20 + 0{,}16 = 0{,}81 = \underline{\underline{81\,\%}}$

Mit einer Wahrscheinlichkeit von 1 % beträgt der Gewinn 4,00 €.
Mit einer Wahrscheinlichkeit von 18 % gewinnt man 2,00 €.
Mit einer Wahrscheinlichkeit von 81 % geht man leer aus.

Erwartungswert E(X) der Zufallsgröße X:
$E(X) = 0{,}01 \cdot 4{,}00\,€ + 0{,}18 \cdot 2{,}00\,€ + 0{,}81 \cdot 0{,}00\,€ = \underline{0{,}40\,€}$

erwartete Ausgaben für Kleingewinne bei 1 000 verkauften Losen:
$1\,000 \cdot 0{,}40\,€ = \underline{400{,}00\,€}$

erwarteter Gewinn für den Verein bei 1 000 verkauften Losen:

$1\,000{,}00\ € - 400{,}00\ € = \underline{\underline{600{,}00\ €}}$

Der Verein kann bei 1 000 verkauften Losen mit einem Gewinn von 600 € rechnen.

Wahlaufgabe 2

a) **Wertetabelle und Graph:**

x	0	1	1,5	3	6	7
y	15	$14\frac{2}{3} \approx 14{,}67$	14,25	12	3	$-1\frac{1}{3} \approx -1{,}33$

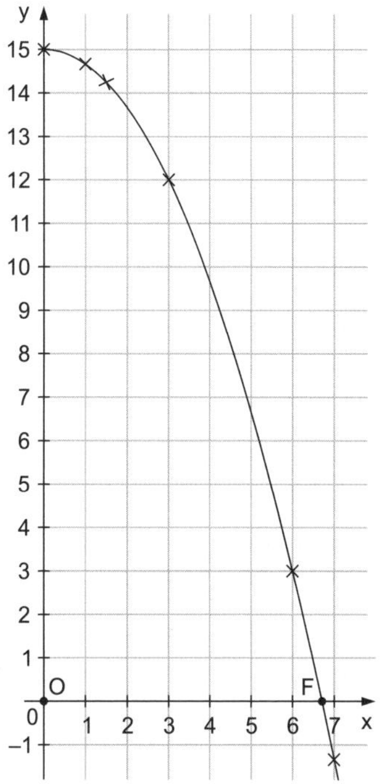

b) Für die Podestbreite $\overline{OF}$ wird die positive Nullstelle der Funktion benötigt. Gesucht ist also eine Zahl $x > 0$, die folgende Gleichung erfüllt.

$$0 = -\frac{1}{3}x^2 + 15 \quad \left| +\frac{1}{3}x^2 \right.$$

$$\frac{1}{3}x^2 = 15 \quad |\cdot 3$$

$$x^2 = 45 \quad |\sqrt{\ }$$

$$x = \sqrt{45} \approx \underline{\underline{6{,}71}}$$

Die Podestbreite $\overline{OF}$ zwischen Mast und Pfeiler beträgt ungefähr 6,71 m.

c) Für die Breite der Aussichtsplattform wird der positive x-Wert, dessen zugehöriger y-Wert 10 ist, benötigt.

$$
\begin{aligned}
10 &= -\frac{1}{3}x^2 + 15 && \left| +\frac{1}{3}x^2 \right. \\
\frac{1}{3}x^2 + 10 &= 15 && |-10 \\
\frac{1}{3}x^2 &= 5 && |\cdot 3 \\
x^2 &= 15 && |\sqrt{} \\
x &= \sqrt{15} \approx \underline{3{,}87}
\end{aligned}
$$

Breite der Aussichtsplattform:

$1\text{ m} + 3{,}87\text{ m} + 1\text{ m} = \underline{\underline{5{,}87\text{ m}}}$

Die Aussichtsplattform ist ungefähr 5,87 m breit.

Wahlaufgabe 3

a) Maßstab 1 : 50 bedeutet 1 cm im Bild entspricht 50 cm im Original.

Maße der Kanten:

Bezeichnung	im Original	im Maßstab 1 : 50
a	2,00 m	200 cm : 50 = 4 cm
Breite	4,00 m	400 cm : 50 = 8 cm
Höhe	1,50 m	150 cm : 50 = 3 cm
Wasserhöhe	1,30 m	130 cm : 50 = 2,6 cm

Seitenansicht:

In der Seitenansicht sieht man von der Seite auf den Körper (meistens von rechts). Beachte beim Zeichnen, welche Kanten sichtbar bzw. unsichtbar sind.

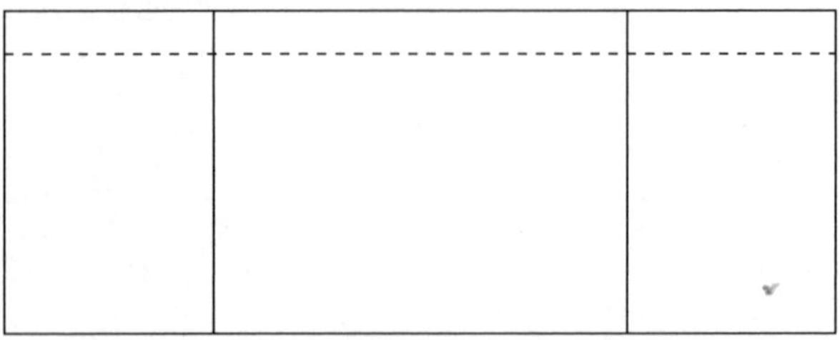

Wenn du nur eine Seitenansicht des *leeren* Beckens darstellen möchtest, dann entfällt die gestrichelte Linie für die Wasseroberfläche.

b) In der Ecke des Grundrisses ist ein rechtwinkliges Dreieck zu erkennen, dessen zweite Kathete für die Berechnung von b benötigt wird. Da die Hypotenuse und eine Kathete gegeben sind, kann der Satz des Pythagoras angewendet werden.

Länge der zweiten Kathete x:

$$x = \sqrt{(2{,}00\text{ m})^2 - (1{,}00\text{ m})^2}$$
$$= \sqrt{3{,}00\text{ m}^2}$$
$$\approx \underline{1{,}73\text{ m}}$$

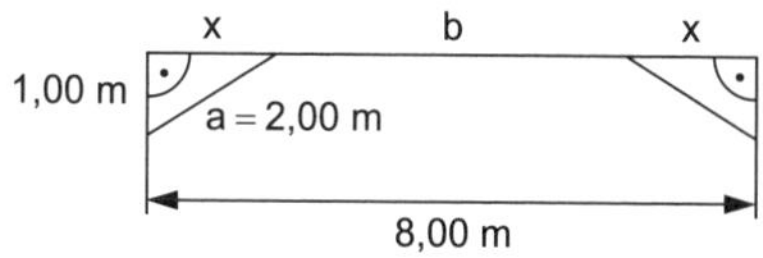

Skizze (nicht maßstäblich)

Länge eines Seitenteils b:

$$b = 8{,}00\text{ m} - 2 \cdot 1{,}73\text{ m} = \underline{\underline{4{,}54\text{ m}}}$$

Ein Seitenteil b ist ca. 4,54 m lang.

c) Um die Grundfläche des Prismas zu ermitteln, müssen von der Rechteckfläche die vier Ecken abgezogen werden.

Flächeninhalt einer Ecke:

$$\frac{1}{2} \cdot 1{,}73\text{ m} \cdot 1\text{ m} = \underline{0{,}865\text{ m}^2}$$

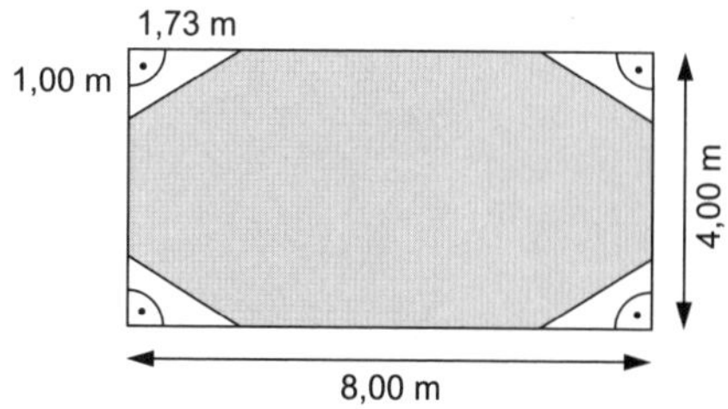

Skizze (nicht maßstäblich)

Grundfläche A_G des Prismas:

$$A_G = 8{,}00\text{ m} \cdot 4{,}00\text{ m} - 4 \cdot 0{,}865\text{ m}^2$$
$$\approx \underline{28{,}54\text{ m}^2}$$

Volumen V der Wassermenge:

$$V = A_G \cdot h = 28{,}54\text{ m}^2 \cdot 1{,}30\text{ m} \approx \underline{\underline{37{,}1\text{ m}^3}}$$

Für eine Füllung des Schwimmbeckens werden ungefähr 37,1 m^3 Wasser benötigt.

d) Wandle das Volumen des Wassers, das für eine Füllung des Schwimmbeckens benötigt wird, zunächst in Liter um.

$$37{,}1\text{ m}^3 = 37\,100\text{ dm}^3 = 37\,100\ \ell$$

$$37\,100\ \ell : 3\,600\ \frac{\ell}{\text{h}} \approx \underline{\underline{10{,}3\text{ h}}}$$

$$0{,}3\text{ h} = 0{,}3 \cdot 60\text{ min} = \underline{18\text{ min}}$$

Das Füllen des Beckens dauert ca. 10,3 Stunden, das sind 10 Stunden und 18 Minuten.

Erfolgreich durch die Abschlussprüfung mit den STARK-Reihen

Abschlussprüfung

Anhand von Original-Aufgaben die Prüfungssituation trainieren. Schülergerechte Lösungen helfen bei der Leistungskontrolle.

Training

Unterrichtsrelevantes Wissen schülergerecht präsentiert. Übungsaufgaben mit Lösungen sichern den Lernerfolg.

Klassenarbeiten

Praxisnahe Übungen für eine gezielte Vorbereitung auf Klassenarbeiten.

Stark in Klassenarbeiten

Schülergerechtes Training wichtiger Themenbereiche für mehr Lernerfolg und bessere Noten.

Kompakt-Wissen

Kompakte Darstellung des prüfungsrelevanten Wissens zum schnellen Nachschlagen und Wiederholen.

Und vieles mehr auf www.stark-verlag.de

(Bitte blättern Sie um)